现代的历程（全四卷）

The Course of Modernity

2 工业时代

机器改变世界

Machines Changed the World

杜君立 - 著

天地出版社 | TIANDI PRESS

图书在版编目（CIP）数据

工业时代 / 杜君立著. —成都:天地出版社,
2023. 11
（现代的历程：机器改变世界）
ISBN 978-7-5455-7841-6

Ⅰ. ①工… Ⅱ. ①杜… Ⅲ. ①工业史—世界—普及读
物 Ⅳ. ①T-091

中国版本图书馆CIP数据核字（2023）第122129号

GONGYE SHIDAI
工业时代

出品人　杨　政
作　　者　杜君立
责任编辑　杨永龙　李晓波
责任校对　马志侠
装帧设计　今亮后声 · 张今亮　核漫
责任印制　王学锋

出版发行　天地出版社
（成都市锦江区三色路238号　邮政编码：610023）
（北京市方庄芳群园3区3号　邮政编码：100078）
网　　址　http://www.tiandiph.com
电子邮箱　tiandicbs@vip.163.com
经　　销　新华文轩出版传媒股份有限公司

印　　刷　河北鹏润印刷有限公司
版　　次　2023年11月第1版
印　　次　2023年11月第1次印刷
开　　本　880mm×1230mm　1/32
印　　张　56.5
彩　　插　64页
字　　数　1310千字
定　　价　298.00元（全四册）
书　　号　ISBN 978-7-5455-7841-6

咨询电话：(028) 86361282（总编室）
购书热线：(010) 67693207（营销中心）

如有印装错误，请与本社联系调换

这是最好的时代，这是最坏的时代；这是智慧的年代，这是愚蠢的年代；这是信仰的时期，这是怀疑的时期；这是光明的季节，这是黑暗的季节；这是希望的春天，这是绝望的冬天；我们眼前无所不有，我们眼前一无所有；我们直奔天堂，我们直入地狱。

——［英］查尔斯·狄更斯

2 目录

第十章　西方的兴起

第十一章　机器公敌

第十二章　资本主义

第十三章　公司的力量

在前工业化时代，“木材影响了文化存在的各个领域，也是经济生活所有部门得以繁荣的先决条件：木材在物质产品的生产中使用得太普遍了，以至于18世纪以前文化的显著特征，就是木质，这样一来，就其材料和感官而言，这种文化便保持了一种‘有机的’性质”。

——［德］沃尔夫冈·希弗尔布施

第六章　木器时代

工具制造者

西方传统认为，是上帝创造了人，但马克思认为，是劳动创造了人。这在当时无疑是颠覆性的。马克思不仅发现了劳动，而且发现了“人”——人是一种“劳动动物”。

人类的劳动产生了财富，也产生了工具。

作为劳动的“物化”，工具一直被视为人类的专利。人类学家曾经将人定义为懂得使用工具的动物，后来发现黑猩猩、渡鸦和海獭等也能使用工具，于是修改人类定义为既能使用又能制造工具的动物。

事实上，有些动物也会制造工具。人类学家在塞内加尔发现了一群黑猩猩，它们会用树枝做成长矛作为武器。

作为近代科学思想的奠基者，培根在《新工具》一书中说：“每一巨大的工作，如果没有工具和机器而只用人的双手去做，无论是每人用力或者是大家合力，都显然是不可能的。”[1] 工业时代的本杰明·富兰克林认为，人类最恰当的定义是“工具制造者”。恩格斯将是否会制造工具视为人与动物的根本区别，“没有一只猿手

1-［英］培根：《新工具》，许宝骙译，商务印书馆 1984 年版，序言第 3 页。

曾经制造过一把哪怕是最粗笨的石刀”[1]。

从生物角度来说，人类相对于其他动物，大脑所占身体的比例特别大，多出来的新大脑皮层是人类感知、思考和推理的重要区域，可以产生有意识的思想。

在大多数哺乳动物中，新大脑皮层只占大脑容量的 30% 到 40%，灵长类可达 65%，而人类是 80%。同时，支持人类大脑运行的成本极其高昂，大脑只占身体的 2%，却要消耗所有能量的 20%。

智慧给人类带来的好处是明显的。工具传递的是人的能量和技巧，而不是工具自身。

刘伯温在《郁离子》中有一个有趣的比较，指出人之所以超越老虎和一切动物，就是因为工具所体现的智慧——

> 虎之力，于人不啻倍也。虎利其爪牙而人无之，又倍其力焉，则人之食于虎也无怪矣。然虎之食人不恒见，而虎之皮人常寝处之，何哉？虎用力，人用智；虎自用其爪牙，而人用物。故力之用一，而智之用百；爪牙之用各一，而物之用百。以一敌百，虽猛不必胜。故人之为虎食者，有智与物而不能用者也。

毫无疑问，人类是对工具最痴迷、最崇拜的动物，工具的历史

1- [德] 恩格斯：《劳动在从猿到人转变过程中的作用》，载《马克思恩格斯全集》第二十卷，人民出版社 1971 年版，第 510 页。

石制箭镞是现代发现最多的原始工具遗存

也构成了人类进化的历史。模拟人类文明起源的《鲁滨孙漂流记》中，“白手起家”的鲁滨孙也总是反复强调：“我什么东西都能做得出来，只要我有工具。”

没有工具，人类就是一个十分脆弱的物种，在自然界中几乎难以生存。荀子将制造工具视为人类的学习本能，“假舆马者，非利足也，而致千里；假舟楫者，非能水也，而绝江河。君子生非异也，善假于物也”（《荀子·劝学》）。

250万年前，人类就已经能够制造简单工具。直到距今30万年前左右，人类开始学会制造复杂工具。

人类学家认为，人类进化过程中出现的第一个突破，是发明用双手使用的工具——通常一只手主要起稳定作用，另一只手施力——从此，人类脱离了猿人时期，进入前现代人阶段。

进化论认为，促使大脑体积变大的，是手的使用。从功能性而言，手是人类特有的一种“工具”。

智人在进化过程中，拇指和其他指头之间的配合变得越来越灵活。拇指能够和其他手指相对，这又使骨头发生一些微妙的变化，食指因而变得更加有力和灵活。

现代人手部的大多数特征，包括拇指，都是因为用手去操控石制工具而形成的。

婴儿出生第二周，就懂得用手去抓面前的玩具。中国还有“抓周”的传统。事实上，松手与紧握是同样重要的。现代心理学家特别指出，身体和认知上的松开能力赋予了人类最充分的控制能力。钢琴家的手指之所以最灵巧，是因为他能很快把手指从琴键上移开。

用手制造和使用多部件工具，促进了人类大脑功能的发展，并为语言的进化提供了基础。因为制造复杂工具，需要提高动作技能和具备解决问题及制订计划的能力。或者说，正是复杂工具的产生，才使人类演化到今天“无所不能”的程度。

人类对工具的崇拜，常常体现为对工匠的尊敬。13 世纪，蒙古人如同一场风暴，在欧亚大陆灭国屠城，唯独不加害于工匠。

孔子说：“工欲善其事，必先利其器。”在古代汉语中，“器”一般指简单的工具，而较为复杂的工具则称为“机”。

无论是简单的工具，还是较为复杂的机器，都对人类历史产生了非常大的影响，人们甚至以此来划分世界文明的各个阶段，比如石器时代、青铜时代、铁器时代，乃至蒸汽机时代。

距今 300 万年前，人类就已经开始用天然的石头（骨头）和木头制作工具，石器时代由此开始。

远古的人不懂耕作，只能以飞禽走兽的肉作为食物。随着石器工具的日渐丰富，人类生活由狩猎采集向农耕游牧发展。这期间，人们学会了用火，弓箭被发明出来。

“钻木取火”技术实现了人对火的控制。“燧人氏”利用“木与木相摩则燃”的原理取火于木，以化腥臊。火的发明完全改变了人类的食物结构，人类不再只是适应大自然，而是要控制大自然。恩格斯评价说：“就世界性的解放作用而言，摩擦生火还是超过了蒸汽机，因为摩擦生火第一次使人支配了一种自然力，从而最终把人同动物界分开。”[1]

1 万年前的地球进入回暖的冰川末期，气候变暖，欧亚大陆的冰盖开始融化，海水淹没了大片的陆地和大陆桥，森林覆盖了欧亚大陆。

人们焚烧森林，开垦土地，进行狩猎、种植和畜牧。他们可以称为森林人。

人类第一个有效的工具，就是用石头做的砍砸工具。打磨的石斧已较原始石器大为进步，远比现代人所想象的更有效率，无论多大的树，都可以用它砍倒。也是依靠石斧这样的原始工具，跨过白令海峡的印第安人只用了不长的时间，就彻底灭绝了美洲大陆上的大型动物，包括大野牛和猛犸象。

1-［德］恩格斯：《反杜林论》，载《马克思恩格斯全集》第二十卷，人民出版社 1971 年版，第 126 页。

耒耜农业

远古时期，人类的生产技术还非常落后，工具也非常简单，只有少量石制或木制的工具。

相对而言，木材是除石头外人类所遇到的最普遍，也最容易加工的材料。

当时，用石头制成的“手斧”很常见。这是一种可以切割、砸击、投掷、挖掘的“万能工具”，几乎出现在所有不同人类文明的早期时代，甚至成为政治权力的象征。

在甲骨文中，“工具”的“工”字，描绘的其实就是一把石斧。

自从出现了石斧，人们就可以轻松地砍伐树木，清理土地；木材可以被加工成为独木舟或其他器物。有了斧子（“斤”），专门从事技术工作的“匠人”也就应运而生。

在中国早期历史中，留下大量关于“木器革命”的记载，如构木为巢、剡木为楫、横木为轩、直木为辕、揉木为轮、刳木为舟、斫木成器、凿木成机、剜木为镫，等等。

木器与石器相结合，使人类不仅走出穴居时代，而且跨越海洋，散布到地球表面的大多数陆地和岛屿。

在早期人类生活中，木器比石器的应用更加广泛。

说到最早的工具，可能是一根小木棍，比如挖掘棍。

今天南非的丛林人仍在使用挖掘棍挖薯蓣。印第安人除了用挖掘棍挖取植物块根，还用来挖开小动物藏身的洞穴，捕捉它们；或者用挖掘棍敲打黏附在岩石上的软体动物，将其剥离下来。

古埃及人不仅用挖掘棍来播种庄稼，还用它挖掘沟渠进行灌溉。再后来，挖掘棍的使用启发了耒耜的发明和改进。

中国人很早就不用手抓取滚烫的食物，木制的筷子一直沿用到今天。在纸发明之前，中国以竹简和木简作为文字的载体，这比欧洲的羊皮纸要更加方便和廉价。从这两点上，可以看出中国早期文明是非常发达的。

从技术角度看中华文明的起源，中华民族或许是世界上最早实行“专家开国”“专家治国”的民族。

比如，传说中发明钻木取火的燧人氏，发明构木为巢的有巢氏，发现五谷和用草药治病的神农氏，发明文字的仓颉，发明指南针的轩辕氏，发明陶器的陶唐氏，发明八卦的伏羲氏等，无不被尊为“帝”与“圣人”，所谓“民悦之，使王天下”，这便是“三皇五帝”的由来。

史前的许多早期发明创造，最后都被统一归功于传说中的轩辕黄帝，“分州土，立市朝，作舟舆，造器械，斯乃轩辕氏之所以开帝功也”（《东都赋》）。

《易经》云：“备物致用，立成器以为天下利，莫大乎圣人。”唐代孔颖达解释说：“备天下之物，招致天下所用，建立成就天下之器，以为天下之利，唯圣人能然。”[1]

类似这样的记载，在中国早期典籍中并不少见。

《考工记》曰：“知者创物，巧者述之。守之世，谓之工。百工之事，皆圣人之作也。烁金以为刃，凝土以为器，作车以行陆，作舟以行水，此皆圣人之所作也。”《淮南子》云：“昔者仓颉作书，容成造历，胡曹为衣，后稷耕稼，仪狄作酒，奚仲为车。此六人者，皆有神明之道，圣智之迹。”班固在《白虎通义》中写道：“古之人民皆食禽兽肉。至于神农，人民众多，禽兽不足。于是神农因天之时，分地之利，制耒耜，教民农作，神而化之，使民宜之，故谓之神农也。”

与世界其他文明一样，中国早期农业也以木器为主。最简单的木器就是杵，“断木为杵，掘地为臼”[1]，杵臼是最原始的谷物脱粒器具。最早的农具应是尖头木棒、鹤嘴锄，再向前进一步就是耒耜。

没有农具就没有农耕，早期的农业可以称为耜耕农业。《周易》曰：“包牺氏没，神农氏作，斫木为耜，揉木为耒，耒耨之利，以教天下。”

“耒”是一个象形字，就是在尖木棒下部横着绑上一段短木；因为可以用脚踩在横木上加力，这使木尖可以插入更深的泥土，从而使土地深耕成为可能，农业因此得到发展。《说文解字》云：“耒，手耕曲木也。从木推丰。古者垂作耒耜以振民也。”

1- 李学勤主编：《周易正义》，北京大学出版社 1999 年版，第 289 页。

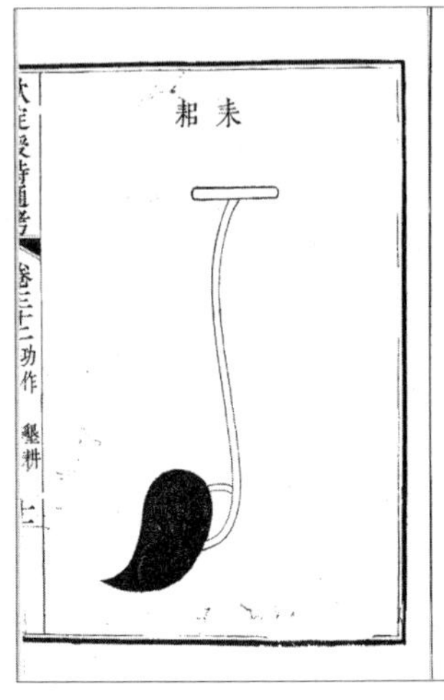

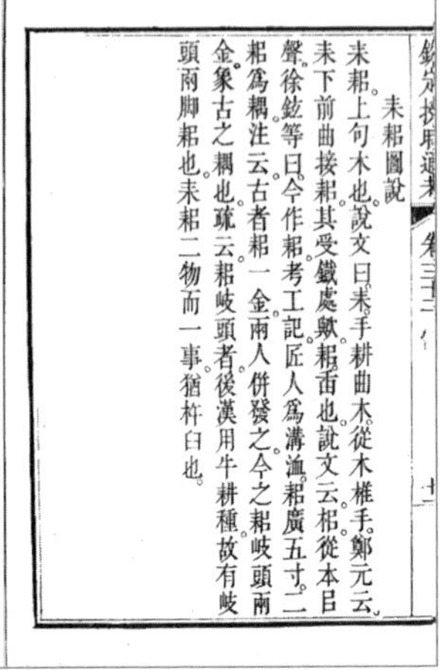
耒耜圖說

耒耜。上句木也。說文曰。耒手耕曲木。從木推手。鄭元云。耒下前曲接耜。其受鐵處歟。耜臿也。說文云。枱從木㠯聲。徐鉉等曰。今作耜。考工記匠人爲溝洫。耜廣五寸。二耜爲耦。注云。古者耜一金。兩人併發之。今之耜岐頭兩金。象古之耦也。疏云。耜岐頭者。後漢用牛耕種。故有岐頭兩脚耜也。耒耜二物而一事。猶杵臼也。

耒耜是中国古代农业生产中用于松土的工具

“耒”比较简单，将“耒”的尖头做成扁形板状刃，就叫作“耜”。值得一提的是，直到20世纪50年代，青藏高原有些地区仍处于木器耒耜阶段，铁制农具极其少见。

随着耜耕农业的出现，原始的天文、历法、气象、水利、土壤、肥料、种子等知识和相关技术相应产生。

相比原始的采集经济，农业产出的效率要高得多，因此出现富余，这就带来劳动分工。一些人从粮食生产中脱离出来，从事工具制造。这些工匠发明了锄头和镰刀，以及碾磨谷物的杵和臼。还有一些工匠学会了制陶和酿酒，建筑、竹编和纺织等技术也应运而生。

在距今5000多年前的黄帝时代，黄河中下游一带多为干旱少雨的平原或草原，尤其是在河谷、高台和坡地，草本植物非常多，树木较少。

有研究表明，最近10万年以来，黄土高原上都没有森林。深厚的黄土层富含大量的氮、磷、钾等天然养分，人们采用放火烧荒的方式清理完土地后，木制的耒和耜就可以轻松地翻开松软的黄土层，然后种植下已被驯化的禾本科植物，从而推动农耕文明，中国文化也从这里起步。[2]

从物理性能上来说，木材兼具石头和金属的双重特性，其横断面的应力强度胜过石头，抗拉抗压强度和弹性类似钢铁，但木材的密度要比石头和金属小得多；而且不同的木材具有不同的物理特性，这种多样性使人们具有更灵活的选择余地。

古代社会的运输高度依赖船舶，所有船舶都为木制。

中国传统的福船一般以杉木制造，但广船多以“铁力木为之”。铁力木号称硬木之王，密度同于水，强度堪比钢铁。经过专家计算，以50毫米铁力木替换180毫米杉木制造的舰船，强度可增加9倍，硬度可增加4倍多，而重量只多了10%。

在传统条件下，木材要比金属更容易得到，也更易加工；最重要的是，木材是自然生长的，可以不断得到补充。

在人类绝大多数时间里，木材不仅是人类器具的主要材料，也是燃料的主要构成。在19世纪钢铁－石油时代到来之前，人类始终生活在木器时代。

与木器相比，石器和青铜实际只是辅助性材料。无论是石器时代还是青铜时代，甚至是铁器时代，在钢铁制品完全普及之前，人类数千年文明史其实都可以称为木器时代。

木器时代

远古传说蚩尤发明了武器，其实武器并不见得是蚩尤发明的，但蚩尤的武器更有杀伤力，因为他用了金属。在蚩尤之前，人们一般都是用树木和石头制成的武器作战。

《吕氏春秋》这样解释统治与战争之间的关系：

> 未有蚩尤之时，民固剥林木以战矣，胜者为长。长则犹不足治之，故立君。君又不足以治之，故立天子。天子之立也出于君，君之立也出于长，长之立也出于争。争斗之所自来者久矣，不可禁，不可止。故古之贤王有义兵而无有偃兵。

应该说，在很长的历史时期里，木器一直都是人类主要的物质基础。比如中国古代兵器中的“殳”“梃”和“杵”，其实都是木头棒子。据说武王伐纣时杀人甚多，以致“血流漂杵”。

直到春秋战国时代，木棍和削尖的长矛仍然是主要的武器装备。秦帝国末期，陈胜吴广起义，亦是“斩木为兵，揭竿为旗”（《史记·秦始皇本纪》）。

实际上，一些硬木堪比金属。波利尼西亚语中的“武士”就和“铁木”是同一个词（toa），“人们用铁木制造棍棒和别的武器，用以解决人类普遍的问题，如受到侮辱，抢夺财产、女人，争夺权位，等等”。[1]

青铜和铁器出现以后，最先用于祭祀、奢侈品和战争，最后才进入生产和生活领域。在相当长的时期内，这种更加坚硬和可塑的新式材料并没有取代木器，反而使木材加工技术实现大跨越，进一步丰富了木器文化。同时，也使人类制作工具和机器的天赋得到充分的发挥。

木材丰富的材料性能和来源，将手工业逐渐从农业中分离出来，实现了专业化和批量化。在很短的时间内，人类的木器制造技术就达到了炉火纯青、登峰造极的程度。

在木器时代，除加工木材的切削刃具外，大多数工具和器具几乎都是木器。房屋和家具是木制的；船和马车是木制的；水泵和输水管道是用空心树干或者竹子；风车和水车是木制的；钟表是木制的；织布机和纺车都是木制的；锁和钥匙也是木制的；谷登堡印刷机发明出来 100 年后，仍然是木制的；即使最重要的机器——车床，也是完全木制的。直到 1810 年，巴黎仍然在铺设榆木管道。用木材来建造机器和工厂的做法，一直持续到 19 世纪的大部分时间。

传统的桥梁要么是石桥，要么是木桥，所以“桥”字为木字旁。铁路也是从“木路”演变而来的。在真正的铁路出现之前，

1-［英］约翰·基根:《战争史》，林华译，中信出版社 2015 年版，第 28 页。

用木制轨道铺设的“铁路”已经存在了200多年，就连汽车和飞机的雏形刚出现的时候，其实也是木制的。

早期人类用石斧加工木材的过程中，大脑空间得到了充分的扩充。日益复杂的大脑反过来又使工具更加复杂多样，以至于很多年后，人类开始制造复杂化的工具——机器。

现代考古发现，最迟在2万多年前就已经出现了弓箭。

除了箭头和弓弦，弓箭的主体部分仍是竹木结构，特别是英国长弓和日本长弓，完全是用整根硬木制成。“断竹，续竹，飞土，逐宍（肉）”（《吴越春秋·弹歌》），这首流传于中国上古时代的民谣证明，早期弓箭完全是竹子制成的。中国南方盛产竹子，它的韧性要胜过木材。

如果说钻木取火还属于使用简单工具的话，那么弓箭的出现，则标志着人类已经开始制造更为复杂的机器。

《易经》中说：“弦木为弧，剡木为矢，弧矢之利，以威天下。”意思就是用弦把圆木或竹竿拉弯做成弓，把细木或细竹削尖做成箭；有了弓箭之利，就可以令他人畏服。

弓箭具备了马克思所说的机器三要素：动力，人做的功（拉弦）转化为势能（张开的弓），起到了动力和发动机的作用；传动，拉开的弦收回，势能转化为动能，把箭弹出去，射到一定的距离，起到了传动的作用；工具，箭镞起了工具的作用，射到动物身上，等于人用石制工具打击动物。可以说，弓箭是人类发明的第一件机器。

在中国古代，人们在弓的基础上发明的弩，常常被作为“机”

的标志，弩就是机，机就是弩。与弓相比，弩要复杂得多。与工具相比，机器更加复杂，更有效率，也更具有特定性和资本性。依照牛津《技术史》的定义，工具是依靠人的体力，机器则是依靠某种天然力，“机器是一些人为制造的固体零件的组合，借助于机器能够使自然力产生某些明确的运动”[1]。

机器实现了工具与技术的整合，即使是一台最简单的机器，也比工具更有效率。用经济学家的说法来说，就是用和以前同样数量的工人，操纵着先进的机器设备，能够生产出比以前多数倍的产品，这比使用工具生产的效果要好得多。

一旦进入机器时代，制造机器就成为人类无法遏止的一种嗜好，或者说使命。

机床是制造机器的机器，没有机床就不会有现代机器的出现。现代以前，人们眼中的机床指木制机床。

最古老的车床只有两个固定部件，它们夹着一个转轴，转轴上缠着绳索，用弯曲的树枝拉动绳索，从而驱动转轴转动；工匠用凿子抵住与转轴一起转动的木头，就可以将木头加工为圆柱形。后来经过改进，人们用脚踏板来驱动。这曾启发瓦特将蒸汽机的往复运动变为旋转运动。

这种车床在欧洲具有悠久的历史。直到18世纪后，其部件才改为用金属铸造，动力也由脚踏驱动改为电力驱动，固定工件的法

1-［英］查尔斯·辛格、E. J. 霍姆亚德、A. R. 霍尔等：《技术史》第四卷，辛元欧、刘兵等译，中国工人出版社2021年版，第173页。

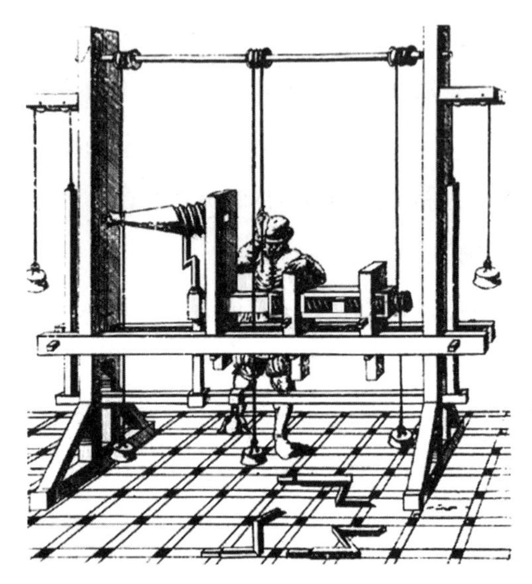

欧洲早期的螺纹车床

兰和固定刀具的滑动刀架（卡座）使现代车床成为一件非常精密的机器。

虽然说英国的莫兹利取得了现代车床的专利权，但其核心部件几乎都是来自古代流传下来的木制机床。中世纪车床最主要的一个用途是加工车轮，当时的车轮都出自专门的制轮匠之手，全部都是木制的。[3]

人们将原始社会分为旧石器时代和新石器时代。如果将钢铁时代视为新机器时代的话，那么木器时代就是旧机器时代。

在 16 世纪矿物学家阿格里科拉的《关于金属物品》一书中，有许多关于机器的漂亮版画。这些机器除了几根发条，其他各个部件其实都是木头制成的。

早期的钟表就是典型的木制机器。

发明海钟的哈里森出身于木匠世家，他在 19 岁的时候就造出了一台摆钟。这台摆钟几乎完全是用木头做成的：它用橡木做齿轮，用黄杨木做轴，只在连接处用了少量的黄铜和铁。哈里森对木头的性能很熟悉，利用橡木的纹理，用最耐磨的部分做齿轮，以保证钟表的木齿不会因磨损而脱出。如今，这台木头钟表被完好地保存于伦敦同业工会会所的展览馆中。

哈里森还花了两年时间制作过一座巨大的塔钟，这座塔钟也是木制的。哈里森特意选用油性的热带硬木制作零部件，根本不用润滑，当然也不用担心生锈，因此具有几乎完美的精度。这座塔钟至今仍在报时，300 年来从未间断。

哈里森制作钟表的木工技艺堪比鲁班（公输班）制作的竹鹊。

鲁班被奉为中国木匠的祖师爷。“公输子削竹木以为鹊，成而飞之，三日不下，公输子自以为至巧。子墨子谓公输子曰：‘子之为鹊也，不如匠之为车辖，须臾刘三寸之木，而任五十石之重。’故所为功，利于人谓之巧，不利于人谓之拙。”（《墨子·鲁问》）

墨子所谓的“辖”，是插在轴端孔内的木制车键，以免轮子脱落。“夫车之所以能转千里者，以其要在三寸之辖。”（《淮南子·人间训》）

中国道家常将鲁班与墨子并称为“班狄”，“夫班输倕狄，机械之圣也”（《抱朴子·辩问》）。

无论中外，木匠无疑是传统时代最受人们尊敬的职业之一，几乎是技术者的代名词。木匠比铁匠更为普遍，也更加主流，完全可以类比现代的中产阶级。在古代中国，工匠的社会地位较低，

木匠在传统时代极受尊敬

很少留下姓名，一般都以鲁班称之：造船的称为鲁班，造桥的称为鲁班，造房子的也称为鲁班。西方也大致如此，作为西方文明最伟大的先知，传说中的耶稣就是一个木匠的儿子。

马克思说过：“手工磨产生的是封建主为首的社会，蒸汽磨产生的是工业资本家为首的社会。”[1]在中世纪，石头磨坊十分常见，这些石磨通常都由水车、风车或牛马来带动，当然也有人工手推的。

磨坊工匠们都是多才多艺的木匠，如果必要的话，他们也能够设计、悬挂教堂的钟，当然，水车和风车也都是他们建造的。牛津版《技术史》写道：“磨坊工匠们利用斧子、锛子和螺丝钻、撑杆、木石块、滑车以及起重机器，设计和建造了这些风车，他们是机械工程师的祖先，在200年前就开始改造世界。”[2]

1-［德］马克思：《哲学的贫困》，载《马克思恩格斯全集》第四卷，人民出版社1958年版，第144页。

2-［英］查尔斯·辛格、E. J. 霍姆亚德、A. R. 霍尔等：《技术史》第三卷，高亮华、戴吾三等译，中国工人出版社2021年版，第129页。

革命时代的断头机

作为一段黑历史，人类社会对酷刑似乎有一种执着而又特殊的癖好。在古希腊时代，肉体痛苦较少的斩首被认为是贵族专享的刑罚方式。

在欧洲中世纪，斩首作为死刑执行方式是比较常见的，尤其是宗教改革时期，成千上万的异教徒被送上断头台。在断头台上斩首，跟劈柴一样，刽子手将斧子高高举起，然后照着犯人的脖颈落下，但有时难免会砍偏，只好“补刀”。遇到这种情况，受刑者半死不活，痛苦不堪，一些受刑者甚至试图通过行贿来得到“准确”的死法。

到了中世纪末期，有人提出，“为了达到完善的方法，必须依赖固定的机械手段——因为其力量和效果是能够确定的”[1]。为此，断头机应运而生。这是一种准确且极富效率的杀人装备：高高提起的铡刀沿着木质滑槽疾速落下，人的头部与躯干即可瞬间分离。

有了断头机，砍头不再是人操作，而是机械操作，刽子手成了操作机器的机械师。

1-［法］米歇尔·福柯：《规训与惩罚：监狱的诞生》，刘北成、杨远樱译，生活·读书·新知三联书店2003年版，第13页。

将杀人交由一台机器来完成，刽子手只需拉起或放下铡刀即可，这件看起来微不足道的事情其实体现了当时社会对机器的一种全民印象：机器就是权威的化身，它是公正和不可抗拒的。“断头台以一种神奇的方式，产生了至少在一个世纪前通过理性和哲学无法实现的光辉事业和有利于国家的恐怖。”[1]

苏格兰人给断头机取了个可爱的名字，叫作“少女”。从英国的查理一世到法国的路易十六，断头机送走了专制君主，迎来了共和革命。

革命的铡刀一旦抬起便停不下来，国王的战争结束后，人民的战争开始了。在1794年的法国革命党人看来，断头机如同中世纪宗教裁判所的火刑柴垛一样神圣，是用来举行“红色弥撒”的“伟大祭台”，或者说是“胜利的共和国的象征”。

据说，发明断头机的是一位医生。这位医生虽不精通机械，但无疑更了解人体结构。他提出断头机的设想时，招来了铺天盖地的嘲讽。当时的《箴言报》以这样的语气模仿他的演讲：“用我的机器，我可以用一眨眼的工夫就砍下你们的脑袋，你们都来不及感到一丁点儿痛苦。”[2]

后来，一位名叫施米德的乐器制造商发现这个难得的商机，实现了断头机的大批量生产。但他在试图申请专利时遭到了拒绝，

1- [法] 贝纳尔·勒歇尔博尼埃：《刽子手世家》，张丹彤、张放译，新星出版社2010年版，第200页。

2- 同上书，第106页。

负责专利登记的内务部长反对道："给这种发明授予专利，会让人感到厌恶，我们还没有达到如此野蛮的境地。"[1]

在后来的几年里，断头机又经过了很多次改良，比如铡刀滑槽变成了铜制的，并加上了轮子，这样就不用再给滑槽上抹肥皂，铡刀与滑槽的摩擦也非常小，这保证了铡刀可以在不到一秒钟的时间里下落 2.25 米，从而获得最大的速度。为了防止铡刀反弹起来，还增加了一个橡皮减震器。此外，在断头机下面，还特意增加了一个收集人头的金属筐，避免了人头在地上滚来滚去。

这种新式断头机第一次使用，是为了处死一名小偷。当时有几千人蜂拥而至，来观看这台新机器。结果却让观众大失所望，因为行刑太快了，还没有看清，就已经结束了。

因为不受专利法保护，市场陷入恶性竞争，断头机的价格一落千丈，几乎每个省份都安装了断头机，甚至有人提出要在每个村庄都设一个断头台。人们赞美道："断头台，人民的保护神！断头台，贵族的恐惧！可爱的机器，怜悯我们吧！可赞的机器，怜悯我们吧！断头台，替我们消灭暴君！"[2]

法国大革命期间，平民第一次"享受"到了与贵族一样的平等待遇，其中就包括断头机——"公民为祖国而生，而活，而死！"

早些时候，酷爱机械的路易十六发现断头机的刀是平直的，认

1-［法］贝纳尔·勒歇尔博尼埃：《刽子手世家》，张丹彤、张放译，新星出版社 2010 年版，第 113 页。

2- 同上书，第 164 页。

木制断头机

为这样效率较低，便改为三角形。他亲自执笔，修改了断头机的设计，“国王仔细地审视着图纸……为了说明自己的意思，手拿蘸水笔画出了他认为应该如此的器具图形”[1]。[4]到了路易十六自己也被推上了断头机时，他得以亲身体验自己“改进”过的杀人机器。“人民啊，我是无辜的，我原谅杀死我的人，乞求上帝不要让我的鲜血再次洒落到法兰西……”[2]当时，有十多万人前来观看这一历史时刻。

1- 郭二民编译:《合法杀人家族》，生活·读书·新知三联书店 1992 年版，第 72 页。

2- [法] 贝纳尔·勒歇尔博尼埃:《刽子手世家》，张丹彤、张放译，新星出版社 2010 年版，第 133 页。

随后，王后玛丽也被推上了断头台。她不小心踩到了刽子手，还礼貌地表示了歉意。吉伦特派的罗兰夫人在断头台上留下她的最后一句话："啊，自由女神，人们以你的名义犯下了多少罪恶呀！"[1]

化学家拉瓦锡的妻子玛丽曾夸赞发明断头机的医生"是一位和善、温文尔雅、富有仁慈之心的男人"[2]，没想到几年后，拉瓦锡就死于断头机之下。法官对拉瓦锡说："共和国不需要科学家。"这让法国著名数学家拉格朗日痛惜不已："把他的脑袋砍下来，只要一眨眼，可是这样的脑袋再过一百年也长不出来了。"[3]

法国1791年法典的第三条规定："凡被判处死刑者均被处以断头。"在官方称呼中，断头机被称为"死亡机器"或"正义木材"。在他们看来，断头机体现了最大平等、最少痛苦、最少耻辱的"文明原则"："死刑被简化为明显可见但瞬间便完成的事情了。法律、执法者与犯人身体的接触也只有一瞬间了。再也没有体力较量了。刽子手只需如同一个细心的钟表工人那样工作就行了。"[4]

但对另外一些人来说，断头机那些看上去似乎最先进的东西，比如它的速度和它在机械上的自足性，这些都是令人憎恶和恐

1-［法］贝纳尔·勒歇尔博尼埃：《刽子手世家》，张丹彤、张放译，新星出版社2010年版，第188页。

2-［美］约翰·H.立恩哈德：《智慧的动力》，刘晶、肖美玲、燕丽勤译，湖南科学技术出版社2004年版，第199页。

3-［美］麦迪逊·贝尔：《死于理性：拉瓦锡与大革命》，李雪梅译，广东人民出版社2021年版，第166页。

4-［法］米歇尔·福柯：《规训与惩罚：监狱的诞生》，刘北成、杨远樱译，生活·读书·新知三联书店2003年版，第13页。

惧的。

在恐怖时期，断头机几乎成为一种自行其是、不可阻挡的力量。这种技术的胜利不仅象征着进步，也宣示着权力的可怕。与其说它让平民百姓的死亡变得高贵，不如说它让所有的受害者都失去个性。在这台冷酷的机器面前，穷人与富人、罪犯与学者没有任何分别，甚至一个人与一捆稻草也是一样的。

在断头机盛行的时代，不再有英勇就义的英雄。这台机器铁面无私，吞噬一切，不仅是生命和尊严，它还剥夺个性，将每个人分解为同样的两个部分，即头颅和身体。[1]

随着革命形势的发展，要处死的敌人越来越多，断头机的效率已不能满足革命工作的需要。四铡刀、九铡刀等多铡断头机被制造出来，甚至有人发明了三十铡刀的断头机，可以同时处决 30 人。

效率的改进是极其明显的，21 名吉伦特党人被处死用了 38 分钟，15 名丹东分子被处死耗时 30 分钟，54 名红杉党人被处死仅用时 28 分钟，平均一分钟就有两颗人头落下。

很明显，斩首已经进入了流水线状态。“这台机器将继续砍掉人头，就像一台图钉机继续制造图钉一样，只要给它提供身体就行。”[2]

1792 年 9 月 2 日至 9 月 6 日短短的几天里，巴黎就有 1100 多人命丧断头机。

1- 可参阅［英］弗朗西斯·拉尔森：《人类砍头小史》，秦传安译，海南出版社 2016 年版，第 91 页。

2- 同上书，第 90 页。

一时之间，断头机成为法国共和国的中央舞台，这里每天都是革命群众的狂欢节。最后被推上断头机的，是罗伯斯庇尔。

当法国人民欢呼拿破仑时，这位独裁者事后曾对人说："假如把我送上断头机的话，人民也会这样跑来看热闹的。"

在以往的几个世纪，每次行刑都跟狂欢节一样，会吸引无数人围观，有些富翁甚至愿意掏高价购买最前排的座位，以亲眼看到一个头颅被砍下。这是当时为数不多的几种群众"娱乐"活动之一。但自从有了断头机之后，"死亡"这件事突然变得索然寡味，因为一切发生得太快了，而且千篇一律，让兴冲冲的观众大失所望。

凿木为机

与欧洲相比，中国的木器时代要漫长得多，以至于西方人“把中国看成是一个建立在竹子和木头上的文化”[1]。

以文字印刷来说，中国人在竹木简上写字，用竹木造纸；中国走出碑刻的石器阶段后，又停滞于雕版的木器阶段，即使活字技术也多属木活字。相对而言，谷登堡印刷机则是一场金属革命。

利玛窦将钟表带进中国没多久，就看到了中国木匠的仿制品，这让他赞叹不已：“中国人木制品的技术精确水平很早就在制作木制钟表的手艺中很好地体现出来了。”而且，只有小巧玲珑的钟表才被奉为精品。

在古代中国，不仅各种器具都是木制的，而且连很多建筑也都是木制的，甚至不使用一根钉子，就可以用榫卯连接得很好。这种“大木作”无疑体现了中国古代制作工艺的精巧程度。

最受收藏家追捧的“明式家具”，完全是中国传统木工的升华，因此有“小木作”之称。这些流传至今的硬木家具都是价值连城的艺术品，哪怕是极细微的构件，都达到了力学、功用和审美的完美

1- [美] 乔尔·莫吉尔：《富裕的杠杆：技术革新与经济进步》，陈小白译，华夏出版社 2008 年版，第 245 页。

统一，榫卯咬合之精严巧夺天工，全无楔、钉、胶牵强之用。[5]

作为形声字，“机（機）”字本身就表示了中国机器的木制特点。许慎在《说文解字》中对“机”字的解释是：“机，主发谓之机。”段玉裁注曰：“下文云：机持经者，机持纬者，则机谓织具也。机之用，主于发。故主发者，皆谓之机。”（《说文解字注》）按照这种解释，纺织机无疑是最传统的机器。

法家的韩非极其推崇机械，“明于权计，审于地形、舟车、机械之利，用力少，致功大，则入多”（《韩非子·难二》）。意思是说，善于权衡计算，周密了解地形、舟车和机械的作用，花的力气少，得到的功效大，收入就多。

中国古代最精巧的机械发明，当推指南车和独轮车，这两种全木制机器将轮子的作用诠释得淋漓尽致。值得一提的是，西汉“记里鼓车”的机械原理与现代汽车的里程表如出一辙。齿轮的神奇之处，在于它实现了速度与力量之间的转换。

历史学家通过文献和考古确认，汉代工官工场（官营企业）的制造工艺水平已经相当高，甚至发明了一些相当复杂、精密的工具和设备，比如扳手和卡尺。

以造车技术为例，制造和装配车轮零部件需要相当高超的技巧，大量的专业术语说明，一个出色的车轮工匠需要丰富的实践经验。工匠必须注意为轮子的辐条或轮辋选用合适的木材，对每个部件的测量必须是成比例的，例如轮辋的深度和厚度、车轮的半径和轴的长度，完整的成品必须兼顾一定的强度和稳定性。汉代的工匠们遵循着前辈的经验，将车轮揉为曲面而非平面，因为他们知

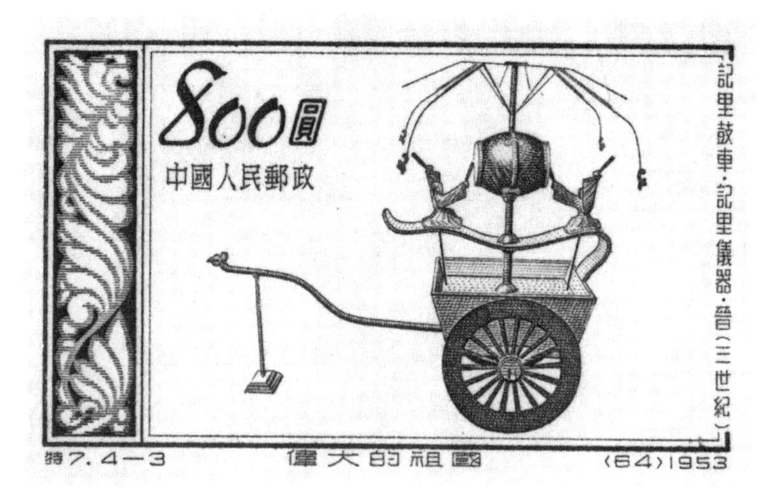

记里鼓车邮票

道这样跑起来更平稳、更安全。整个轮子及其附件是由木头和青铜组合而成的精美部件，有摩擦的地方被涂上润滑剂，并以紧密贴合的皮具来密封。在车轮连接处，还会用到齿轮或棘轮。[1]

1991 年，在安徽省天长市出土了一套西汉时期的木工工具，一共 28 件。这是中国出土最早的全套木工工具之一，凿、锯、锛、斧、钻、锉等俱全。由此可见，早在 2000 多年前，中国的木工技术已经相当成熟。

中国木器时代最著名的机械大师当推马钧。据说他用差动齿

1-［英］鲁惟一:《汉帝国的日常生活》，刘洁、俞宵译，江苏人民出版社 2018 年版，第 147 ~ 148 页。

轮制成了指南车；经他改进的翻车、诸葛连弩、投石机和织丝机，功效都大大提高；他发明的“水转百戏”以水为动力，机械传动驱动木偶自动表演，堪称最早的机器人。可惜马钧一生不受重用，“巧无益于世，用人不当其才，闻贤不试以事，良可恨也”（《三国志·方技传》）。

根据机械史专家刘仙洲研究，中国的齿轮和机械技术在两汉时期就已经极为成熟，东汉张衡的水力天文仪便采用齿轮系作为传动机构，这或许是世界上最早的机械钟。这些早期齿轮基本都为木制。

关于指南车和记里鼓车，后世的《宋史·舆服志》中都有详细的记载。北宋苏颂发明的水运仪象台，不仅采用了大量的齿轮传动系统，而且整合了中国传统的翻车、筒车、桔槔、天平秤杆等实用机械，结构复杂，蔚为壮观。

翻车是中国比较典型的木制机器，在南方水稻种植区比较常见，也非常古老。元代王祯在《农书》中有详细介绍：

> 其车之制，除压栏木及列槛精外，车身用板作槽，长可二丈，阔则不等，或四寸至七寸；高约一尺。槽中架行道板一条，随槽阔狭，比槽板两头俱短一尺，用置大、小轮轴。同行道板，上下通周以龙骨板叶，其在上大轴两端各带拐木四茎，置于岸上木架之间，人凭架上，踏动拐木，则龙骨板随转循环，行道板刮水上岸。此翻车之制关楗颇多，必用木匠，可易成造。

《农书》中的翻车图

翻车与江南的精耕细作农业关系非常密切。每年春耕前，人们早早就要把翻车修理好，到时“家家妇姑俱踏车”。

王祯撰写的37卷本《农书》堪称中国古代木器机械大全，其中绘制的图纸就有281幅。书末作为附录的《造活字印书法》，还详细介绍了作者发明的木制印刷机。[6]该书最早采用活字印刷，王祯为此制造了3万多个木活字。为了提高拣字效率和减轻劳动强度，他还发明了一种转轮排字盘。

王祯担任旌德（今属安徽）县尹期间，曾用他的木活字印刷机把《旌德县志》复制了100多部，这比谷登堡要早整整一个世纪。

早在春秋时期，中国人就利用杠杆原理制造出了汲水机——辘轳和桔槔。桔槔是水车的前身，“凿木为机，后重前轻，挈水若抽，数如泆汤，其名为槔”（《庄子·天地》）。大型中国水车依靠水力自动运行，一直被用来灌溉和推磨。

最著名的水车，当属创建于明嘉靖三十五年（1556）的兰州“黄河大水车”。从广武门到雁滩河段，曾经水车林立，从单轮到五轮都有，非常壮观，兰州因此得名“水车之城”。

滔滔黄河，逝者如斯，这些木制水车不舍昼夜，自行将水提升十余米，每架水车可灌溉数百亩良田。

兰州水车外形如巨大车轮，有轴、辐条和外圈，直径从10米到20米不等，仅车轴直径就达1米。整个水车大小部件达400多个，却不用一根铁钉和任何黏合剂，全部使用木楔加固连接。

更令人惊奇的是，如此构思精巧、工艺复杂的大型机械装置，竟然从来没有图纸，全靠工匠秘传口授。

为了保证水车整体的强度和运行的可靠性，不同的部件要选用不同物理强度的木材。主轴必须坚硬致密且不怕水浸，因此选用数百年甚至上千年的上等整株榆柳大树，或者南方青冈木。辐条和穿撑选用上等的整株松树，外弦用上等杨木板。所有木材必须没有结疤和裂口，否则其物理强度就会大打折扣，危及水车整体的安全。[1]

在世界各地，水力磨坊都十分常见。在这种机械装置中，动

1- 龙山：《兰州一绝：黄河大水车》，《寻根》2010年第4期。

力转换和变速完全依靠齿轮组，而这些齿轮基本都是木制。中国古画《闸口盘车图卷》对水力磨坊的机械装置有着真实的再现。

作为中国最常见的水车，翻车在东汉时代出现以后的很长时间里，一直只能依靠人力运行，后来发展到人力和畜力混用，算是很大的进步，但始终没有发展到西方水车和风车那种高效和普及的水平；同时，其“功用一直没有超出把水从一个水塘提升到另一个来灌溉农田的范围”[1]。

相对于木制齿轮传动的翻车，风箱堪称中国古代最伟大的机器。这个完美的机器虽然完全是木制的，但它却大大促进了铁器的发展。有人认为，瓦特蒸汽机的活塞设计就是受中国活塞式木制风箱的影响。

与古老的皮囊鼓风器（即“槖”）相比，双回程风箱的鼓风效率要高得多。

在风箱之前，“排囊（排槖）”就已经得到广泛的使用，特别是由水力驱动的“水排”。“冶铸者为排以吹炭，今激水以鼓之也。‘排’当作‘槖’，古字通用也。”（《后汉书·杜诗传》李贤等注）

水排由杜诗发明，韩暨有所改进。“旧时冶，作马排，每一熟石用马百匹；更作人排，又费功力；暨乃因长流为水排，计其利益，三倍于前。”（《三国志·魏书·韩暨传》）水排由水轮、绳带传动、杆传动和鼓风器等组成，已经具备了马克思提出的“发

1- [英] 约翰·巴罗：《我看乾隆盛世》，李国庆、欧阳少春译，北京图书馆出版社2007年版，第224页。

达的机器”须具备的三要素：原动机、传动机构和工作机（工具机）。[1]

1- 可参阅［德］马克思：《机器。自然力和科学的应用》，人民出版社 1978 年版，第 90 页。

中世纪工业革命

在中国古代，“机械”二字常常指的是武器装备的意思，“机”一般指弩机，“械”指兵器。《盐铁论》就说：“县官厉武以讨不义，设机械以备不仁。”

如果说战争是技术进步的最大动力，那么投石机和大型弩炮无疑代表了木器时代的最高制造水准。无论在东方还是西方，木制的攻城器械几乎都是古代战争最显著的标志，甚至巨木本身就是冷兵器时代的战术武器。

中国古人还发明了一种大型水战利器——拍杆。在战舰交锋时，这种水上投石机可以用巨石将对方的舰船和水手击沉、击伤。

木器时代最大的成就就是船。从石器时代的木筏和独木舟，到铁器时代的桨船和帆船，人类在造船技术上体现了最大的创造力和工艺水平。作为一个包含动力、控制和承载用途的大型机器，船的发展轨迹实际也反映了世界前进的步伐。在近代之前，全世界所有的船基本都是木制的，甚至连锚也是木锚；为了让木锚能够沉入水底，一般都要将木锚爪固定在碇石上。

受木材物理特性限制，木船长度一般很难超过一百米。

从哥伦布开始，欧洲人驾驶着帆船漂洋过海，创建了最早的全球化贸易体系，这些船无一例外都是木制的，用榆木做龙骨，用橡木做船身。在18世纪时，作为海上霸主的英国将皇家海军称为英格兰的“橡木城墙”，海军军歌的名字叫作《橡木之心》。当时建造一艘海军船只，大约需要用掉2500棵大橡树，一般主桅杆长度为36米，直径1米，重达18吨，这需要百年树龄的橡树才可以。正因为如此，造船受到极大的限制。

实际上，直到1890年，海洋中穿梭的商船仍然有90%是木质结构。

木器的成就除了船，或许当推水车和风车了。这两种木制机器与其说是提高了效率，不如说已经取代了人力和畜力，这无疑是革命性的。

12世纪，十字军骑士将风车技术带回了欧洲[7]，加上公元前3世纪拜占庭帝国时期流传的水车技术将欧洲人从身心疲惫的劳役中解放出来。科技史学家林恩·怀特在《中世纪技术和社会变迁》（*Medieval Technology and Social Change*）中称赞道：“中世纪晚期的主要辉煌成就不是大教堂和史诗，也不是经院哲学，而是推动了这样的潮流：这个庞大文明在历史上第一次主要依靠非人力动力来生存，而不是奴隶或苦力的汗流浃背。”[1]

水车在欧洲用途广泛，很大程度上将人从重体力劳动中解放出来。

根据布罗代尔的研究，由水车驱动的磨坊，其效率至少是两人

1- 转引自［美］凯文·凯利：《科技想要什么》，熊祥译，中信出版社2011年版，第9页。

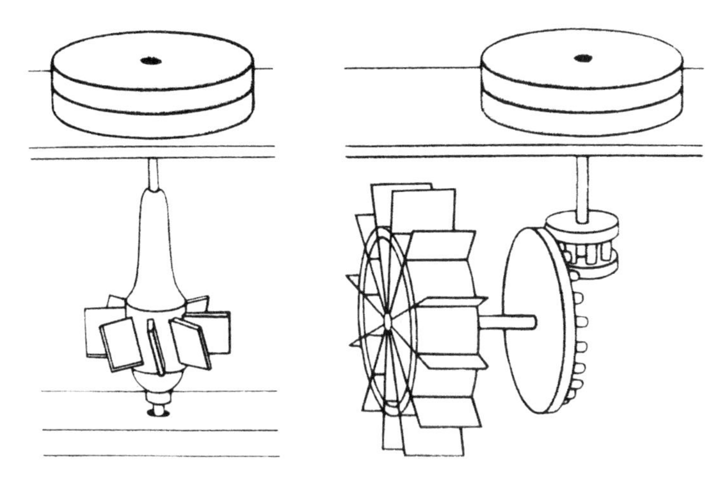

横式水车与纵式水车

推动的石磨的五倍。最早的水车转轮是水平放置的，它的轴略带斜角，这样水从高处流下来就能驱动转轮，带动磨盘磨面粉。这种横式水车对能源的利用效率很低。后来人们发明了能够垂直传动的齿轮，效率一下子提高了很多。

据估计，横式水车大概只能输出相当于 0.5 马力的能量，纵式水车则可以输出 40 ~ 60 马力的能量。有一种纵式水磨每小时能够碾磨 180 公斤谷物，而两人推的石磨每小时最多只能碾磨 6 公斤谷物，可见水磨的效率已经高出人力石磨近 30 倍。

水车技术这次重大改进的推动者，是熙笃会的修士们。

熙笃会继承了本笃会身体力行的劳动精神，甚至发展了大量“平信徒”。所谓平信徒，主要是技术工匠和小商人。11 世纪的熙笃会修道院堪称技术培训基地，“每个修道院都有一个模具工厂，这个工厂经常跟修道院一样大，而且就在几步开外，在工厂的地板上，水力驱动着不同种类的机器运作”[1]。

11世纪以后，熙笃会开启了一场重要的技术变革潮流——动力革命。

按照熙笃会的会规，修士们必须自力更生，食物、衣物和生活用品都要亲力亲为。改进水车的本意或许只是为了提高劳动效率，减轻劳动强度，从而有更多的时间念经。但这种对技术和生活的理性规划，在无意中预见了未来资本主义和现代工业的发展理念。

本笃会和熙笃会的修道院是一个远离社会的封闭场所，这里的一切都循规蹈矩，每个人都要按照组织等级和分工互相协作，在固定的时间做固定的工作。

在蚂蚁世界里，数量最多的是工蚁，工蚁虽然有高度的分工和组织，但却没有性别。对人类来说，无论男人还是女人，进入工作场地，都必须穿上统一的蓝色工装，像机器一样工作，像工蚁一样忙碌。人在不知不觉中摆脱了家庭和情欲的羁绊，变得理性而勤奋，专注于创造价值。这大概是资本主义一个心照不宣的秘密吧。

英国经济学家安格斯·麦迪森在《世界经济千年史》中，用统计图表直观地展示了工业革命前的世界经济史。我们可以看到，

1- 转引自张笑宇:《技术与文明》，广西师范大学出版社2021年版，第80页。

在公元后的第一个千年里，西欧经济几乎没有任何增长，所以被学者定义为“千年停滞”；但从公元1000年开始，西欧经济逐渐开始增长。西方经济史学家们因此有一个论断，即从10世纪到14世纪，欧洲发生了一场“中世纪工业革命”。

机械的主要种类有杠杆、滑轮、轮轴、齿轮、斜面、螺旋等。中世纪作为机械的启蒙时期，比较有代表性的事件是凸轮得到了广泛应用。它能将水车之类的圆周变成直线运动，从而可以承担许多工作。比如，凸轮每转动一周，就推动锤子起落一次；或者压下杠杆一端，使另一端抬起，与之相连的吸水泵便能从井里抽水；将凸轮安装在曲柄上，把转动变成水平的往复运动，从而推动刀锯，等等。

9世纪时，在圣加尔修道院有一座酿酒坊，人们利用凸轮推动锤子，碾碎麦芽用来酿酒。10世纪末，法国南部的制麻坊利用水车推动锤子来敲打腐烂的亚麻茎秆和大麻，碾压其中的纤维，用来编绳子或者织亚麻布。11世纪，巴伐利亚出现了锻锤，意大利兴起了用水力榨油和制丝的磨坊。

包括凸轮在内，水车的广泛应用有力地促进了机械技术的发展。反过来，机械技术也让水车更加普及。

水车不仅可以用来磨面、汲水和锯木，还可以用来在造纸厂粉碎纸浆，在铁厂驱动风箱、铁锤和切割机，在制革厂击打皮革，在纺织厂驱动纺锤，在兵器厂驱动砂轮，在矿区抽取矿井中的积水、碾碎矿石。

10世纪的英格兰有5000多部水车，平均每400人就有一部，而当时的英格兰尚属于欧洲比较边缘和落后的地区。1066年，也就是征服者威廉攻占英国这一年，英国有8000个水磨，服务不足100万人口。按每个水磨2.5匹马力计算，就等于修建吉萨大金字塔时所动员的10万个劳动力的两倍。11世纪中期，英国所消耗的动力中，70%来自动物，其余都来自水车。

到12世纪时，水车的应用已经无处不在，西西里人用水力压榨甘蔗，法国人用水力捶打皮革，诺曼人用水磨抛光甲胄、磨砺刀枪，意大利人建造了用来碎矿的水磨坊。

这个时期，水力已经渗透了工业生产的方方面面，人们用它制造车床、生产绳索、铸造硬币、加工金属、锯开木头。水车最重要的应用，或许出现在法国北部的列日，1348年，人们制造出了第一台为鼓风炉供氧的水力风箱。[1]

正如怀特所说，在整个中世纪里，水车比教堂更加普遍，只要有水的地方就有水车。12世纪的法国有2万多部水车，这相当于50万名劳动者所贡献的能量。有些修道院里有四五台水车，咯咯吱吱，日夜作响。14世纪以后，水车几乎遍及整个欧洲河流，从上游直到入海口。荷兰等低地国家甚至利用潮汐来推动水车。用现代一点的说法，水车堪称中世纪的“发电站”。

路易十四时期，为了保证凡尔赛宫的喷泉运行，在巴黎的塞纳河畔安装了14台直径达12米的水车，这些水车非常壮观。

著名的牛津版《技术史》[8]中提到，16世纪到18世纪，水车

1- 可参阅[英]詹姆斯·伯克：《联结：通向未来的文明史》，阳曦译，北京联合出版公司2019年版，第127页。

一直是欧洲最重要的动力来源，也是采矿和冶金的基础。

早期的水车可以将大约 20% 的水能转换为动力；到 1800 年，能效比提高了一倍；后来，经过改进的水车效率甚至达到 60%。但这种提高是有代价的，水车的传动机构越来越复杂；一个意想不到的结果是，制造水车的木工为后来产业革命的核心技术积蓄了力量。

不仅如此，水车也是棉花纺织革命时期主要的动力来源，即使有瓦特蒸汽机，也是用来把水抽到高处，然后靠水的重力推动水车运转。事实上，水力机械也是机械钟能够被发明的基础技术。

1769 年，斯米顿制造出了第一个铸铁水车轮轴，他设计的铸铁传动装置使水车达到了产生和传送动力的极限。同时，斯米顿的设计也标志着持续 18 个世纪的木制水车时代即将结束。

水力、风力与马力

人类在地球的发展壮大，与人类力量的增长成正比。

最开始阶段，人类只能利用自己的体力，这时候人类非常弱小。随着农业社会的来临，人类通过驯化动物，获得了畜力，这是一大进步。水车和风车的出现，使人类将自然能转化为机械动力，这种动力要比人力和畜力大得多，由此掀起了一场机器革命和动力革命。

在某种程度上，水车和风车为蒸汽机的登场完成了重要铺垫；蒸汽机作为动力机所使用的齿轮和皮带传动系统，之前就已经存在。或者说，工业革命的历史，可以往前推到中世纪甚至更远。

风车是与水车类似的一种革命性机器。通过这种机器，人类从大自然中可以采集大量的动力和能量，它的意义绝不比钻木取火逊色。风车结合了水车和帆船二者的思想。[9]

中国的风车使用虽不及欧洲普遍，但对风力的利用水平毫不逊色。中国从未出现过欧洲长期存在的划桨奴隶（遇险滩或搁浅时会需要纤夫拉船），不仅有大量的帆船，甚至还出现了靠风力驱动的陆地“帆车”，这令许多初到中国的欧洲传教士惊叹不已。

在12世纪末期，风车在欧洲已经得到了相当普遍的应用，并通过各种途径推广开来。早期的风车功率不大，但足够带动一台石磨。根据文献记载，欧洲最早的风车出现在1185年的英国约克郡，然后在短短数年间，闪电般传遍了欧洲。其传播速度几乎可以与谷登堡印刷机相提并论。到1195年时，风车是如此普遍和重要，以至于主教开始对风车征收什一税。

15世纪，中空单柱式风车和塔式风车出现之后，就成为大型风车的主要类型；到16世纪，这两种全木结构（连滚轴和钉子都为木制）的风车基本定型，开始在低地国家流行起来。当时的荷兰号称“风车之国”，人们将风车的作用发挥到极致。风车的力量远远大于人力和畜力，这种新式风车的巨大效率几乎可以与三个世纪后英国的蒸汽机相媲美。

“当上帝创造世界时，他遗忘了荷兰，所以荷兰是荷兰人自己创造的。”这是荷兰一句古老的谚语。因为荷兰三分之一的国土低于海平面，荷兰几乎是通过拦海造田从大海中创造出来的，通过风车带动扬水轮和木制阿基米德螺杆，能够日夜不息地持续排水，风车因此成为国家生存的依靠。在泽兰地区，有超过900座风车同时工作。

建造风车需要大量木材，好在当时荷兰海运业发达，可以从海外获得大量的廉价木材。根据马克思引用的资料，1836年时，荷兰全境有12000多台风车，提供的能量相当于60000马力。[1]荷兰风车有4片扇叶，每片扇叶7.3米长，1.8米宽；在30千米/小时

1-［德］马克思：《机器。自然力和科学的应用》，人民出版社1978年版，第126页。

堂吉诃德与风车

的风速条件下，可产生 4.5—5 马力的功率。

风车作为荷兰的标志，除了被用来排水，风车磨坊每年还要为欧洲加工 50 万磅[1]来自东方的香料。此外，由风车驱动的锯木机实现了高度机械化，使荷兰成为欧洲最大的造船基地，几乎一天就能生产一条船。风车将木浆转换为纸张，驱动印刷机，使荷兰成为欧洲的书报生产中心。不幸的是，这些木制风车大大加速了欧洲森林资源的枯竭。

1-1 磅 =0.4535924 千克。

塞万提斯出版《堂吉诃德》时，正值荷兰独立战争爆发。在这部小说中，堂吉诃德将风车视为巨人，他以大无畏的骑士精神冲向风车，结果被碰得头破血流。在这里，风车作为现代机器的隐喻，正将骑士的中世纪击得粉碎。

虽然风车和水车受到自然条件的影响，但风力和水力是免费的；风车和水车一旦建成，就可以一劳永逸源源不断地为人类工作。这种伟大的机器在无须奴隶的条件下，创造了伟大的科学和工程技术。

其实细究起来，钟表技术的起源就与水车和风车有关。无论是钟表还是齿轮，机械制造技术的发展都有一个循序渐进的过程。由风车和水车所带动的种种传动装置都来自一个技术中心，这就是熙笃会修道院，这里有发达的工程师文化和复杂的机械制造技术。他们在无意中促成了这场时间革命和动力革命，或者说是机械工业革命。

从中世纪开始，机械时间的概念逐步深入人心，冶铁、榨油、铸币等许多行业也都利用水车或风车作为动力。事实上，正是水车和木制机器的发展刺激了 18 世纪的棉花革命的诞生。在某种意义上，现代水力发电站其实也是古代水车的现代化变种，只不过将水力转换为电力而已。

在蒸汽机出现之前，人类可以利用的能量极其有限，水力和风力属于自然力，人力和畜力属于肌肉力，古人可以利用的能量主要是这四种。

在工业革命之前，世界各地的经济大都以农业为主。农业耕种无法利用自然力，只能依靠肌肉力，主要是人力。或者说，男人的肌肉是农业社会首先依赖的动力来源。但是，人体肌肉动力有明显的局限性：首先，肌肉的力量只在有限的距离内有效；其次，一个人不可能不停地使用肌肉，他需要长时间休息才能恢复体力。

除了人力，畜力是提高农业生产率的重要因素。

在畜力使用方面，东西方有较大的差异：在东方以牛力为主，在西方则以马力为主。

因为欧洲早期的马轭系在马脖子上，导致马无法充分用力，否则就会窒息。这多少限制了马力的使用，就连马拉战车都很小。虽然重犁在罗马时代就已经出现，但需要很多匹马才能拉动，农业发展缓慢。

直到中国胸带传入欧洲，这种新式马轭才彻底解决了压迫马匹气管的问题，使马力获得了大解放。[10]

西方挽马一直使用传统的"项前肚带挽具"，马脖子是主要的受力部位；中国挽马使用的是胸带肩套挽具，主要受力部位是马的胸骨和锁骨。通过实验发现，使用项前挽具的两匹马，只能拉动500公斤的重物，而使用胸带挽具的马则可以很容易地拉动1500公斤的重物。也就是说，使用新式挽具后，马力的利用率提高了两倍。马蹄铁的普及也让马力得到进一步的充分释放，[11]马在生产方面的应用更加广泛了。

这场马力革命带来的重要成果之一，就是轮式重犁得到普及。[12]

以前需要三匹马才可以拉动的重犁，这时只需要一匹马就足够了。对一般农民来说，因为土地产出有限，三匹马的草料消耗根本供应不起，但养一匹马还是可以的。

有了重犁，欧洲许多从前荒废的土地便得到了利用，大量森林和平原被开垦为农田。从以前的两田轮作改成三田轮作后，人们生产了更多的剩余粮食，可以供养更多人口。从10世纪开始，人烟稀少的西欧变得人口稠密起来，一些城市也星罗棋布地涌现出来。

自古以来，中国传统农业以人力畜力为主，男耕女织。精耕细作的小农经济条件下，养牛并不划算，除非是大地主。很多时候中国长途运输依赖人工背负，城市交通依赖人力轿子。独轮车之所以能够在中国流行，也是因为这种车辆无法使用畜力，只有人的技巧才能做到让车子前行的同时，又保证车子不倒。[13]

在漫长的农业时代，虽然中国的粮食亩产较高，但欧洲人拥有更多的土地。与牛相比，马的行走速度要快得多，所以马在农业生产中的作业量相当于牛的三四倍。即使养马的成本比牛高，但由于马更加高效，人们也就有更多的时间来从事其他有更高附加值的工作。

当然，马的用途比牛更广泛，比如坐马车或者骑马可以大大增强人的活动范围，让人的视野不再局限于偏僻封闭的乡村。

英国在工业革命前虽然没有蒸汽机，但已经大量使用水力、风力和马力。一个人产生的有效功率只有0.1马力，即一匹马的十分之一。在1695年时，600万英国人口拥有约120万匹马，这些马的劳动力相当于600万到1200万男性劳力，这极大地增强了英国的生产力。同时，这么多的马所产生的肥料也增加了农业产量，并促进了城市化进程。

纽科门蒸汽机出现之前，英国煤矿一般都采用马力卷扬机来排水，当然也用它来运煤。后来虽然用纽科门蒸汽机来抽水，但因其耗煤量太大，必须依靠马来给它供应燃料。所以，马力对西方世界的影响一直持续到蒸汽机时代，甚至火车的出现也未能取代马在运输中的主力地位。

火车虽是英国工业革命的产物，但英国工业革命其实是依托运河发展起来的，而运河航船全部都依靠马力拖行，马道与运河平行，专供挽马行走。借助水的浮力，一匹马可以拖曳重达30吨的运河货船，这是一辆马车载重的十几倍。

其实，早期的麦考密克收割机也是用两匹马驱动的，其收割效率超过30个工人，后来经过改进的大型收割机使用40匹马牵引。在汽车和拖拉机普及之前，马车和马力始终占据着重要位置。即使后来汽车取代马车，但城市道路依然叫作“马路”，而火车轨道的国际标准轨距也是因循传统马车的轮距，即1435毫米（等于英制的4英尺8.5英寸）。

中国古人说，牛走顺风，马走逆风。东西方之间的大分流，或许可以从牛马之分中看出一点端倪。中国人发明胸带挽具，在不经意间改变了欧洲历史，这与马镫的作用极其相似。类似的创新还发生在枪炮、印刷等领域。

一种新技术，往往会引发后来的一系列连锁反应。如果将马视为古代社会的一种主流“机器”，那么胸带和马镫就是对这

中世纪欧洲对马力的利用比较普遍

部机器的重大改进。这就如同瓦特对纽科门蒸汽机进行的改进一样，改进后的新机器实现了能量突破，促进了新的生产方式和社会变革。

从人类发展史来说，生产力进步离不开技术进步。在前机器时代，对自然力和畜力这种非人类力量的利用方面，欧洲无疑走在了世界前列。根据计量历史研究，到 15 世纪时，欧洲人成为世界上人均消耗肉类最多的人群。

现在每个工人完成或者监管的工作是 60 年前二三百个工人完成的工作量。任何时候只要记起过去 70 年内所发明的那些机器，就必须承认棉纺厂代表了人类科学领域在自然界实现的最震撼的实例，现代从此开启。

——［英］爱德华·巴恩斯

第七章　纺织革命

圈地运动

16世纪以后，随着新航路的开辟，欧洲逐步成为国际贸易的垄断者。通过贸易和殖民，葡萄牙、西班牙和荷兰先后崛起。这场以国家暴力为后盾的商业革命彻底改变了欧洲，英国无疑是最后一个出场者，但它却是最重要的——只有英国顺利完成了从商业革命到工业革命的革命。

马克思说："荷兰作为一个占统治地位的商业国家走向衰落的历史，就是一部商业资本从属于工业资本的历史。"[1] 西班牙衰落了，荷兰衰落了，英国崛起了。

从西班牙到法国，君主集权专制严重禁锢了商业和工业的发展。西班牙对现代商业的理解，仅限于从中美洲殖民地掠夺黄金和白银，然后将其挥霍一空；它不仅没有建立起本土工业，反而连传统的手工业也一起失去了。[1]

相反，英国在南北美洲、非洲和印度进行的海外活动为其积累了足够的资本，这为工业企业提供了财力支持。当苏格兰的发明家和企业家都来到英格兰时，工业革命便自然而然地发生了。从

1- [德] 马克思：《资本论》第三卷，载《马克思恩格斯全集》第二十五卷，人民出版社1974年版，第372页。

商业革命和商业资本主义发展起来的工业革命，以及随之而来的工业资本主义，让英国成为第一个世界工厂，并以全世界作为它的制造品倾销市场。

与局限于仅仅满足少数人奢侈欲望的传统商业（丝绸、香料、黄金、瓷器、茶叶等）不同，现代工业面对的是大多数人的生活需求，因此形成了一场影响全世界的社会革命。

人们常常调侃说抢银行能致富，但真正的致富从来都离不开辛勤劳动。

从中世纪开始，英国毛纺业就已经蔚然成风，很多农场主将农场改为牧场，因为同样面积的牧场，其收益是耕地的两倍。到都铎王朝时期，毛纺业已经发展成为这个新兴国家的支柱产业。

在古希腊神话中，金羊毛是财富的象征，在英国，羊毛一度成为财富的基础。

从 1500 年到 1600 年，英国的农作物价格上涨了 4 ~ 6 倍。与此同时，英国城市人口激增，伦敦人口从 6 万增至 20 万；而在接下来的 40 年中，还将增加一倍。

这一切的根源就是“圈地运动”[2]。

正像斯宾格勒所说，一切高级的经济生活都是以农民为基础，并在农民身上发展起来的。[1]

1- [德] 奥斯瓦尔德·斯宾格勒：《西方的没落》，张兰平译，陕西师范大学出版社 2008 年版，第 314 页。

为了获得更多的羊毛，庄园式牧场进一步扩张，公共耕地被用来放羊，传统的自耕农被从土地上驱逐，这就是托马斯·莫尔在《乌托邦》中所抨击的“羊吃人”的“圈地运动”。

这一运动一直持续到1830年。

现代研究者认为，英国自耕农的消失并不是圈地的结果，而是圈地的序幕。很多自耕农卖掉自己的土地，然后用得到的钱去从事制造业。另外一个不得不承认的事实是，圈地运动实际导致了土地生产力的大幅度提高，大量人口被从土地上解放了出来。

整个18世纪，英国被圈占的土地达300万亩。1700年，英国出口的毛纺织品价值达300万美元。1738年时，英国有150万人从事毛纺业，几乎占总人口的四分之一。

在18世纪早期，英国西部各郡享有贵族头衔的显赫家族大都是从毛纺行业中崛起壮大的。在他们的姓氏中，有意无意地保留了其历史出处——如“韦弗”原意为织工，“韦伯”原意为纺工，“韦卜”原意为纺，“谢尔曼”原意为裁剪工，“福勒”原意为捶洗工，“沃克”原意为轮纺工，“戴尔”原意为染工。

但到了18世纪下半叶，英国毛纺工业盛极而衰，甚至一度处于勉强生存的状态。

“伟大的地理发现以及随之而来的殖民地的开拓使销售市场扩大了许多倍，并且加速了手工业向工场手工业的转化。”[1] 长期以来，英国毛纺业始终停留在原始的手工工场水平，使用效率很低的木制

1- [德] 恩格斯：《社会主义从空想到科学的发展》，载《马克思恩格斯全集》第十九卷，人民出版社1963年版，第234页。

原始纺机，以水力和风力为动力，但最大的发展瓶颈还是原料。

羊毛出在羊身上，牧羊需要大量的土地，而经过“圈地运动”，英国可用土地早已穷竭。英国政府为了保护毛纺业，严禁羊毛出口并扩大进口，依然无法改善原料短缺造成的产业困境。

在这个背景下，羊毛的替代品出现了。在很短的时间里，棉纺工业异军突起，成为英国工业革命的急先锋。

从历史意义上来说，是棉花——而不是羊毛——催生了工业革命。如果说发端于“圈地运动”的毛纺工业只是工业革命的序曲的话，那么，棉花的出现则吹响了工业革命高歌猛进的号角。

英国本土原来并不生产棉花。直到14世纪，佛兰德尔才从威尼斯商人那里获得了原棉。虽然安特卫普是棉纺织业最早发展的城市，但18世纪以前棉纺织业并不被人看好，根本不能与佛兰德尔的毛纺业相提并论。[3]

在16世纪的“价格革命”之后，17到18世纪的欧洲发生了一场“消费革命”。[4]瓷器、印花棉布和漆器还带起了一股东方热潮。

英国棉纺织业发展迟缓，并不代表棉织品市场不景气；实际正好相反，鲜艳柔软的棉织品往往比毛织品更受青睐。但令英国纺织业者无比沮丧的是，来自印度的棉纺织品完全垄断了英国市场。

这些由东印度公司从印度引进的织品原本是用作窗帘和床帘的，但很多商人把它们改造成精致的织品，推向流行服装市场。这些棉布之所以受到人们追捧，不仅因为它们拥有相对较低的价格和类似丝绸的精致外观，还因为当时东方异域文化正风靡欧洲，印度印花棉布的出现恰逢其时，它们物美价廉，印有东方图案，无可挑剔。

在当时，英国社会的上流人物都穿着印度的棉织品，就连他们的仆人也趋之若鹜；甚至王室成员也都喜欢中国的丝绸和印度的棉布。在一般富人家里，从窗帘到沙发垫子，从内衣到床上用品，几乎都是用棉花织成的白洋布或鲜艳的印花布。

当时的一篇文章这样写道：

> 在伦敦一个温暖的夏日早晨，一个成功的商人掀开印花棉布被子，下床迎接新的一天。整理一下平纹细布睡衣，然后套上一件中国真丝睡袍。这时，女仆端着一套青花瓷茶具走进房间，里面装着茶、奶和糖。这位商人所不知道的是，他的乡下表兄弟们已经买了质量更上乘的进口印花厚布和印花棉布，而这些在伦敦还买不到。[1]

外来棉纺织品的大量进口，对被英国视为命脉的毛纺工业构成了严重威胁。

18 世纪的英国政府曾经屡次颁布法律，严禁从印度和中国进口棉纺织品。英国毛纺业的行会组织也屡次发起“国货运动”，甚至不惜以街头暴乱方式袭击棉织品商店和穿棉织品的路人。最后，

1- [美] 安东尼 · N. 彭纳：《人类的足迹：一部地球环境的历史》，张新、王兆润译，电子工业出版社 2013 年版，第 197 页。

英国政府不得不以法律的形式宣布：严禁任何人买卖、穿着和使用棉制品。人民被劝告或者被强迫去穿英格兰的衣料，甚至死人不穿羊毛织品便不准下葬。

法国也出现了类似的情形，据说路易十四一次性就屠杀了16000多个企业家，唯一的罪状是他们进口和制造了棉纺织品。

对于市场行为，强行的禁令往往适得其反。不得已的情况下，一些有眼光的企业家发现这也是一种难得的商机。具有坚实基础的英国纺织工业穷则思变，开始进行一场从羊毛到棉花的历史性转型。

从飞梭到珍妮纺纱机

棉花原产于印度，美洲新大陆为棉花提供了一片前所未有的广阔热土。从17世纪开始，来自美洲新大陆的棉花源源不断地运往利物浦。同时，曼彻斯特也开始种植棉花，兰开夏郡的棉纺工业逐渐兴起。

一开始，兰开夏的棉纺织品根本无法与印度的纺织品相比。于是，他们尝试将棉花与英国麻一起进行混纺，以坚韧的麻为经线，以柔软的棉为纬线，这种混纺织品逐渐获得了英国人的青睐。

曼彻斯特就是依靠这种棉麻混纺工业起步，从一个小镇迅速发展成为英国的棉纺工业中心，从而带动整个英国工业革命浪潮的兴起。

1739年，莱瑟姆一家花了12先令买了两台棉花纺织机，以及梳棉机、纺锤和纺轮，开始在曼彻斯特创业。当时，莱瑟姆的妻子在家纺纱，每周可以挣4先令；他们有两个八九岁的女儿，每天也可以挣几便士。

他们一家成为这场棉纺革命的先行者。

因为马镫的出现，欧洲中世纪算得上是一个骑士时代，而文艺复兴时期的欧洲则已经进入了马车时代。到17世纪晚期，随着欧洲国际邮政系统的复苏，这种公共马车已经具备了钢制弹簧、玻璃窗和车闸，人员和信息的交流日益频繁，技术传播的速度明显加快。

毫无疑问，纺织机械的进步成为这场革命的关键前提——

> 制造这些机械的木工工具——锯、刨、凿子之类的工具，也由工匠们用手制造出来了。另外，这些工具当然都是单独使用的，但是，他们又在机械上下一番苦功，将工具安装在其机床上，就能制造出手工不能加工出来的精密工件了。这样，手工业就开始逐渐被机械所代替了。[1]

与印度手工棉纺织品相比，英国的棉纺工业一开始就处于不利的竞争地位，因为英国的人力成本要比印度高得多。[5] 印度的廉价棉纺织品迫使英国棉纺织商必须减少劳动力成本，发明更好的加工工序和生产机器，从而把生产成本降下来。

如果英国仍然继续以手工工场模式进行生产，那么他们根本无力跟来自印度和中国的棉纺织品竞争。也就是说，要在这场国际贸易竞争中获胜，英国的棉纺工业只有华山一条路，就是必须采用大规模自动化的机器生产。

从技术角度来说，棉花比羊毛更容易进行机械化生产。羊毛来自动物体表，质量参差不齐，而棉花属于植物纤维，质地结实而

1-［日］中山秀太郎：《世界机械发展史》，石玉良译，机械工业出版社1986年版，第33页。

均匀，一朵棉桃的纤维首尾相接可以绵延 30 多公里。因此，棉纺织业一旦实行机械化，自然比毛纺织业更容易获得成功。

就这样，棉花促进了机器的发展，正如咖啡和茶延长了劳动力的工作时间一样。作为第一个高度机械化的产业，棉花帮助欧洲从农业经济转变为工业经济，建立了持续两个世纪的发展模式——从落后的农业国家进口原料，然后制造成商品，出口到全世界。

相比欧洲一些国家，比如意大利和荷兰，英国纺织业的发展显得有些滞后。18 世纪初，一些英国商人利用荷兰技术和意大利技术建起纺织厂。"'在棉纺织业的技术创新中，伦敦同样扮演了重要角色，它是从欧洲大陆或印度引进技术的孵化基地，直到它们可以移植到各个省……'直到1750 年，在曼彻斯特的大型生产车间，还有 1500 台荷兰织机在运转。"[1]

16 世纪中期，德国人于尔根在手摇纺车的基础上发明了脚踏纺车。他给轮轴装上曲柄，并与脚踏板相连接，用脚踏动踏板，使纺车转动。纺车带动纺锤旋转，空出来的双手就可以自由工作，于是两个纺锤同时可以纺出两条纱。

与纺纱机类似，早期的织布机也很简陋；织工们把纱线紧紧地系在木架上做经线，然后再把纬线缠在小木梭上，用手来回在经线之间穿梭织布。在纺机发生革新的同时，织机也出现了变革。立

1- [英] 克里斯・弗里曼、弗朗西斯科・卢桑：《光阴似箭：从工业革命到信息革命》，沈宏亮等译，中国人民大学出版社 2007 年版，第 187 页。

式织布机全面取代了传统的卧式织布机，仅靠一两个人操作，就可以织出宽幅布。

织布与织席一样都是经纬相交。织布机有一个关键部件叫“综”，它的作用是把奇数列和偶数列的经线上下隔开，让梭子带动纬线从中间穿过。这样只要纺织工调整一下综，上下经线就会交换位置，梭子反过来穿一遍，纬线就可以来回编织在经线上。这样一来，用织布机织布其实就是不断地操纵梭子左右穿线。

1733年，曼彻斯特30岁的纺织工约翰·凯伊发明了“飞梭”。凯伊对旧式织机进行了根本性的改进，把经线之间的手工穿梭改成机械穿梭。因为穿梭的速度比原来大大加快，故名“飞梭”。

飞梭其实只是对传统梭子的细微改进。它稍微改变了梭子缠绕纬线的方式，使它能够在纺织机上左右滑动。为了减少滑动摩擦力，飞梭上往往装有滚轮，以及方便纺织工操控它左右滑动的牵引绳装置。这样，熟练的纺织工人就可以一面用脚踏板控制综的上下，一面用手控制飞梭的左右滑动；不仅一个人可以用原先两倍的速度织布，而且织布的宽度也不再受限制。

此外，飞梭发明后，织布的关键动作变成了一种机械反复运动，纺织工人在其中只是辅助协调飞梭和综之间的配合关系，而这完全可以用机械方式实现。这就为之后的完全机械化铺平了道路。1760年，凯伊的儿子发明了“上下梭箱”，让飞梭的应用更加广泛。

飞梭简化了织工的劳动，加快了织布的速度，为实现织布机械化迈出了重要一步。

工业时代的一个特点是，任何产业都离不开一个产业链，上下游之间唇齿相依，互相关联。飞梭的广泛使用，使织布的速度大大超过纺纱的速度。一个织工需要的棉纱，要由十个纺纱工供应，甚至更多，从而打破了纺纱与织布之间的基本平衡。棉纱价格飞涨，而且供不应求，常常断货。

“纱荒”使英国几乎全民动员，全国大办纺纱学校，甚至连孤儿院和监狱也在日夜纺纱。为了解决“纱荒”，官方和民间机构纷纷悬赏，寻找更高效的纺纱机技术。

1738 年，惠特研制出了滚轮式纺纱机。这样一来，手工纺纱也开始被机器取代，虽然这种机器一次只能纺 1 支纱锭。1765 年，织工哈格里夫斯设计并制造出一架同时可纺 8 支纱锭的纺纱机。他以女儿的名字将其命名为“珍妮纺纱机”。哈格里夫斯随后又把纱锭增加到 16 支，最终增加到 80 支。

10 年之后，英国已经拥有不少于 2 万架珍妮纺纱机；最小的机器也能做 6 到 8 个工人的工作。珍妮纺纱机非常小，在普通农舍中就能安放，它不仅造价低廉，而且只需要很少的力气就能操纵它。

在兰开夏，这种机器更是以惊人的速度推广，几年之内它就代替了传统纺车。从 1750 年到 1769 年，英国棉纺织品的出口增长了 10 倍以上。

在人类长久的历史中，精英们总是社会的中坚，而人民群众总是沉默的大多数。工业革命之所以颠覆历史，是因为机器提高了民众的地位。

珍妮纺纱机

棉纺织业从一开始就是面向大众的产业。虽然在此之前也有钟表业和印刷业，以及丝纺业和毛纺业，但需要钟表和书的总归仅限于少数绅士，丝绸和毛纺制品也比较贵，而棉布要廉价得多，且人人都需要。这个巨大的潜在市场一旦开启，几乎是无限的。

实际上，这场机器革命也是由平民发起的。从凯伊到哈格里夫斯，他们都是底层的普通纺织工人。凯伊是一个农民的儿子，发明飞梭和珍妮纺织机也不需要多么高深的科学知识，他们纺织的棉布也极其廉价。

对英国这样一个由贵族精英领导的国家来说，这场由廉价棉布引发的技术创新，其实是一场完全的“下等人”革命。也可以这样说，开创了“机器改变世界”局面的工业革命，就是由这样一群“下等人”发起的生产变革，这才是最令人惊叹的事情。

据亚当·斯密说，当时英国工人的工资是全世界最高的，比印度等东方国家高出一倍。即便属于社会底层的英国工人，他们也有能力消费，尤其是进行教育投资。即使是普通的装配工，也常常是“一位够格的算术家，了解几何学、水平法和测量法，且在某些特定领域内具备相当出色的实用数学知识。他可以计算速度、强度和机器的动力，可以做出平面图和截面图”[1]。在这种社会风气之下，许多有志向的年轻工人努力学习技术，以追求丰厚的经济回报。

人们常说“劳动人民的智慧是无穷的”，棉纺技术的创新完全是一种纺织工人的自觉行为。他们进行创新，或许只是为了解决自己遇到的麻烦，但在无意中却点燃了工业革命之火。

任何创新都是一种新的进程，一旦纳入轨道，就会加速前行。在飞梭和珍妮纺纱机的推动下，英国加速走向资本主义，机器越来越成为生产中最重要的因素，工人则成为一群新兴城市里的无产阶级。

1- [英] 大卫·兰德斯:《解除束缚的普罗米修斯》，谢怀筑译，华夏出版社 2007 年版，第 63 页。

曼彻斯特蜘蛛

作为一种极其古老的机器，纺织机一直依靠人力，即使珍妮纺纱机问世后，也仍以人力为动力。但随着锭数的不断增加，小马拉大车，仅靠人力已经难以为继，因此，迫切需要寻求更大的新动力。

当时，水车技术在英国已经非常成熟。钟表匠兼理发师阿克赖特借用水车技术，成功制造出了一台庞大的水力纺纱机。1769年，阿克赖特在投资冒险家斯特拉特的支持下，在德温特河边建设了一座纺纱厂，利用终年不息的河水作为纺纱机的动力来源。

河流是自然的，水力是免费的，但问题在于并不是每一个村落都拥有理想的河流动力，而理想的河流也不一定会途经村落。因此，只能是人去适应水，水不会来适应人。

水力引发了一场不大不小的变革。一旦水车的能量足以推动一百台织布机，潜在的规模经济就会迅速扩展开来。一架水车具有能够驱动一间大屋子里一百台织布机的动力，而它们的产量比一个最熟练的技工要高一千倍。但有一点，要说服大量的熟练工在一个距离其村落几十公里或者几百公里的地方工作，这并不是一件容易的事情。

水车的真正创新之处在于，它创造了一种新型的组织结构，这就是工厂。

人类几千年来，都是熟练的手工业者凭借技术在生产中占据主导地位，水车最深刻的影响是它提高了非熟练工在工作中的地位。较高的规模经济与较低的劳动力和能源支出相结合，使生产发生了革命性变化，工业时代就这样来临了。

比起珍妮纺纱机来，水力纺纱机前进了一大步，纺出的纱更粗更牢固，其转速也更快。因此，在英国的一些河流两岸，迅速建成一批采用水力纺纱的工厂。

1779年，阿克赖特的纺纱厂已经发展到300多名工人和几千支锭子，成为第一家近代纺纱厂。从阿克赖特开始，以人的肌肉力量支撑的手工工业，正逐步被外力驱动的机器工厂所替代。

在动物驯化史上，骡子是一个神奇的创造。它综合了驴和马的优点，力气比驴大，性情比马温顺，因此，骡子的应用非常广泛。

1779年，工人克朗普顿综合珍妮纺纱机和水力纺纱机的优点，发明了“骡机”。这是一种像“骡子”一样理想的纺纱机，纺出的纱又细又结实，而且效率很高。“骡机”以水力为动力，最初的“骡机”有40个纱锭，后来发展到900个，最后增加到2000个纱锭。

综合来说，珍妮纺纱机适合纺纬线，阿克赖特的水力纺纱机适合纺经线，“骡机”适合纺高支（特细）纱。这三种机器是英国棉纺织业由手工生产向机械化生产过渡的重大贡献。

由于纺纱机的普遍运用，纱量大增，除满足织工需要外还有剩余，这样纺纱和织布之间的平衡又被打破了。织机的革命曾推动过纺机的革命，这时纺机的革命又反过来开始推动织机的革命。

1785 年，乡村牧师卡特赖特发明了水力织布机，工效提高了四十倍。这位牧师也因此脱下黑袍，开办了一家织布厂。

在整个 18 世纪下半叶，不受封建行会和传统法规束缚的新兴棉纺工业已经成为工业革命的火车头，带动了毛纺、漂染、造纸和印刷等工业的兴起和发展。由棉纺机器和织布机器带动的大机器生产模式，为工业革命创造了一个精彩的开局。

从约翰·凯伊发明的“飞梭”、哈格里夫斯改进旧式纺纱轮制成的多轴纺纱机、克朗普顿发明的走锭纺纱机，到詹姆斯·瓦特成功发明联动式蒸汽机并建立第一座蒸汽纺纱厂，英国的纺纱技术不断革新。

1803 年，霍洛克斯制造出了第一架铁制织布机，棉纺织工业终于破茧成蝶。

在英国任何一个工厂里，一个 15 岁的孩子可以照料 2 架蒸汽织机，织出 3 匹半布；而在同样时间内，1 个熟练工人用传统的飞梭只能织出 1 匹布。到 1790 年，蒸汽机驱动的“骡机”，纺线速度是中国和印度传统手工纺线的 100 多倍。[6]

从 1770 年到 1801 年的 30 年间，英国棉纺织业占工业增加值的份额从 2.6% 增长到 17%。1751 年，英国的棉纺织品出口额只有 4.6 万英镑，1800 年达到 540 万英镑；1802 年，英国棉织品的输出第一次超过毛织品的输出。

1819 年，伦敦著名的布莱克威尔大厅被拆除。在此前的四个

织布机车间

世纪中，它一直是英国毛纺业的交易中心。

1820年，棉纺织品作为英国最大的工业产品，占据出口总额的半壁江山。到1861年，棉织品的出口规模是羊毛织品的4倍以上，达到4680万英镑。

也就是说，工业化将英国的棉花加工能力在100年间提高了1000倍。此外，在1760—1815年，英国出口的成衣数量也增长了100倍。

如果将人工成本折算成钱，更能体现技术带来的巨变。1760年，家庭手工纺1磅棉纱需要18.12便士；1836年，机器纺1磅棉纱只需要1.52便士。机器生产使人工成本下降了将近92%。从1780年到1850年，英国的棉织品价格下降了85%，棉布从少数富人的奢侈品变成大众的日用品。

从审美来说，印度棉布最大的魅力或许并不在于棉布本身，而是在于其独特的印花，这和中国青花瓷对欧洲人的吸引力相仿。

在棉纺织业发展初期，英国只能生产简单的条纹布和方格布。1743年，英国发明了三色滚筒印花机，到1785年，又出现了六色滚筒印花机。

滚筒机器印花的产量比木刻板高得多，很适合大规模的生产。和印度的手工绘色相比，滚筒机器印花具有谷登堡一样的革命性。一个印度工匠要花费两周的时间才能绘完一块7米长的棉布，英国普通的棉布印花厂在1851年每天就能够完成6匹布料的印花［每匹28码（1码合0.9144米），共计168码］，滚筒机器印花则每天可达 200 至 500 匹（5600—14000 码），产量提高了 30 至 80 倍。[1]

毫无疑问，棉花成为英国工业革命的基础。在 1833 年的英国，大约有 150 万人直接或间接地在棉纺厂找到工作。

18 世纪，英国的工业品有三分之一运往海外，在所有出口货物中，工业品价值占 85%。为出口服务的纺织业在经济中的重要地位，决定了英国工业从一开始就是生产型而不是消费型的。

根据一些历史学家的分析，在 18 世纪 50 年代至 19 世纪 30 年代期间，英国纺纱业的机械化，使单个生产力提高了 300 至 400 倍。纺纱业的发展，同时也促进了织布技术的相应改进。与棉纺织机相配套的净棉机、梳棉机、漂白机、整染机也相继问世，由此组成了一个复杂而完整的机器生产工业体系。

棉纺织业是英国工业第一个实现机械化的行业。有人形容说，当时的曼彻斯特就像一只巨大的蜘蛛，在它的工厂，它的市区、郊区和农村，所有东西似乎都在吐丝结网，为全世界纺纱织布。

1- 可参阅［意］乔吉奥・列略：《棉的全球史》，刘媺译，上海人民出版社 2018 年版。

工厂的诞生

阿克赖特的出现，使机器不仅是技术史的一部分，也成为经济史的一部分。与其他从事技术创新的人不同，他预先就计划好了要从他的“发明”上获得成功。

事实上，阿克赖特也确实非常幸运，虽然他发明“永动机”的尝试一直没有获得成功。从技术研发、专利申请到机器制造，阿克赖特都采取了合伙股份形式，利用社会投资来实现机器大生产。

1769 年，阿克赖特正式提交了他的纺织机专利说明书：

> 本人理查德·阿克赖特，在此禀告国王乔治三世陛下，本人经过苦心研究和长久运用，发明了这个新机器。在此之前，从未有人发现、使用或生产这种机器。本发明的用途是将棉花、亚麻和羊毛做成纬线或者纱线……陛下所统治的英格兰可因雇用许多穷人操作本人发明的机器而获得巨大功效……本人及本人之执行人、管理者、受让人，在本专利申请书有效时限内，应依法享有因本发明而获得、增长、积累及形成的全部利润、利益、价值和好处，以及陛下所授权之特许、权利、

特权和利益。[1]

按照英国专利法，专利持有人享有 14 年的独家垄断权。阿克赖特提交的这份申请成为英国工业革命的催化剂，彻底将世界翻转。1775 年，他又获得了梳棉机的专利。这基本上使阿克赖特实现了对棉纺工业的垄断。

与克朗普顿不同，阿克赖特更具有企业家的气质，是一个能预见商机的人。与其说他是一位发明者，不如说他是发明的最后整合者。他雇用了一批包括约翰·凯伊[7]在内的发明家来进行新机器的研发，而他获得最后的专利权。

在阿克赖特的专利普及之前，一般工业的机械水平仍然停滞不前。克朗普顿的“骡机”需要技术熟练的成年男工，而阿克赖特的水力工厂既不需要力气也不需要技术，全部使用女工和童工，这不仅降低了棉纺织品的生产成本，同时也实现了真正的大量生产。

印度棉纺织品向来在世界处于领先地位，18 世纪时，印度的手摇式纺车平均需要 5 万个小时以上才能纺完 100 磅棉花。到了 1825 年，在克朗普顿和阿克赖特发明的机器操作下，英国工人只需 135 个小时就能纺完 100 磅棉花。

阿克赖特的机器纱比传统手工纱更均匀、更结实，棉完全替代了麻，使英国最终实现了棉布的国产化，并很快在国内市场取代了印度印花布。

1- [英] 梅尔文·布莱格：《改变世界的 12 本书》，何湾岚译，中华书局 2010 年版，第 175 页。

在手工纺织时代，人们可以分散在各自的家庭作坊中工作。一旦使用了能源——哪怕是水力，工人也必须在能源所在地工作，工厂就这样诞生了。

与家庭作坊不同，工厂需要严格的组织管理。阿克赖特在工厂里扮演着工程师和老板的双重角色。他雇用的“工人”最小的6岁，最大的40岁，其中三分之二是童工；每周工作6天，每天工作13个小时。他在报纸广告中声称：“各年龄段的孩子都可以找到固定工作，男孩和年轻人可以找到人来教他们工作，这使他们在很短的时间内就能养活家人。”[1]

与其说阿克赖特的工厂像一座兵营，不如说像监狱。从他办公室的窗户向外望，可以对整个工厂一览无余，每个人都能时刻感受到他犀利的目光——即使他不在的时候。1779年的《德比信使报》记载，一名工人因为没有请假而旷工，便被阿克赖特送到监狱，罚做一个月的苦役。

1776年，阿克赖特的纺纱厂已经从诺丁汉扩展到兰开夏，他的工厂成为世界棉纺业的样板工厂。到1782年，阿克赖特雇用的工人已经达到5000多名，招募的资本达20多万英镑。

当初一个落魄的理发师离开曼彻斯特，如今一个工业巨子衣锦还乡，并带来了工业文明的繁荣。阿克赖特的独特意义在于，他不仅最早实现了对发明与工业的整合，也创造了“一个人可以在没有继承土地的情况下致富”[2]的神话，这在传统的前工业社会是不可

1-［英］梅尔文·布莱格：《改变世界的12本书》，何湾岚译，中华书局2010年版，第179页。
2-同上书，第183页。

思议的。

无论中西，传统的家庭观念都是“多子多福”，一家有四五个儿子很常见。中国人的遗产继承为诸子有份儿，而英国的传统则是长子继承制，即每家的财产基本上由长子继承，其他子女分不到任何财产，只能自力更生，自谋出路。这种情况下，除了长子，其他的孩子就必须去从军、从政、经商或掌握一种技艺，以此来谋生。即使出身贵族家庭，长子以外的孩子事实上也属于平民阶层，没有多少特权，必须自食其力，靠自己的劳动和智慧去生活。

这种传统之下，英国社会非常鼓励人们投资教育，同时也对商业和商人非常宽容，钱多就去投资，钱少就学技术，技术人员和贸易活动都备受尊重。整个社会充满进取之心，无论商业还是技术，都显得生机勃勃，欣欣向荣。

在英国，创新工作和追求财富都具有不容置疑的合法性。尤其制造业是一个讲究劳动与回报成正比的产业，只有一个强大而有尊严的中产阶级，才会带来制造业的健康蓬勃发展。

在1835年出版的安德鲁·尤尔所著的管理学著作《制造的哲学》(*Philosophy of Manufac*)一书中，阿克赖特被塑造为工业时代的先知：

> 60年前，当第一台水力织布机在克罗姆福德郡那充满诗意的德文特山谷竖立起来的时候，人们还没意识到，上天已经注定，这样的一种新式劳动制度，将会带来那么一场大规模的革命。不仅是在英国，它对全世界的命运都有影响。只有阿

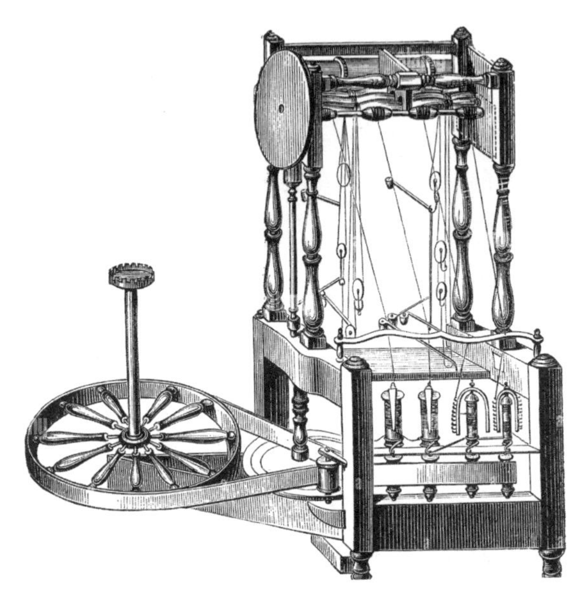
阿克赖特水力纺织机

克赖特才有这样的眼光，只有他才有这样的勇气，用他那热情洋溢的语言，预告了人类的工业生产所能达到的高度。这样的工业生产，已不再取决于人工投入，因为人工投入存在不确定性；其所依靠的，是由人工监督的、不竭的动力驱动的，并以极快的速度运行的机械手和机器臂。[1]

英国从棉纺工业开始，迈出了人类机械化生产的第一步。机

1- 转引自［英］萨利·杜根、戴维·杜根：《剧变：英国工业革命》，孟新译，中国科学技术出版社2018年版，第43页。

器节省了大量人力，阿克赖特承认，他们连最先预期的劳动力的五分之一都用不到。

在棉花革命初期，珍妮纺织机和水力纺织机的机械机构并不复杂，制造成本也不高，而棉纺利润却高达数倍，因此创办工厂的人很多。欧文在1789年用借来的100英镑，在曼彻斯特白手起家；10年之后，他就已经能够用8400英镑的现金买下一家纺纱厂的股权。

随着工业时代这个哥斯拉的到来，在工人工资变化不大的情况下，生产效率大大提高，机器制品的价格进一步降低。机器成为财富的最大制造者，而工人则成为机器的奴仆。一个掌握机器权力的资本家群体，正如雨后春笋般成长起来。

手工生产依靠的是廉价的工具，工厂生产依靠的是昂贵的机器；前者的核心是人的技艺而不是工具，后者的核心是机器而非人的技艺。进入工厂时代，资本成为决定性的力量。

一台老式手工纺车连1先令都不值，而一台珍妮纺纱机的造价需要70先令。一台24纺锭珍妮纺纱机的售价，相当于一个英国纺纱工人134天的工资；如果是法国工人，则相当于311天的工资。与珍妮纺纱机相比，"骡机"的运行机理就更加复杂和专业，这已经不是一般工匠照猫画虎就可以仿制的。因此，机器本身也迅速成为工厂的产品之一。[8]

在18世纪末期，英国已经出现了许多专业生产纺织机械的公司，阿克赖特也在高价出售水力纺纱机的生产授权。其他工厂主要想获得专利授权，必须支付高达7000英镑的费用，另外每年还要再付1000英镑的服务费。

专利申请书

从历史记载来看，机器在欧洲有着悠久的历史。特别是纺织行业，更是在很早时候就出现了大规模的工业企业，甚至已经使用水力。

14 世纪时，意大利就已经出现拥有 4000 个纺锤，并以水力为动力的造丝厂。比如在 1341 年波洛尼亚的一家机械化丝织厂中，一部机器能完成 4000 个人的工作——“由雷诺河水带动的大型机器，能迅速地纺捻出 4000 根丝线，从而很快完成 4000 个丝织工的工作。由于使用水力，纺出的丝既结实又漂亮。它们每年出产 18 万磅丝绸，也就是说，其中 10 万磅出口国外，另 8 万磅留在国内，其中大量的是双股丝线。”[1]

1466 年，法国国王路易十一决定在里昂大力发展国家丝绸工业。根据经济史学家维尔纳·桑巴特的记述，里昂丝绸工业创始人维亚尔的一座厂房里就有 46 台织机。到 17 世纪中叶，里昂有 14000 多台织机在开工，该城三分之一的人口从事丝绸纺织业。[9]

英国早期的工厂也是如此。1717 年，托马斯·洛姆利用意大

1-［德］桑巴特:《奢侈与资本主义》，王燕平、侯小河译，上海人民出版社 2005 年版，第 207 页。

利的机器设计图，在德文特河畔建立了一个工厂，以水车为动力，雇用了将近 300 名工人进行缫丝。这算得上是阿克赖特工厂体系的先行者了。

作家笛福参观洛姆的工厂之后，称它是“一个非常奇特的珍品”，并对这家工厂的机器赞不绝口：“包含了 26586 个轮子和 97746 个零件。水车每旋转一次，就能织出 73726 码的丝线。这个水车 1 分钟能旋转 3 次，所以，一天一夜就能织出 318504960 码的丝线。”[1]

这些早期的丝织厂成为后来棉织厂的样板，毕竟棉花比蚕丝来源更加广泛，这为工厂的发展提供了无限可能。1844 年颁布的《纺织工厂法案》首次在法律上使用了“工厂”（factory）这个词。工厂时代的到来，彻底改变了原有的社会，也重新定义了人类生活的这个世界。

桑巴特指出，从 1600 年到 1800 年，新富翁通过与贫穷的贵族结成联盟，进一步改变了时代的精神面貌。在早期资本主义的初始阶段，富人们通过积累金钱，拥有代表社会地位的昂贵附属物，来获得上流社会的承认。

1786 年，出身贫贱的阿克赖特如愿以偿地被授予爵士头衔。6 年之后，他留下 50 万英镑的巨额遗产[10]和英国一半以上的工厂去世。英国调查委员会赞扬他“对国家做出的贡献比任何人都大”。

作为工业革命时期的两个风云人物，阿克赖特与瓦特在专利

1-［美］乔舒亚 · B. 弗里曼：《巨兽：工厂与现代世界的形成》，李珂译，社会科学文献出版社 2020 年版，第 13 页。

权诉讼中成为好友，他们的密切合作使蒸汽机与工厂第一次联姻。在此之前，由水车驱动的工厂都依河而建，远离城镇。蒸汽机解放了动力源，工厂纷纷搬到生活、交通和物流更方便的城市，一场前所未有的城市化运动因为工厂的聚集而迅速发展起来。

在某种程度上，瓦特蒸汽机之所以能发展起来，是因为它为纺织工业提供了动力，明显不同于此前的纽科门蒸汽机。纺织机器都属于轻型机械，消耗动力不多，一台蒸汽机可以带动许多纺织机。出于经济考量，将很多纺织机集中到一起的大工厂便成为主流。在这种新式工厂中，蒸汽机通过一根长长的传送轴和皮带，带动很多台纺织机运转。

1783 年，阿克赖特的专利被取消时，兰开夏只有阿克赖特一家棉纺工厂；30 年后，工厂数量发展到 86 家。人口也从当初的 2.4 万人激增到 15 万人，曼彻斯特因此成为世界第一个现代工业城市。1835 年，托克维尔访问曼彻斯特时，对这些教堂般高大的工厂惊叹不已，将之比作“巨大的宫殿”，而狄更斯则称之为“童话宫殿”。

对许多远道而来的参观者来说，机器远比厂房更令人感到震撼——“他们被庞大、美丽、精巧的机械环绕着，这吸引了他们的全部注意力和惊叹之情。那整齐划一的无休无止的运动，以其强大的力量和不屈不挠的活力而获得升华，吸引了每一个观察者的眼睛，并且使每一个观察者的头脑中充满了对神奇的科技力量的无限崇拜！”[1]

1-［美］乔舒亚·B. 弗里曼：《巨兽：工厂与现代世界的形成》，李珂译，社会科学文献出版社 2020 年版，第 31 页。

工业革命的发源地曼彻斯特

这些工厂如同巨兽，日夜不停地吞噬棉花，吐出丝线和棉布。在距离曼彻斯特 36 公里的利物浦，从美国源源不断运来的棉花在这里被装上马车和运河船。为了更快地运送更多棉花，两座城市之间专门修建了一条供蒸汽火车行驶的商用铁路。

在相当长的历史中，传统手工业完全是依靠满足少数富人的需求而生存的。工厂制度开启了一种新的生产和销售模式，它不再为满足少数富人而生产，而是前所未有地将大多数穷人拉向历史舞台。

从一开始，工厂制度的目标就是生产满足多数人需求的廉价商品。当时所谓的工厂就是棉纺织厂，它们生产的棉纺织品根本不是富人需要的东西，因为富人更钟情于珍稀的丝绸、亚麻和麻纱织品。在很长时间里，机器工厂生产的衣服和鞋子只有穷人购买，富人仍然会去裁缝和鞋匠那里定制。

工业革命最大的含义，并不是改变了从手工到机器的生产过程，而是第一次使生产过程与生产结果都以普通大众为主。从此以后，工厂里的工人不再像工匠一样，一辈子都是为了他人的幸福而辛劳，他们自己就是工厂生产的产品的主要消费者。

大企业工厂依赖大规模消费，为满足大众需求而进行生产。换句话说，“资本主义企业家精神的原则是，为平民百姓服务”[1]。

在现代工业史中，阿克赖特无疑具有极其醒目的位置。

虽然联合国教科文组织将“书”定义为“一种除去封面至少有49页的非期刊性质的印刷出版物”，但这并不影响阿克赖特那仅3页纸的专利申请书被列入《改变世界的12本书》名录。

阿克赖特的专利使得工业革命的关键之一——棉花制造业产生了突破性的大变革。它建立起一个可以在全球的工业上起支配作用的工厂体制，这个体制从阿克赖特在世的时候到今天，基本保持不变。它的成功刺激了许多辅助制造商，也协助形成了产业性集群，这引发了直到今天仍然持续发挥作用的雪球效应。它在工业革命上发挥了极大影响力，不但使得这次革命加速，而且也整合了庞大的社会变迁。这种变迁已经蔓延至世界各地。它提供了能

1- [奥] 路德维希·冯·米塞斯：《对流行的有关“工业革命”的种种说法的评论》，转引自 [美] F. A. 哈耶克编：《资本主义与历史学家》，秋风译，吉林人民出版社 2003 年版，第 178 页。

量给上至国家、下至乡镇的群众运动，使资本主义经济得以崛起。[1]

专利制度和版权制度均始于文艺复兴时期的威尼斯共和国。当时颁布的专利法规定：在10年期限内未经发明人同意与许可，禁止其他任何人制造与该发明相同或者相似的装置；若其他人贸然仿制，将赔偿专利人金币百枚，仿制品也将立即销毁。

因为专利制度的保护，威尼斯吸引了大量欧洲工匠，促进了科学技术的发展和工商业的繁荣。甚至连著名科学家伽利略也获得了“扬水灌溉机”的专利权。

从某种意义上来说，没有专利制度也就不可能出现工业革命，而这恰是传统制度所欠缺的。

庄子曾经讲过一个故事，说是在宋国有一位世代以漂洗棉絮为生的人，他有一个“不龟手”的良方，可以不让手在冬天发生皲裂。有个过路的客人获悉后，提出用百金购买这个药方。宋人一想，自己起早贪黑漂洗，所得不过数金，而一个方子便可获百金，于是就答应了。这个人得到药方后，便跑到吴国，当上了将军。在与越国的战争中，他让吴军用了“不龟手”药，结果吴军打败了手足皲裂的越军。吴王封他为贵族。

庄子感叹说，同样掌握不龟手的良方，有人能够成为将军，获得封赏，而有人却只能祖祖辈辈以漂洗为生。[11]

1-［英］梅尔文·布莱格：《改变世界的12本书》，何湾岚译，中华书局2010年版，第171页。

机械天才

“棉花、棉花，还是棉花，它是当下唯一的商品，只有它才可以为任何人提供工作。”这是棉花革命时期英国最强烈的声音。

棉纺织业的兴起使英国对棉花的需求迅速增长：1701 年输入大不列颠的原棉不到 100 万磅；1771 年高达 476 万磅，1789 年超过 3257 万磅，1802 年达到 6050 万磅，100 年增加了 60 倍。然而，因为气候的缘故英国几乎不生产棉花，来自西印度群岛、巴西、印度等地的棉花，早已不能满足工厂的需要。

从政治上看，对棉花越来越大的需求以及对稳定供应的需要，使英国找到了在印度进行殖民扩张的理由。英国人通过垄断全球棉花贸易，逐渐削弱了印度的经济。

与此同时，大量吞食原棉的新机器，也为一穷二白、刚刚独立的美国人创造了他们梦寐以求的商业机会，他们从英国对棉花的巨大需求中看到了希望。

除了印度，棉花种植在美洲也有着悠久的历史，只是棉花品种不同。早在哥伦布之前，印第安人就已经在种植棉花。虽然英国市场上棉花紧缺，但美国南方的种植园主们却只能望洋兴叹。关键的制约原因是适合这里种植的“高地棉”棉籽难以剥离。

惠特尼发明的轧棉机

与印度棉不同的是，高地棉纤维较长，种子的黏性较强，只能采用人工分离。一个人分秒不停地紧张劳动一整天，也未必能清拣一磅棉花，这使之成为“一项成本很高的生产过程”。

这个至关重要而又影响深远的难题，最终被“机械天才”伊莱·惠特尼用了短短十天的时间便成功解决了。时间是1793年4月12日，当时23岁的惠特尼刚刚从耶鲁大学毕业，暂居格林夫人的种植园。经过反复试验和改进，他终于制成了一台功效强大的轧棉机。[12]

惠特尼在写给父亲的信中说：

> 我做成了一架机器，只需要一个人的劳动便可以把它旋转。有了这架机器，一个人可以比用人们已经知道的其他任何方法拣净十倍的棉花，而且比通常的方法还弄得更为干净。

> 这架机器可以毫不费力地用水力或马匹旋转，一个人和一匹马就可以比五十个人用旧机器还能生产更多的棉花。它使劳动力减少五十倍而不使任何阶层的人失业。[1]

这种轧棉机如此高效，以至于惠特尼制作的第一台轧棉机没多久便被偷走了。惠特尼的轧棉机使高地棉成为一种极具竞争力的作物，并迅速取代烟草，成为最有价值的商品农作物和全美国唯一的最大宗出口货物。

轧棉机发明之前，每年从殖民地运往欧洲的棉线大约只有 400 捆。1793 年轧棉机投入使用之后，这个数字增加到 3 万捆；到 19 世纪初，每年棉线的出口量是 18 万捆；1824 年超过 40 万捆，1860 年达到 450 万捆。如果按重量计算，轧棉机发明的前一年，美国棉花出口不到 14 万磅；轧棉机发明的第二年，棉花出口超过 627 万磅，短短三年间增加了 40 多倍。美国棉花产量在此后平均每十年就要翻一番，1860 年更是达到了 20 亿磅。

这正像一位历史学家说的，惠特尼“花了 10 天时间，制造了一种彻底改变南方命运的机器模型——轧棉机，于是他成了机械时代的教父”[2]。

有了惠特尼的轧棉机，棉花种植疯狂地扩张、蔓延，美国南方

1- [美] 福克讷:《美国经济史》，王锟译，商务印书馆 1964 年版，第 266 页。

2- [美] 哈罗德·埃文斯等:《他们创造了美国：从蒸汽机到搜索引擎：美国两个世纪以来最著名的 53 位创新者》，倪波等译，中信出版社 2013 年版，第 52 页。

很快成为一个幅员辽阔的“棉花王国”。[13]

轧棉机被视作“美国农业上头等重要的一项发明”，成为南方经济复苏的关键。在 1790 年到 1830 年的时期内，这项“基本上由一个人的天才制成的一种产品”使南部的农业发生了一次真正的革命。

从 1815 年到 1860 年，棉花贸易决定性地影响了美国经济的发展速度：到 1830 年，棉花贸易是全国制造业发展的一个最重要的推动力；到 1849 年，美国棉花产量中有 64% 出口到国外，主要是销往英国；从 1840 年一直到美国内战时期（1861—1865），英国棉花进口总量的 80% 都来自美国南部各州。

在轧棉机发明之前，一个好的棉田能手可以生产价值 300 美元的产品；20 年后，这个价值翻了一番。1830 年的平均价值大约是 800 美元，1850 年是 1200 美元，1860 年是 1400 美元到 2000 美元之间。随着劳动力价值的直线上升，拥有一定数量奴隶的农场主迅速暴富。[1]

惠特尼说，他的发明不会让任何人失业。事实更甚于此，棉业的兴起需要更多的劳动力。轧棉机所产生的影响，渗透到美国南方整个社会和经济生活之中，农庄主们迫切需要大量廉价乃至免费的劳动力，奴隶制得以死灰复燃。

即使有了高效率的轧棉机，棉花种植仍是一项劳动力密集型产

1- 可参阅［美］福克讷：《美国经济史》，王锟译，商务印书馆 1964 年版，第 269 页。

美国南部棉花种植园

业。对土地广袤、人口稀少的美国来说，要扩大生产并获得高利润，最好的办法是使用不要工资的奴隶，这样就大大降低了劳动力成本，也等于降低了棉花生产成本。

在当时，美国种植园主每养活一个奴隶，一年只需要 20 美元，而其通过轧棉机创造的纯利却达 80 多美元。因此，随着轧棉机的发明，奴隶数量开始迅速增加。1790 年，美国黑奴数量不到 70 万人；到 1810 年，已经超过 100 万人；到 1860 年已经翻了两番，增

至 400 多万人。在美国当时的 600 万白人中，奴隶主占 35 万人，不足 6% 的白人拥有将近 75% 的黑奴。这些奴隶主基本都是南方的棉花农场主。

在轧棉机出现之前，奴隶制度在美国尤其在南方正逐渐走向衰落，早在 1787 年就已投票废除奴隶贸易，因为奴隶制度在经济上无法超越自由劳动和机器的结合。但是，轧棉机使种植棉花成为一项利润极大的生意，棉花是“最适宜使用奴隶劳动的一项农产品”。南方奴隶制经济因此获得转机，不仅成为南方占主导地位的经济制度，而且将“使用奴隶劳动种植高地棉变得远比制造业更为有利可图”。[14] 于是，奴隶制从衰落中复活、发展到加强，南方宁愿进行战争，也不愿和平地放弃其“特有的制度”及其可观的经济利益。

历史就是如此令人惊讶，一台小小的轧棉机竟然造成了如此罕见，甚至是灾难性的后果。如果没有轧棉机，美国就不会有那么多黑奴，奴隶制也会更早地解体；这样的话，美国的内战或许也不会爆发。

据说在当时的美国有这样一种说法——奴隶制是轧棉机的燃料。实际上，奴隶制不仅是美国轧棉机的燃料，也是英国工业革命的燃料。

当一艘美国船只于 1784 年载着包括 8 大捆棉花的货物抵达利物浦时，英国人还不知道美国也能种棉花。有两位观察家报告说：“海关官员没收了棉花，因为他们不相信棉花是在美国种的！”到了 1806 年，美国棉花占据了英国市场 53% 的份额。

从后来的结果看，那场为了奴隶制而进行的南北战争，其所造成的影响是世界性的。英国纺织工业的繁荣完全是依靠轧棉机和奴隶生产的廉价原棉支撑的。美国内战爆发后，美国棉花出口锐减，国际市场的原棉价格翻了一番，结果导致英国兰开夏郡大量工人失业，很多工厂破产倒闭。

“当棉纺织工业在英国引起儿童奴隶制的时候，它同时在美国促使过去多少带有家长制性质的奴隶经济转变为商业性的剥削制度。”[1] 虽然马克思对奴隶制度持强烈的批判态度，但并不否认棉花经济对美国这个新兴国家的重要意义。“同机器、信用等等一样，直接奴隶制是资产阶级工业的基础。没有奴隶制就没有棉花；没有棉花现代工业就不可设想。奴隶制使殖民地具有价值，殖民地产生了世界贸易，世界贸易是大工业的必备条件。可见，奴隶制是一个极重要的经济范畴。没有奴隶制，北美这个进步最快的国家就会变成宗法式的国家。如果从世界地图上把北美划掉，结果看到的是一片无政府状态，现代贸易和现代文明十分衰落的情景。消灭奴隶制就等于从世界地图上抹掉美洲。”[2]

棉花产业的繁荣给美国带来了崛起的机会。在 18 世纪 80 年代棉花繁荣开始之前，北美在全球经济中一直是一个微不足道的小角色。随着全球对棉花的需求增长，这个新生国家开始走向世界经济舞台的中央。

几乎在惠特尼发明轧棉机的同时，塞缪尔·斯莱特将阿克赖特工厂成功地复制到了美国。美国的棉花不仅为英国兰开夏地区的工厂提供了充足的原料，也为美国北方新兴的纺织工业提供了丰富的原棉，使初生的美国获得了极为难得的历史机遇。在新英格兰地区，棉纺厂被誉为“光明未来的指路明灯”。依靠南方的棉花

1- [德] 马克思:《资本论》第一卷，载《马克思恩格斯全集》第二十三卷，人民出版社 1972 年版，第 828 页。

2- [德] 马克思:《哲学的贫困》，载《马克思恩格斯全集》第四卷，人民出版社 1958 年版，第 145 ~ 146 页。

美国南部新奥尔良港堆满了准备运往英国的棉花

和北方的棉纺织工业，这个崭新的国家很快由农业社会迈向了工业社会。

“我想见识一下机器的力量。”一位来自南方田纳西州的议员专程拜访了位于波士顿的洛厄尔棉纺工厂，他想看看“北方人是如何买我们的棉花带回家，加工成布匹带到南方，以超过一倍的价钱卖掉，既生活得好，同时又赚钱”[1]。

洛厄尔棉纺工厂直到20世纪50年代才停止生产。后来的研

1- [美] 乔舒亚·B. 弗里曼：《巨兽：工厂与现代世界的形成》，李珂译，社会科学文献出版社2020年版，第91页。

究者指出，洛厄尔是开创美国工业时代及其在全球工业领域占主导地位的功臣之一，它将机械化制造与共和主义价值观相融合，创造了一个商业乌托邦，以及一种不同的社会和文化模式。它使人们达成新的共识，即机械化和大型企业将提高生产力，并实现进步。当洛厄尔的工厂逐渐从人们的视线中消失时，美国人已经坚定地接受了建立在工业基础上的未来愿景。[1]

1- [美] 乔舒亚·B. 弗里曼：《巨兽：工厂与现代世界的形成》，李珂译，社会科学文献出版社 2020 年版，第 102 页。

发明的代价

谷登堡因为发明活字印刷机而将欧洲带出了中世纪的黑暗，他自己却在一次有关印刷发明权的法律诉讼中损失了全部钱财，最后死于贫困。历史真正的残酷在于，谷登堡不是遭遇这种悲剧命运的第一个发明家，也不是最后一个。

正如房龙所说："在历史列车匆忙启动的过程中，尽管那些最先想出好主意的聪明人曾给人类带来过巨大的利益，却往往会被人们遗忘。他们或者被压在车轮之下，或者悲惨地死在路边。"[1]

虽然创新带来的效率是经济增长的唯一源泉，但知识的创造却往往很难带来直接利润。事实上，当时有些"贵族们和富有的平民们转向科学，不是把科学当作一种谋生手段，而是作为专心致志的对象。对于这些人来说，直接的经济方面的功利利益，更是全然不在考虑之列"[2]。

虽然早期的很多发明相对比较简单，投资和规模也不大，[15]但一些新技术和新机器的发明者耗费时间和精力创造出的社会收益，总

1-［美］房龙：《欧洲印刷史话》，李丽娜译，北京出版社 2001 年版，第 164 页。

2-［美］罗伯特·金·默顿：《十七世纪英格兰的科学、技术与社会》，范岱年、吴忠、蒋效东译，商务印书馆 2000 年版，第 137 页。

是比他们个人微薄的所得要高得多。

知识这种东西是很难被垄断的，因为人都有学习的本能，特别是在利益的驱动下。因此，大多数知识资本都会很快成为免费的公共知识，即使在专利法保护下也是如此。

1589 年，英国人威廉·李设计制造出了第一台织袜机。这是一种用脚踏板驱动的机器，它能直接织出成形的袜子。使用这种织袜机，比手工织袜的效率高出十倍。从此袜子不再是贵妇人的奢侈品，人人都穿上了袜子。1775 年，英国人马虚发明制绳机，结束了手工制绳的时代。

在精英的历史上，永远不会留下他们的名字，只因他们留下的是智慧而非权力。约翰·凯伊因为发明飞梭而将英国送上了工业革命的快车，但自己却悲惨地遭到英国人的迫害和遗弃，最后不得不逃往法国寻求庇护。即使在法国，凯伊出于惊恐，也坚决拒绝展示他发明的飞梭。

发明珍妮纺织机的哈格里夫斯的命运并不比凯伊好多少，他用了三年才发明成功，这期间，只有一个农场主为他提供了场地，这可能是他获得的唯一的支持。尽管哈格里夫斯搬了三次家，但每个新家都很快就被无法反抗工厂主而泄愤于珍妮纺纱机的失业纺织工人捣毁，而那些使用珍妮纺纱机的工厂主，也拒绝付给他任何专利使用费。

可怜的哈格里夫斯，只身逃亡到诺丁汉，最后在贫困和人们的憎恶中死去。

早在1617年，英国就开始了正规的专利申请和登记制度，以此来保护和鼓励技术创新。但实际上，法律保护对发明创造的激励作用并不是立竿见影，而是逐渐见效的。在1640年到1659年的20年间，英国的专利数目只有4个，而到了19世纪的第一个10年，被批准的专利数目达到了924个。

在工业革命之前，总体来说发明活动很少，能将科学的成果转化为实际应用的例子更是屈指可数。1704年，《格列佛游记》的作者斯威夫特曾有一个论断："如果一个人想要用现代人生产出的物品来评判他们的天才智慧或发明的话，那你基本上是找不到可以拿来评判的物品的。"[1]

应当承认，专利制度本身作为政府的一种发明创造，其初衷仍是为了促进国家利益，并不完全是为了保护发明者的利益。

专利制度确实使一些新技术和新工艺的发明者得到了补偿，甚至有人因此致富，但仍有很多最初的创造者只能在贫困中死去，虽然他们的发明使很多英国人走向富裕。

一个发明者不仅要有技术创新能力，同时必须与社会互动，才能把发明换成金钱、名气或资源。一个发明者只有在与自然和社会的交涉中都表现得创意十足，才能成功。但并不是每个发明家都有阿克赖特那样的领导能力和组织能力，真正的天才或许都与"成功"无缘。

事实上，水力纺纱机的真正发明者是木匠约翰·怀亚特，他

1- 转引自［美］乔尔·莫基尔：《增长的文化：现代经济的起源》，胡思捷译，中国人民大学出版社2020年版，第251页。

的机器可以减少三分之一的劳动力。如同之前的约翰·凯伊和哈格里夫斯一样，他也在人们的谴责中失魂落魄，郁郁不得志。怀亚特是一名数学和机械天才，他还发明了滚珠轴承，设计了第一座吊桥。

类似的还有克朗普顿，当初为了发明“骡机”，他几乎倾家荡产，花费了四年半苦心，却无力申请专利证。工厂主们答应捐款给他，以补偿他花费的心血，但最后仅筹得67英镑。在人们用他发明的“骡机”大发横财时，他却艰难度日。克朗普顿后来又发明了一架梳棉机，刚造成，他就把它砸碎了，“至少这架机器是他们得不到的”。

在纺织业如日中天的1802年，克朗普顿终于得到了500英镑的社会捐助，这时英国议会也奖给他5000英镑，但这些钱都被他用来还债。虽然克朗普顿是一位有才智有教养的绅士，但他这辈子还是注定要过贫穷的生活。

其他如罗贝尔（发明连续造纸工艺）、蒂莫尼耶（发明缝纫机）和菲奇（发明实用蒸汽船）等人，也都死于贫困，发明旗语的克劳德·查普则因为破产而自杀。

同样是一个有能力的工厂主，与阿克赖特的幸运相比，卡特赖特则是如此不幸。

在当时，阿克赖特的成功使纺纱远远超过织布的效率，棉纱产量大增，织布机的相对低效成为制约棉纺工业的瓶颈。卡特赖特发明了蒸汽动力的机械化织布机，并在曼彻斯特创办了一个拥有400多台蒸汽机的大型织布厂。

但在后来的反机器运动中，吐着蒸汽的机器很快成为曼城纺织工人的死敌，卡特赖特的工厂被烧为一片废墟。

事业失败的卡特赖特最后成为一个仁慈的神学博士。在后来的日子里，他看到他发明的织布机一天一天如野火般四处蔓延，曾颇感欣慰地告诉人们，这真是“一件愉快而意想不到的事”。好在1809年，英国政府终于给予卡特赖特1万英镑的巨额奖金。

哈里森的命运也令人唏嘘。这个自学成才的约克郡木匠于1735年成功制成了第一只航海天文钟，当时英国“经度委员会”为此悬赏高达2万英镑。经过30年的持续改进，哈里森完成的天文钟只有手表大小，一年的误差仅有2分钟，远远超过当初的要求。但皇家海军却只同意支付一半赏金，并要扣掉他之前预支的研究经费（因为这笔经费，哈里森已失去了专利权）。后来，在英王乔治三世的干预下，哈里森在他80岁的时候总算拿到了8750英镑。

鼓励创新、保护专利的英国尚且如此，可想而知，“第一个吃螃蟹”的风险有多大。爱因斯坦抱怨说：“我们的科学史，只写某人某人取得成功，在成功者之前探索道路的、发现‘此路不通’的失败者统统不写，这是很不公平的。”

技术的悖论

从工业革命的历史来说，科学家和工程师固然重要，但推动工业革命的却是发明家。

如果说科学家致力于科学原理的进步，工程师致力于常规工程问题的解决，发明家则是科学家与工程师之间的桥梁。作为一个发明家，不仅要具备超高的科学素养，同时还必须有实践能力以及创造性解决问题的能力，这远非一般工程师可以胜任。

如果没有发明家，人类社会或许不会有那么多工具与机器，人类文明的发展绝对会是另外一副样子。

与很多发明者相比，瓦特的成功具有某种标志性的意义。换句话说，瓦特的成功与英国的成功具有某种不可分割的一致性。

1769 年，瓦特获得了蒸汽机的第一个专利。1775 年，英国议会批准将瓦特的专利期延长；次年，瓦特蒸汽机开始商业化生产。到 1800 年专利期满，欧洲已经有 500 台瓦特蒸汽机在工作。

瓦特的成功，不仅是因为他个人成为富翁，更重要的是为现代工业奠定了长远的基础。但要是没有博尔顿的资本支持，瓦特可能与发明飞梭和“骡机”的那些发明家一样陷入困境。[16]

瓦特是幸运的，他恰好赶上了金属加工技术的革命，用来加工炮管的镗床正好可以用来加工高精度的气缸，这保障了他的构想可以变成现实。

但客观地说，瓦特的出现仍有很大的偶然因素。他既是技艺高超的工匠，又恰好接受过大学教育，并在紧要关头遇到了“天使投资”；蒸汽机发明出来后，受到英国专利法的严格保护，几乎好运占尽。在那个时代，这似乎只能看作一种特殊案例。

正像有人说的那样，发明是在一个拥挤的舞台上演的一出戏剧，掌声往往送给了在最后一幕中恰巧站在舞台上的那个人，但演出的成功取决于很多演员的紧密合作，以及那些幕后人员的通力协作。

米勒·利尔在《社会进化史》中说：“我们无论从哪方面考察发明的历史，都可以知道发明显然不是因为必要才有的。必要可以强迫人勤劳，但要闲暇才可以引起人的发明。发明不是像订货物一样，可以预定的。”[1]

专利制度在某种程度上提高了发明的门槛，狄更斯曾经写过一篇小说《穷人的专利权》，来对此加以描述和讽刺。申请一项发明专利，需要经过无数道手续，费用也堪称不菲，这足以使一般发明者倾家荡产——如果在发明过程中还没有破产的话。

专利制度对创新的促进也有其局限性。它在保护部分发明者的同时，也限制了其他发明者的进入，因为大家要设法规避“侵犯专利权”的法律风险。

1- 转引自梁漱溟：《中国文化要义》，上海人民出版社 2011 年版，第 38 页。

有证据显示，在获得专利并延长专利期之后，瓦特经常利用自己的专利权打击其他蒸汽机研发者；他虽然反对将蒸汽机用于汽车，但还是在1784年获得了蒸汽车专利，以此阻止其他人的发明尝试。[17]直到20年后，富尔顿才试验建造蒸汽船。

1879年，身为律师的乔治·塞尔登申请了一份专利——“一种安全的、简单的、便宜的道路机车，重量轻，易于控制，有足够的动力克服一般坡度的产品。”其实，申请人拥有的只是一种构想，并未付诸实践，直到1883年才有了“汽车”一词。但到了1909年，福特汽车公司却被塞尔登控告其侵犯专利。[18]

在一定程度上，发明者不仅要有技术方面的创造力，还要有一定的经营能力和经济头脑。这也是瓦特成功、亨利失败的原因——本杰明·亨利是美国一位机械天才，他死后留下两项发明专利：一项是有轨电车车轮，另一项是马车轮轴。讣告中说：“如果他还在世，一定会将这两项专利变成产品出售。”

棉纺工业革命何以首先发生在英国而不是法国或别的国家？这与整个国家和社会对技术创新的包容程度有关。一个国家内部的创新及其与外来技术结合的能力，使技术领导国与众不同，而政治、文化和经济环境的契合，则是一个国家创新能力的基础。

当技术创新成为一种重要力量时，国家与国家之间的界限必然体现为技术壁垒。

直到1790年，美国几乎还没有一家棉纺厂，因为英国禁止一切技术出口，特别是对刚刚独立的美国。为此，美国不得不用悬赏来寻求来自英国的纺织技术。1789年，21岁的斯莱特从英国

“偷渡”到美国，他已将所有的纺织技术熟记于心。不久之后，一座阿克赖特纺织厂就在大洋彼岸被复制成功，美国纺织工业从此起步。

在美国，作为对专利制度的一种补充，对发明人进行特殊奖励往往具有更灵活的操作性。

1794 年 3 月 14 日，美国总统华盛顿为惠特尼的轧棉机签发了专利证书。不久，惠特尼又得到了南卡罗来纳州立法机关奖励的 5 万美元，之后他就计划用这笔钱来生产他的轧花机。但轧花机是如此简单和易于制造，其原理又是如此易于领会，以至于惠特尼仅仅为保护专利权就花光了他的全部奖金和利润，结果在经济上一无所获。惠特尼自嘲道：“一项发明的价值可以如此之高，乃至对发明家而言毫无用处。”1900 年，美国修建“伟人纪念馆”，惠特尼成为第一批入选成员。

在工业时代，发明家的最大动力是可能的商业回报。在专利制度下，通过出售专利或授权，发明家成为各行业的开创者和领导者。从这个角度说，像瓦特这样的发明家并不是什么业余爱好者，而是目的性很强的技术专家。

发明是一种创造活动，所有的发明都需要一定的成本，但发明一旦完成，就很快成为全社会都可以享用的“免费午餐”，从而推动社会进步。[19]

关于这个催生工业革命的科学与发明时代，20 世纪自由主义思想家哈耶克提纲挈领地指出，现代的本质就是对个人的解放，使人获得自由，包括知识自由、工业自由、经济自由和政治

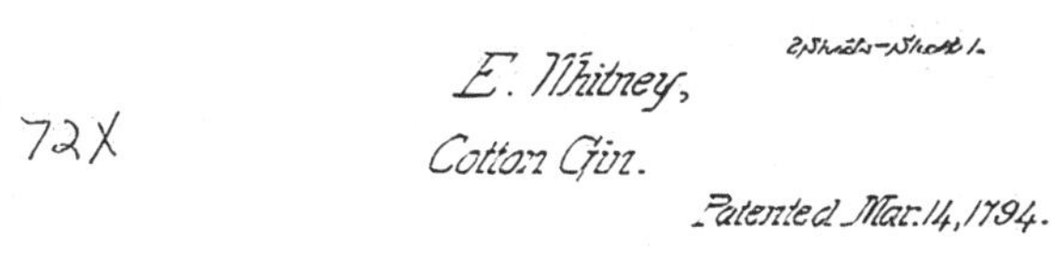

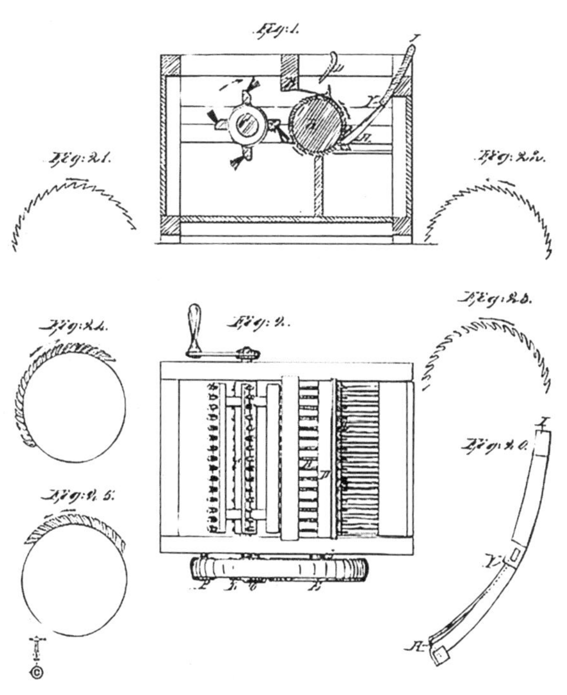

惠特尼轧棉机的专利图

自由——

个人活力解放的最大结果，可能就是科学的惊人发展，它随着个人自由从意大利向英国和更远的地方进军。人类早期的创造能力并不很差，通过工业技术还处于停滞状态时的许多高度机巧的玩具和其他机械装置，以及那些还没有受到限制性管制的工业，如矿业和钟表业的发展，这一点就可以得到证明。但是，只要占主导地位的观点被认为对所有人有约束力，即大多数人关于是非曲直的信念能够阻碍个别发明家的道路，少数企图把机械发明更广泛地应用于工业的尝试，尽管其中有些非常先进，仍很快地被压制了，寻求知识的欲望也被窒息了。只是在工业自由打开了自由使用新知识的道路以后，只是在凡是能找到人支持和承担风险的每件事都可尝试以后，而且这种支持还必须是来自不是官方指定的提倡学术的当局，科学才得以迈步前进，并在过去150年中改变了世界的面貌。[1]

1- [美] 哈耶克:《通往奴役之路》，王明毅、冯兴元等译，中国社会科学出版社1997年版，第22～23页。

纺织之利

据说，最早的纺织工具就是中国的纺缚[20]。早在棉纺织之前，中国已经具有悠久的麻纺和丝织历史，[21]并创造了最古老的国际贸易通道——“丝绸之路”。

从出土的汉砖画像上可见，当时的纺车已经很普遍，而纺车的效率是纺缚的 15 ~ 20 倍；当时的织机也都已普遍有脚踏板，这大大提高了效率。“这是全世界织机上出现脚踏板最早的例子。欧洲要到公元 6 世纪才开始采用，到 13 世纪才广泛流行。所以许多人相信织机上的脚踏板是中国人的发明，大概是和中国另一发明提花机一起输入西方。”[1]

不可思议的是，这种纺织机从汉代出现以后，直到 20 世纪上半叶，仍然遍及中国乡村，几乎没有太大变化，只不过是织物从丝麻改为棉花罢了。

作为中国木器制作技术与纺织技术的集大成之作，《梓人遗制》开创了中国木器机械时代的标准化概念。更令人惊奇的是，它出自一位“梓人”[22]薛景石之手。

1- 夏鼐：《中国文明的起源》，天地出版社 2023 年版，第 147 页。

中国传统织布机

其中，除了车辆制作，关于纺织机械的工艺介绍最为详尽，包括华机子（即提花织机）、立机子（即立织机）、布卧机子（即织造一般丝麻的木织机）和罗机子（即专织纱罗纹织物的木织机）四大类木制织机，“每一器（即每一机）必离析其体而缕数之”；此外，还有整经、浆纱等工具的形制。同时还绘有110幅零件图和总体装配图，每幅图都注明机件名称、尺寸和安装位置、制作方法和工时估算。考虑到木器特点，根据不同器件的联结受力，还专门提出材质说明，如华机子上的“搊桩子”，即“用杂硬木制造”。

这些详细的记述几乎与现代机械规范毫无二致，但它早在元中统二年（1261）就已刊印于世。

中国棉纺业比英国早得多。棉花的种植很早就已经出现在中国少数民族和边疆地区。宋代之后，“关、陕、闽、广首得其利”；之后逐渐传入江南，从而形成长江三角洲地区的“传统工业区”。

明朝始建，就大力推广棉花，朝廷甚至以棉布为税。[23] 江南地区自古是“稻花香里说丰年”，但明清时期“邑中种稻之田不能十一”，“其民独托命于木棉”。[1] 江南农民通过棉纺业获得的现金收入，远远超过非现金收入。

王祯在《农书》中称赞道，棉花“比之桑蚕，无采养之劳，有必收之效；埒之枲苎，免绩缉之工，得御寒之益。可谓不麻而布，

1- 高王凌：《活着的传统：十八世纪中国经济发展和政府政策》，北京大学出版社 2005 年版，第 164 页。

不茧而絮”，“又兼代毡毯之用，以补衣褐之费”。

在1800年以前，中国和印度在棉纺织品贸易中始终居于主导地位。

直到英国工业革命时期，中国的纺棉技术仍处于世界较高水平。在单锭纺车的基础上，中国还发明了3锭和5锭的纺车，效率大大提高。早在14世纪，有着32个纺锤的大纺车就已经被发明出来，它以水力为动力，由活塞、曲拐、传动齿轮等机械部件组成一个完整的机器系统。

实际上，中国水力纺车包含了“珍妮纺纱机”的许多基本特质，稍加改良，就可适应大规模的专业化生产，变成现代意义上的纺纱机。以纺麻为例，一般纺车每天最多纺纱3斤，而大纺车一昼夜可纺100多斤。王祯诗曰：“车纺工多日百觔，更凭水力捷如神。世间麻苎乡中地，好就临流置此轮。”（《农书》）

经济史学家伊懋可评论道：“法国纺织机与王祯所设计机器的相似程度惊人，以至于令人不可避免地产生这样的疑惑——纺织机其实始于中国……如果这部织机所代表的阵线能够进一步延长，那么中国将会比西方早400年进入真正的纺织生产领域的工业革命。”[1]

明代徐一夔的《织工对》中，记载了一个小型纺织作坊，“杼

1-转引自［美］伊恩·莫里斯：《西方将主宰多久》，钱峰译，中信出版社2014年版，第244页。

机四五具，南北向列。工十数人，手提足蹴，皆苍然无神色”，这十几个受雇的织工“衣食于主人”，每天工资200缗，“虽食无甘美，而亦不甚饥寒”。

明末时期，徐光启就发现，松江府“壤地广袤，不过百里而遥，农亩所入，非能有加于他郡邑也。所徭共百万之赋，三百年而尚存视息者，全赖此一机一杼而已”；不仅松江府，苏州、杭州、常州、镇江、嘉兴、湖州也都如此，“皆恃此女红末业，以上供赋税，下给俯仰”（《农政全书》）。

当时就连一些官吏也涉足其中，“吴人以织作为业，即士大夫家，多以纺绩求利，其俗勤啬好殖，以故富庶。然而可议者，如华亭相（徐阶）在位，多蓄织妇，岁计所积，与市为贾，公仪休之所不为也”（《谷山笔麈》）。

随着手工业生产的发展和社会分工的扩大，明代后期的城市化进程明显加快。景德镇每天聚集的来自四方的无籍游徒，不下数万人。

正德年间，松江文人何良俊甚至担心农业难以为继：“昔日逐末之人尚少，今去农而改业为工商者，三倍于前矣。昔日原无游手之人，今去农而游手趁食者，又十之二三矣。大抵以十分百姓言之，已六七分去农……谁复有种田之人哉。”（《四友斋丛说》）

特别是东部沿海地区，工业与贸易水平已经达到相当规模。据明末唐甑记载：“吴丝衣天下，聚于双林，吴越闽番至于海岛，皆来市焉。五月，载银而至，委积如瓦砾。吴南诸乡，岁有

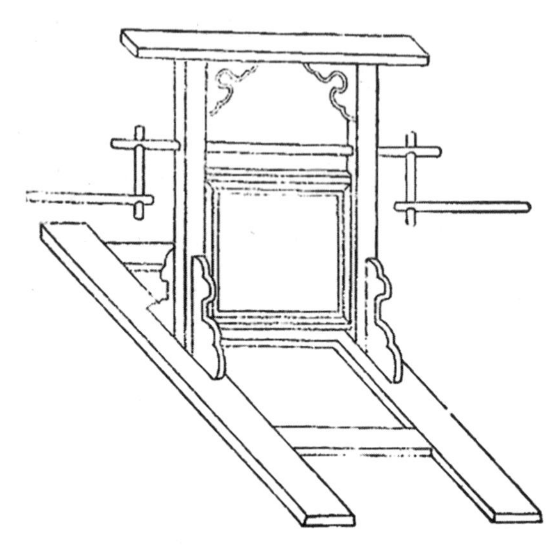

《农书》中的木棉搅车图

百十万之益。”(《潜书·教蚕》)顾炎武认为，“纺织之利”乃“救乏之上务，富国之本业，使管晏复生，无以易此方”；对于偏远落后的地区，他还提议“今当每州县发纺织之具一副，令有司依式造成，散给里下，募外郡能织者为师”(《日知录》)。

在清代经济史中，棉纺织业的地位也仅次于农业。康熙皇帝曾作《木棉赋》，谓木棉之为利，功不在五谷之下。乾隆年间，在福建担任知府的李拔为了劝民种棉，专门撰写了《种棉说》一文，其中写道：“予尝北至幽燕，南抵楚粤，东游江淮，西极秦陇，足迹所经，无不衣棉之人，无不宜棉之土。八口之家，种棉一畦，岁获百斤，无忧号寒。市肆所鬻，每斤不逾百钱，得之甚易，服之无数。”

在“男耕女织”的中国传统农业模式下，棉纺织几乎是手工业的代名词，正像宋应星在《天工开物》中说的，“凡棉布寸土皆有，织机十室必有”。

中国的棉花革命

棉花在宋朝以前未能在中原农耕地区形成气候，究其原因，恰恰是在纺织技术上存在瓶颈。宋元之际，中国在去籽、弹花和纺纱技术上发生了革命性的进步，棉花迅速取代了传统丝麻的主流地位，棉纺织品逐渐成为普通平民的主要衣料。

早在惠特尼之前400年，中国的黄道婆就已经使用搅车脱棉籽。

王祯在《农书》中说搅车去籽："昔用辗轴，今用搅车尤便。夫搅车，四木作框，上立二小柱，高约尺五，上以方木管之；立柱各通一轴，轴端俱作掉拐，轴末柱窍不透。二人掉轴，一人喂上棉英，二轴相轧，则子落于内，棉出于外，比用辗轴，工利数倍。"

按照徐光启的说法，搅车可以一人当三人，两人当八人用，可见它对植棉推广作用极大。后世的太仓式搅车利用辗轴、曲柄、杠杆、飞轮等原理，一人一日可出棉花三十多斤。

"黄婆婆，黄婆婆，教我纱，教我布，二只筒子二匹布。"自乌泥泾开始，黄道婆的手工棉纺织技艺传至松江，辐射到整个江南，随后再向中原湖广等地扩展，掀起了一场中国的"棉花革命"。

当松江的家庭工场早已普遍使用四锭纺机时，欧洲的纺纱工人还只能同时纺两根纱。松江地区普遍使用加长的木弓和多锭的脚踏纺车，大大提高了弹花和纺纱效率；新式缎织机可牵引9000～17000根经线；棉布的织造、染色和平整，分工越来越细。

黄道婆创造的中国纺织机械为江南纺织工业提供了一台强力“发动机”，促进了江南城市手工业与商业经济的快速发展。乌泥泾原是“民食不给”的地区，依靠棉纺业实现了富足。江南地区的手工业产值占当地总体经济的七成以上，甚至是农业产值的数倍。

清朝中期，仅南京城区就拥有织机3万多台，男女工人5万人左右，依靠丝织业为生的居民达20多万人，年产值达白银1200万两。清廷在江宁（南京）、苏州和杭州特别设立三个织造衙门，江宁织造的地位仅次于两江总督。[24]

早在上海建市之前，在朱家角、罗店、娄塘等地，纱锭店、织机店、布店和布商就已经林立云集。

在英国进行工业革命的时代，中国棉纺业已经从家庭作坊转向大型手工工场，有的工场拥有多达上千张织机，仅广州一地的棉纺织工场就有2500多家，纺织工人5万余名。

在原料和技术统一的情况下，这些棉布品种往往具有产地特色：上海三林塘、乌泥泾的细棉布“紧细若绸”；无锡棉布“坚致耐久”；质地坚实的“南京布”一直是国际市场的名品。[25]但有一点，这些棉布绝大部分是由一家一户的农村家庭完成的，如此庞大的交易量也是乡村对乡村的交易，并没有推动工业化和城市化的发展。

耕织图。男耕女织是中国传统的生活方式

明孝宗（弘治）时的邱濬留下的记录说，当时棉花“遍布于天下，地无南北皆宜之，人无贫富皆赖之，其利视丝枲盖百倍焉”（《大学衍义补》）。到了晚明时期，中国四分之三的地区都在种棉织布，没有土地可种植棉花的农民，则从城市牙行那里购买原材料。

对于东南沿海来说，印度成为棉花的主要来源地。到18世纪末，中国从印度进口的棉花比英国从美洲进口的还多。

英国东印度公司征服印度后，从事印度、中国和英国的三角贸易，将印度的棉花运到中国，将中国的茶叶运到英国，每年有2700万磅原棉从加尔各答运往广东的纺织厂。

东印度公司最初从南京附近采购的“紫花布”只有2万匹，很快就增加到20万匹。这些精美结实的“中国土布”被出口到日本、东南亚、欧洲和美洲等地。“中国具有远洋航行的物质和技术条件，但却缺乏开拓海外市场和推动原始资本积累的内在动力（中国并不一般地反对商业和贸易）。”[1]

在相当长的历史中，中国棉布一直是国际市场上的重要商品，极受英国和美国商人的欢迎。即使在英国发生纺织机器革命的初期，中国手工土布仍然在性价比上具有一定的竞争优势。“未漂白之棉织匹头称为‘南京货’，初行于欧洲，后及于美洲。在工业革命前夕，中国乡镇工业产品仍保持着一种黄昏前的质量优势，直到西方超越中国为止。”[2]

但是，中国传统纺织业始终停留于木器时代，纺织机多以竹木和牛筋麻绳捆扎而成，人力也是主要动力。

江南的棉花革命与英国的棉花革命有诸多相似之处，一方面是

1- 罗荣渠：《现代化新论：世界与中国的现代化进程》，商务印书馆2004年版，第267页。
2- ［美］黄仁宇：《中国大历史》，生活·读书·新知三联书店2007年版，第224页。

棉纺织品的大量输出，另一方面是棉花和粮食的大量输入。

中国自古有“苏湖熟，天下足”之说，但从明清起，这里就已经成为最大的粮食输入地，江南米价节节攀高。一般而言，三斤棉花织一匹布，三斤棉花值一钱二分，一匹布值五分，工业价值明显比农业价值高得多，起码在两倍以上，这必然导致人们弃农从工，从粮食的生产者变成粮食的纯消费者。据不完全统计，18 世纪初的嘉庆年间，每年通过长江水路运往东南沿海的粮食就在两千多万石左右，清朝末期更是达到三四千万石，几乎翻了一番。[1]

对于前工业时代中国对外丝货贸易之昌盛，著名的中国经济史专家全汉昇先生曾说：“在近代西方工业化成功以前，中国工业的发展，就它的产品在国际市场上的竞争能力来说，显然曾经有过一页光辉灿烂的历史。”[2]

从 1719 年到 1833 年的一个多世纪中，广州接纳的外国商船吨位增长了 13 倍，但中国却在世界贸易从大陆转向海洋的重要时期，采取了闭关锁国的政策，与西方背道而驰。

从某种程度上来说，中国近代手工业起步甚至要早于欧洲，同样也是由棉纺织业开局，但在机械化程度和动力方面却落后于西方，这在一定程度上导致“资本主义萌芽”并未发展成为工业革命——

1- 高王凌：《活着的传统：十八世纪中国的经济发展和政府政策》，北京大学出版社 2005 年版，第 168 页。

2- 全汉昇：《自明季至清中叶西属美洲的中国丝货贸易》，《中国文化研究所学报》1971 年 12 月第 7 期，第 367 页。

尽管棉纺织业如此广泛，但是并未获得技术上的进步。中国没有成功地发明像萨克森羊毛纺车或飞梭，或许是因为生产资料有限，而劳动力富余，这意味着缺乏为节约劳动力而提高织布技术的动力。[1]

同时，重工业的缺失，也是中国未能产生工业革命的主要原因之一。

1831年，中国棉纺织品贸易由出超转变为入超，手工终于败给了机器。10年之后，现代以鸦片和战争的方式敲响了中国的大门。

现代学者因为掌握了更多也更全面的资料，开始重新审视前现代时期的全球贸易，从而发现中国在其中扮演着极其重要的角色——

考虑到中国在18世纪向全世界出口瓷器，英国的工业革命并不是突然出现的大发明大创新的结果，也不是人们探索已知世界的巨大能力的体现，也不是英国人发扬企业家精神而导致的结果。这只是英国相对它的欧洲对手，主要是德国和低地国家，以及亚洲的竞争者中国和印度，而暂时取得的优势而已。[2]

1-［美］魏斐德：《中华帝制的衰落》，邓军译，黄山书社2010年版，第42页。

2-［英］杰克·古迪：《金属、文化与资本主义：论现代世界的起源》，李文锋译，浙江大学出版社2018年版，第271页。

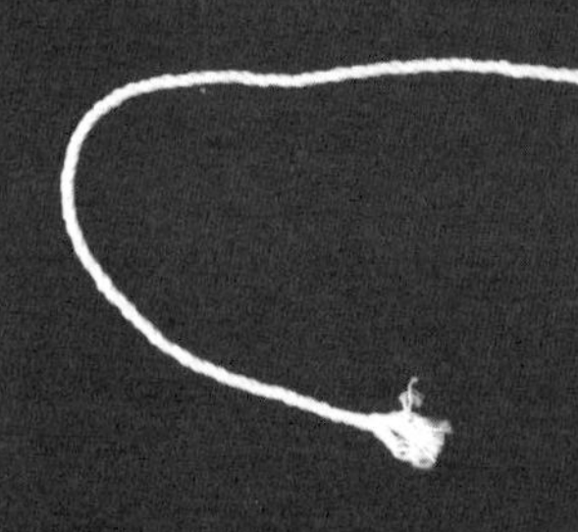

人类社会每一个新时代都是因为一种新材料出现而促成的。钢是维多利亚时代的关键原料，让工程师得以充分实现梦想，做出吊桥、铁路、蒸汽机和邮轮。修建英国大西部铁路与桥梁的伟大工程师布鲁内尔（Isambard Kingdom Brunel）用材料改造了地景，播下了现代主义的种子。

——［英］马克·米奥多尼克

第八章　铁器时代

青铜时代

从远古时代开始，人类对于硬度的追求就已经衍变成一种崇拜，这种崇拜一直保留到现在。东方有着悠久深厚的玉崇拜，西方世界则对钻石膜拜有加；对玉和钻石的崇拜，其实都是石器文化的遗风。

中国发现并利用玉，大约是在黄帝时代。“轩辕、神农、赫胥之时，以石为兵，断树木为宫室，死而龙臧。夫神圣主使然。至黄帝之时，以玉为兵，以伐树木为宫室，凿地。夫玉，亦神物也，又遇圣主使然，死而龙臧。”（《越绝书》）由此可见，玉器最早完全是作为石器使用的，用来做兵器，或者是伐木的斧子，甚至是锄地的耒。

现代学者认为，距今8000多年前，在石器时代和青铜时代之间，有一个玉器时代，而中华文明就起源于玉器时代。

中国古人对玉的笼统概念是“石之美者”。用现代电动切割机器，切出一块15厘米厚的玉芯大概只需15分钟；但在5000年以前的玉器时代，工匠要取出同样的玉芯则需要几年的时间；如要琢磨成器，更不知要花费多少时间。耗费几代人精力的“和氏璧”传奇，足以说明什么叫“价值连城”。

玉器是中华古史精神文明载体最本质、最独特的文化。《周礼》

谓“以玉作六器，以礼天地四方”。玉器的最大意义在于开创了中国礼文化，玉玺成为皇权的象征：“以玉作六瑞，以等邦国。王执镇圭，公执桓圭，侯执信圭，伯执躬圭，子执谷璧，男执蒲璧。”（《周礼·大宗伯》）

考古发现的中国文字，最早产生于镂刻于兽骨的甲骨文时代，然后经历铸造于青铜器的金文时代，再到勒于石碑的篆字时代。在相当长的历史中，石器的碑刻与印章一直是中国文字的主要传播形式。

在人类历史上，石器时期相当漫长。

世界上最早的城市遗址之一加泰土丘，位于今天的土耳其境内。现代考古发现，加泰土丘坐落于两个活火山之间，这个城市完全依靠黑曜石贸易而兴起。黑曜石属火山岩，其边缘非常锋利，可以当作镰刀使用。除了收割庄稼，聚居在红海海滩拾贝的族群也用黑曜石来撬牡蛎壳。

由于石器的重要性，人们很快将其加以利用。他们有的开采燧石，有的则将其打造成斧头、镰刀和其他工具。发展到后来，出现了专门从事石器贸易的商人。

人类对材料的运用，从石器、骨器到玉器、陶器和漆器，再到金属，这是一个缓慢的过程。在新石器晚期，人类使用的各种石料和玉料极其广泛，人们逐渐发现了含有金属的矿石，通过对这些特殊石料的锻打和“火试”，终于发展到金属冶炼。

古巴比伦人和古埃及人认为，水、气、土是构成世界万物的基本要素；古希腊的哲学家认为，宇宙包括水、气、土、火四要素。

唯独中国人提出五行说，并以“金”为首（金、木、水、火、土）。

在汉字中，“金”是所有金属的代称。黄金大概是人类发现的第一种金属，因为它是自然存在的，不需要化学提取。这与钻石或者玉有相似的一面。一些较大块的“狗头金”甚至重达数十斤。

除了黄金，白银和铜也是天然存在的。金银之类的金属既稀少又柔软，主要作为装饰品或者货币。天然铜与天然金银不同，它一般必须经过熔炼，但铜的硬度要高得多。更重要的一点是，由于散布在世界的各个角落，铜比黄金要普遍一千多倍。公元前5000年，埃及就出现了铜制的武器和工具。甚至可以说，没有金属铜，就没有金字塔。

《周书》云：“神农耕而作陶。”人类有着漫长的陶器历史，人们或许是在烧制陶器时学会了冶金技术。事实上，制陶技术也是铜器技术发展的前提：加工原料需要高温，陶器炉不可或缺。

铜被发现之前，除了石头和木头，人类能够加工的材料主要就是黏土，黏土经过烧制即为陶器。陶器制造虽然很有实用价值，但并不高级。与这种低端工艺相反，青铜的出现意味着技术和社会的巨大飞跃。从这个意义上说，金属冶炼的发明，差不多是农业出现带来的必然结果。冶金的过程中，金属与石器分道扬镳。金属的可塑性使人类获得了一种全新的材料，它比陶器和漆器更加珍贵，很快就被用来制作货币和礼器。

贾谊作赋：“夫天地为炉兮，造化为工；阴阳为炭兮，万物为铜。”（《鹏鸟赋》）据说蚩尤是中国铜兵器的发明者，他因此被奉为中国的战争之神。[1]“黄帝之时，以玉为兵；蚩尤之时，铄金为兵，割革为甲。始制五兵，建旗帜，树夔鼓。”（《太平御览》）

黄帝以石器对蚩尤的铜制兵器，“三年百战，而功用未成”（《太平广记》）。蚩尤以其可怕而神奇的印象，为中国的青铜时代留下一个不可磨灭的“饕餮”图腾。[2]

铜是人类学会使用的第一种非贵重金属，最早的铜极有可能是少量的天然红铜。但红铜太软，只有青铜才有实用意义，而这肯定是冶炼的结果。

一般将铜锡合金称为青铜，其硬度远大于纯铜，[3]而且25%的锡冶炼青铜的熔点只有800℃，比纯铜的熔点1083℃低很多。青铜的硬度和延展性，使人类逐步摆脱了对石材的依赖，石器时代终于被青铜时代取代。

不同于石头和木头，青铜无法从大自然中轻易获得，人们必须费力地冶炼才能得到，在这之前，他们还要先找到矿石原料。因此，拥有铜矿和锡矿资源的地区便繁荣起来。希腊的克里特岛于公元前3000年进入青铜时代；4000年前，西亚已进入青铜时代的鼎盛时期。中国的青铜时代即夏、商、周三代。《墨子》说：“昔者夏后开使蜚廉折金于山川，而陶铸之于昆吾。”

一般认为，夏代为金石并用时代，商代早期青铜器还透着对木器和陶器制品的拙朴模仿，而铸造青铜器一般也采用陶范。在模制青铜器的基础上，发展出来的复合陶范可以铸造出鬼斧神工的青铜礼容器和礼乐器，这成为中国青铜文明的标志性工艺。

早期的铜器和青铜器多以石范铸造，用石器加工，所谓“它山之石，可以为错”（《诗经·小雅·鹤鸣》）。但只要对比一下石器和陶器，便会发现青铜器之精美远超前者。新考古学代表人物宾福德曾说，一把带黄金手柄的刀具有多个层面的意义。它由于采用了贵重而罕见的新材料，这对于生产者和使用者而言，它所传达和体现的首先是其社会意义。

实际上，青铜作为一种政治性资源而被贵族垄断后，它作为兵器的实用性就大打折扣，其更重要的价值体现在社会层面和意识形态层面上。因此，有人将中国的青铜时代定义为“青铜礼器时代”。

“国之大事，在祀与戎。”青铜作为礼器成为早期中华文明的重要象征，钟鸣鼎食孕育了中国传统的政治和权力，甚至可以说塑造了早期的“中国”。

从地下开采出原材料，然后在温度非常高的熔炉里将锡和铜冶炼成青铜合金，只有专业化分工才能让这一切顺畅运行。参与青铜冶炼过程的劳动者包括矿工、熔炉锻造师、冶金专家和流动的商人，这些商人负责将锡从遥远的地方运过来。

作为一种大型金属制品，青铜鼎成为权力的象征，用以“别上下，明贵贱”。按照周礼，天子九鼎，诸侯七鼎，大夫五鼎，元士三鼎或一鼎。鼎文化其实是金属崇拜，与石器（玉器）和木器相比，金属工艺要复杂得多。现代出土的“后母戊鼎”[4]重达832.84公斤，没有三五百人的手工工场，是根本无法完成铸造的。

通过现代X光探照发现，如此巨大的青铜器，其鼎身和鼎足为一个整体，竟然是一次浇铸出来的，这意味着要用一吨温度超过1000℃的液态青铜，在很短的时间内一气呵成完成整个工艺流程，这必然需要严格的计划、组织、分工、命令和纪律。鼎作为礼制

后母戊鼎

的物化，从它的制作过程就验证了一个“规定性技术”；用政治术语来说，就是“服从的设计”。

金属的冶炼和加工必须依赖专业组织，因而国家与金属产生了一种互文关系，所谓“黄帝作宝鼎三，象天地人也。禹收九牧之金，铸九鼎，象九州……夏德衰，鼎迁于殷；殷德衰，鼎迁于周；周德衰，鼎迁于秦；秦德衰，宋之社亡，鼎乃沦伏而不见”（《汉书·郊祀志上》）。再后来，“问鼎”成为觊觎国家权力的代名词。

古代冶金技术仅凭经验，不能做到精确的化学分析。用现代科学来说，青铜除了铜和锡，一般还含有一定比例的铅；如果以青铜器作为食具，尤其是酒器，很容易引起铅中毒。因此有商亡于青铜的说法。

西周时，出现了一种特殊的青铜礼器——“铜禁”，人们用这种盛放酒杯的案子来警示大家不要喝酒。

根据铜与锡的配比不同，青铜合金可以形成不同的物理强度，因而可以适应不同的器物制造。周代《考工记》总结说：

> 金有六齐：六分其金而锡居一，谓之钟鼎之齐；五分其金而锡居一，谓之斧斤之齐；四分其金而锡居一，谓之戈戟之齐；三分其金而锡居一，谓之大刃之齐；五分其金而锡居二，谓之削杀矢之齐；金、锡半，谓之鉴燧之齐。

今天，人们在博物馆中看到的青铜器都布满绿锈，而真正的青铜都闪着黄金一般的光芒。青铜铸造的“越王勾践剑”历经 2000 多年的岁月沧桑，据说至今依然锋利无比。

与现代钢铁相比，古代青铜在质地上仍然较软，故青铜兵器主要用于刺杀，比如矛、戟、戈等。但青铜制成的箭镞却是非常危险的，大一统的秦朝之所以能够创建，青铜箭镞立下了不小的功劳。

对中国历史而言，用青铜制成的弩机具有划时代的意义。弩将弓的张弦装箭和纵弦发射分解为两个步骤，提高了弓箭的射击力量和准确性；同时，也降低了对弓手的技术要求。与普通弓箭相比，青铜弩机属于更为复杂的机器。弓手需要极大的力气，而弩的要求就低得多，一个从未受过训练的农民，也可以用弩杀人。在长平之战中，秦国征发了全国所有年满十五岁以上的男子去前线，一举击败了“胡服骑射”的赵国。

青铜弩出现于春秋战国之际，其直接影响便是军事主力从贵族

战国时期的青铜棘轮

转移到平民身上，使战车时代走向终结。依靠大批量生产的青铜弩，以法家农战思想武装起来的秦国灭六国，统一天下。用张笑宇的话说，中国历史两千年来的路径依赖，其触发“扳机”，有可能只是一项发生于两千多年前的技术突破——弩机的发明与应用。[1]

作为一种复杂的金属机器，弩机的大量生产需要标准化，这就离不开科层化的官僚，好在一个早熟而严密的官僚体系已经在中国建立起来了。从此以后，“天下之人皆恐惧振动惕栗，不敢为淫暴”（《墨子·尚同中》）。

青铜武器的出现与国家的形成密切相关。有了青铜武器，武装不再是普通平民随便可以得到的，统治者通过垄断青铜武器，拥有了凌驾于平民的武力优势。春秋时期，青铜作为重要的军事战略物资，与战车一样，都是国力的象征。楚庄王以青铜馈赠郑国，特别提请不能用来制造武器。[5]

1- 张笑宇：《技术与文明：我们的时代和未来》，广西师范大学出版社 2021 年版，第 37 页。

发现铁

在所有文明中，青铜时代相对都显得很短暂，它只是人类从石器时代向铁器时代的一个过渡。“青铜可以制造有用的工具和武器，但是并不能排挤掉石器；这一点只有铁器才能做到。”[1] 与黄金和青铜相比，铁才是上帝赐给人类真正神奇的礼物。

铁是地壳中第四大常见的矿物质。据说铁的形成是在上一代超新星爆炸之后，它构成了地球炽热的行星地核。地核的体积比月亮还大，温度与太阳表面接近。如果没有铁，地球上就不会有大气，不会有磁场，更不会有生命。

早期人类所用的铁大都来自地球以外，从天而降的陨石铁（含铁 90.85%）带给人类关于一种神奇金属的传说和体验。埃及人把铁叫作“天石”和“来自天堂的黑铜”。在古希腊文中，“星”和“铁”是同一个词。

因为陨石之难得，早期的铁是非常昂贵的，属于奢侈品。公元前 1300 年之前，炼铁术在安纳托利亚的希泰族是一个被严守的秘密。在著名的《荷马史诗》中，铁与黄金同价。在《尚书 · 禹

1-［德］恩格斯：《家庭、私有制和国家的起源》，人民出版社 1999 年版，第 167 页。

人类历史早期的铁斧

贡》中，铁是仅次于金的贡品。由于铁很稀有，它最初仅被用于小件的珠宝上。

作为一种工具新材质，早期的人造铁可能是公元前3000年赫梯人炼铜或炼铅时，偶然产生的一种副产品。铁的出现使人类发现，它在柔韧性和耐用性方面，均大大超过了之前的铜（青铜）。

据说在公元前1400年左右，居住在亚美尼亚地区的查莱比斯部落，学会了将熟铁放入炭火中加热，然后淬火、加热、锤打，经过如此轮番加工处理后，铁的质地变得十分密实坚硬。后来，他们在铁器加工过程中偶然性地在铁的表面溶进了碳微粒，因此制出了最初的钢。到了公元前1200年前后，这种新的冶铁技术已经在整个地中海东部地区得到广泛采用。

公元前5世纪，欧洲早期的凯尔特人使用木炭，将粉碎的铁矿石熔为海绵状的碳化铁，然后经过反复锻打，做成需要的铁器。

铁匠们还发现，将烧红的钢铁投入水中，这种经过淬火的钢会获得更为理想的硬度。

据另外一种说法，最早炼钢的是公元前6世纪至前5世纪的印度人。

将“石头”变成坚硬闪亮的铁器，这在中世纪都被视为一种神奇的事情，而铁匠也被当作具有神秘力量的人。西伯利亚的雅库特人相信，铁匠拥有超自然力量，他们的技艺被视为神授的才能。

虽然铁在地球表面广有分布（约占地壳总重量的5%），但要把铁从铁矿石中提炼出来，首先要把矿石用高温烧化。铁的熔点（1538℃）比铜（1083℃）高得多，这使得它比铜更难于熔炼。但是非常丰富的铁矿资源，又使得铁相对青铜来说更加容易得到，加上铁的性能更适于人们的使用需求，因此，铁在各方面的运用和需求很快便远远超过了青铜。

对于铁的重要作用，原始社会史学家摩尔根曾说：“铁一旦成为生产中最重要的原料，这意味着人类进化史上发生了最重大的事件。”[1] 与青铜相比，铁器时代的到来更具有普遍意义。

在近代出土的中国西周早期金属兵器中，有不少以铁作刃的铜钺和铜戈，这些铁都属于陨铁，因其稀少珍贵，仅限于用作刃部。[6]

《越绝书》中说：“禹穴之时，以铜为兵，以凿伊阙、通龙门，决江导河，东注于东海。天下通平，治为宫室，岂非圣主之力

1- 转引自［法］费尔南·布罗代尔：《十五至十八世纪的物质文明、经济和资本主义》第1卷，顾良、施康强译，商务印书馆2017年版，第455页。

哉？当此之时，作铁兵，威服三军。天下闻之，莫敢不服。此亦铁兵之神，大王有圣德。”

实际上，中国进入铁器时代时间相对较晚，大约是在春秋战国时代。现代考古学者从秦陵中挖掘出了铜车马、铜弩机和大量青铜箭镞，可见秦国统一六国时，铁制兵器仍不是主流，之后“收天下之兵，聚之咸阳，销锋镝，铸以为金人十二，以弱天下之民”[7]（《过秦论》），这些“金人”也都是“铜人”。

秦始皇试图垄断一切，但结果也没有阻止住民众的反抗，更没有阻止住金属的进步，铁器在很短的时间内就全面取代了青铜。甚至秦始皇本人在博浪沙就遭遇过铁锥的袭击，“一击车中胆气豪，祖龙社稷已惊摇。如何十二金人外，犹有民间铁未销？”（《博浪沙》）

在古希腊神话中，人类开始于一个黄金时代，宙斯的父亲克罗诺斯统治着世界。在这个田园诗般的时代里，人类的祖先不仅长寿，而且身体健康，食物丰富。随着时间的推移，黄金时代逐渐衰退，人类又先后经历了白银时代和青铜时代，最后终结于一个黄钟毁弃、瓦釜雷鸣的铁器时代——

> 接踵而至的是铁器时代。人们日间辛苦劳作，夜间则受尽侵害，不得安宁。父亲与子女离心离德，主人与客人反目成仇，友朋之间尔虞我诈……光明磊落、恪守信用者不得重用，骄横行恶之人反而见宠。正义为暴力所压倒，真理不复存在。[1]

1-［美］杰里米·里夫金、特德·霍华德：《熵：一种新的世界观》，吕明、袁舟译，上海译文出版社 1987 年版，第 8 页。

铁器的出现，迅速改变了社会从生产到生活的方方面面。恩格斯将铁器时代称为“英雄时代”——“一切文化民族都在这个时期经历了自己的英雄时代：铁剑时代，但同时也是铁犁和铁斧的时代。”[1]

木犁装上铁铧后，耕地效率大幅提高。铁制农具使大量的林地被开垦为耕地，粮食产出大增。铁制工具使木匠如虎添翼，改变了建筑和舰船的面貌。“铁已在为人类服务，它是在历史上起过革命作用的各种原料中最后的和最重要的一种原料……它给手工业工人提供了一种其坚硬和锐利非石头或当时所知道的其他金属所能抵挡的工具。”[2]

虽然游牧民族相对农耕民族而言有马的优势，但游牧民族真正兴起并对农耕民族构成严重威胁的时候，往往是他们掌握冶铁技术并大造钢铁兵器之时。

铁制轮箍让车轮更加结实，从而使战车成为战争的利器。铁制武器被称为“历史上最好也最恶劣”的武器。由此看来，管仲将铁称为“恶金”是有几分道理的。铁匠们发现，提高铁里的碳含量就会生成更为锋利坚韧的钢，这种钢制的剑和矛使战争成为人类的噩梦。

哥伦布发现新大陆后，欧洲冒险家接踵而至，他们依靠铁制武器所向披靡。新大陆虽然有高超的黄金加工技术，甚至发明了镀金术，但因为没有铁器，所以在战争中毫无招架之力。

1-［德］恩格斯：《家庭、私有制和国家的起源》，人民出版社 1999 年版，第 169 页。

2- 同上注。

东非的马塞伊人认为，上帝（他们叫“恩盖”）禁止人类互相杀戮。铁匠制造的刀枪则引诱人们杀戮，因此在马塞伊人中，铁匠属于贱民，马塞伊人不仅禁止跟铁匠通婚，甚至不能提“铁匠”二字，否则会招引来狮子。这与雅库特人崇拜铁匠正好相反。

铁器一经出现，人类历史就马上发生了改变。

“共工之战，铁铦短者及乎敌，铠甲不坚者伤乎体。”（《韩非子·五蠹》）使用钢铁武器的帝国，能够轻而易举地征服或消灭使用石制和木制武器的部落。“从公元前1200年到前1000年，在中东，制铁技术的传播促成了一系列新的入侵和移民活动。新的民族——希伯来人、波斯人、多利安人（Dorian）和许多其他民族被载入了史册，开创了一个野蛮的、具有更多平均主义特征的时代。”[1]

光有铁矿石是不够的，炼铁还需要大量燃料。北欧的斯堪的纳维亚半岛不仅森林密布，而且铁矿纯度很高，因此容易冶铁；有了铁制工具，就能造出优良的木船，再加上铁斧，就有了令人胆寒的“维京海盗”。

维京人是欧洲较早进入全面铁器时代的民族，他们被欧洲人称为“诺曼人”（Northman），意思是北方人。在8到11世纪，维京人乘着桨帆船纵横四海，手持铁制战斧杀伐四方，在历史上留下了一个可怕的“维京时代”。

1- [美] 威廉·H. 麦克尼尔：《竞逐富强：公元1000年以来的技术、军事与社会》，倪大昕、杨润殷译，上海辞书出版社2013年版，第12页。

丹麦北部发掘的维京人铁斧除锈处理后的形状

从一定程度上说，维京海盗对格陵兰岛、不列颠岛和欧洲大陆的冒险征服，与后来的哥伦布发现新大陆十分相似，只不过维京人尚处于部落社会，在人口和文化上显得落后一些。

铁器革命

在真正的全球化到来之前，世界各地存在着不少封闭的原始土著部落，他们仍停留于石器时代，对铁器闻所未闻。对这样的小型社会来说，铁器的到来是革命性的。尤其是铁斧，不仅改写了他们的生产和工具体系，而且直接摧毁了他们的社会秩序，以及传统文化和古老生活方式。

对维京人来说，铁斧让他们成为震撼欧洲的“雷神”，但对生活在太平洋诸岛上的波利尼西亚部落来说，铁斧却带来一场灭顶之灾。

临近赤道的太平洋南部，遍布大大小小的各种热带岛屿，每个岛屿上都生活着古老而不同的原始部落。几千年来，他们仅靠少量独木舟与外界保持着有限的往来。总体来说，他们过着世外桃源般的生活，彼此之间相安无事。

西方航海家不经意间留下的铁斧很快便改变了这种状态。铁斧促成了独木舟的大量生产，这让他们有了发动大规模全民战争的可能。常常是有铁斧的岛屿对无铁斧的岛屿发动大规模的全民战争，制造出前所未有的灭绝屠杀。尤其是在19世纪初期的美拉尼西亚地区，这样的事情层出不穷。

哥伦布在1492年的巨大发现，让没有铁器的新大陆成为一个大型的“铁器革命”试验场。历史学家认为，以铁器文化为代表，从公元1500年开始的这种技术与政治上的差异，成为现代世界不平等的直接原因。

印加帝国和阿兹特克帝国虽然也有极其发达的农业文明，但却没有铁器，他们的农具仍处于木制的耒耜阶段，锄头是用鹿角或野牛的肩胛骨做成的。西班牙殖民者身披铁甲、手持铁器来到新大陆时，面对石器装备的美洲土著战士，如虎入羊群一般。1563年，一位葡萄牙牧师宣称：“对这些人而言，没有比刀剑和铁杖更好的传教方式了。”[1]

戴蒙德将西方殖民者征服新大陆的武器概括为“枪炮、病菌与钢铁”，但最致命的是钢铁——

> 在西班牙人对印加人的征服中，枪炮只起了一种次要的作用。当时的枪（所谓的火绳枪）既难装填，又难发射，皮萨罗也只有十来支这样的枪。在它们能够凑合着发射出去的那些场合，它们的确产生了巨大的心理作用。重要得多的倒是西班牙人的钢刀、长矛和匕首，这些都是用来屠杀身体甚少防护的印第安人的强有力的锐利武器。相比之下，印第安人的无棱无锋的棍棒虽然也能打伤西班牙人和他们的马匹，但很少能将其杀死。西班牙人的铁甲或锁子甲，尤其是他们的钢盔，

1- ［美］约翰·梅丽曼：《欧洲现代史：从文艺复兴到现在》，焦阳、赖晨希、冯济业等译，上海人民出版社2016年版，第40页。

通常都能有效地对付棍棒的打击，而印第安人的护身软垫则无法防御钢铁武器的进攻。[1]

作为铁器时代著名的制造品，钉子在近现代世界史中具有某种隐喻意义。

在西方文化中，铁器最广泛的应用就是钉子。钉子也最有传奇色彩。古罗马时代，耶稣被钉在十字架上。亚当·斯密说，在某些苏格兰乡村，“常见一名工人不是带着钱，而是带着铁钉到面包铺和啤酒店去买东西”[2]。殖民探险时代，铁钉成为白人对土著最常用的交易货币。

因为没有钉子，太平洋的波利尼西亚人只能用绳索捆扎。这些“野蛮人”将白人的钉子视若珍宝，以至于为了拔取钉子，欧洲人的船只屡屡遭到冲击破坏。据传奇航海家库克船长的《航海日记》记载，船员们用小刀、纽扣甚至船上的钉子，轻易地从夏威夷的原住民那里换到了 1500 张海獭皮毛。

在人类技术史上，很早就有专业化的趋势。亚当·斯密说过，一个普通铁匠不如一个专业制钉工更擅长制造钉子——

一个普遍（通）铁匠，尽管他习惯于使用锤子，但却从来没有做过钉子，如果一旦有必要让他试着做钉子，我确信，

1-［美］贾雷德·戴蒙德：《枪炮、病菌与钢铁》，谢延光译，上海译文出版社 2006 年版，第 53 页。

2- 转引自［法］费尔南·布罗代尔：《十五至十八世纪的物质文明、经济和资本主义》第 1 卷，顾良、施康强译，商务印书馆 2017 年版，第 545 页。

他一天内做不出两三百枚，而且他做出来的都是很坏的钉子。一个习惯于做钉子的铁匠，即便他唯一的或主要的业务不是做钉匠，只要他尽最大的努力，也能在一天内制造出八百枚或一千枚以上的钉子。我见过几个二十岁以下的男孩，他们除了制钉以外没有学过任何其他的手艺，当他们努力工作时，每人在一天内都能制造出两千三百枚钉子。[1]

钉子在欧洲是较早实现专业化、大批量生产的商品。欧洲甚至研制出了机械化的、提高产量的轧制机和纵切机。在1775年的英格兰，钉子制造业每年要用去1万吨铁，雇用约1万名工人。

一颗小小的钉子背后，是一种复杂的生产体系。1795年，美国制造商发明了一种水力驱动的制钉机，一天可以切割出20万枚带钉帽的钉子。在后来的50年间，这项专利技术使钉子价格骤降了90%，钉子从“值钱宝贝”一下子变成最为廉价的工业制品。

仅就钉子而言，中国长时间没有超越手工生产阶段，钉子常常是铁匠的副产品。这种现象一直延续到新中国成立前，精美的“洋钉”在农村仍被视为一种珍贵的物品。铁钉在古代比较珍贵，传统建筑以复杂的卯榫连接，但也需要钉子，除了铁钉，还有大量木钉和竹钉。[8]但有一点，西方技术中的螺丝钉却没有出现在中国。[9]

螺丝这种“最大的小发明”对西方文明的影响远远超出人们的想象，没有它便没有望远镜和显微镜，甚至说就没有启蒙科学。

1-［英］亚当·斯密：《国富论》，唐日松、赵康英、冯力等译，华夏出版社2005年版，第9～10页。

18 世纪手工制造马钉

许倬云先生说：“在欧洲整个机械发展史上，有一个东西——螺丝钉，为中国所无。而这小小螺丝钉，却可决定我们火力、武器的发展与否。”[1]

在制针技术上，古代中国达到了出神入化的水平，甚至还衍生出精妙的刺绣和针灸术。就铸铁技术而言，中国领先西方1300年。

与铜的冶炼相比，冶铁需要更高的温度，这一方面需要较高的鼓风技术，另一方面也大大增加了燃料的消耗。如果说在传统

1- 许倬云：《中国文化与世界文化》，贵州人民出版社 1991 年版，第 15 页。

的四大发明之外还有什么发明值得中国骄傲的话，那么当推鼓风机了。

春秋时期，晋国"鼓铁，以铸刑鼎"，孔颖达解释说："冶石为铁，用橐扇火，动橐谓之鼓。"（《春秋左传正义》）因为鼓风直接决定着冶铁的成败，所以冶铸工匠必须自己缝制皮橐。学冶铁之前，要先学缝皮橐，所谓"良冶之子，必学为裘"（《礼记·学记》）。

汉代以后，水排鼓风机得到推广，并逐渐采用煤作为冶铁燃料。

因为铸铁技术的领先，在相当长的时间里中国一直保持着世界产铁中心的地位，而欧洲一直停留于低温块炼铁阶段。值得一提的是，齿轮、曲柄、活塞连杆以及鼓风炉等技术，在中国出现的时间都比在欧洲早得多。

李约瑟在《中国钢铁技术的发展》一文中指出：

> 在近代，人们常把中国的文明看成是竹和木的文明，并与因钢铁富足而变得强有力、居于优势的欧美诸国相比较。但我们现在却得到一个奇怪的结论，假如将历史考察的范围扩展到三个世纪之前，情况就正好相反：在公元5世纪到17世纪间，那是中国人而不是欧洲人能生产出他们所需要的那么多的铸铁，并惯于用先进的方法制钢。这些方法直到很久以后，西方世界仍是完全不知晓的。[1]

1- 转引自华觉明：《中国古代金属技术：铜和铁造就的文明》，大象出版社1999年版，第558页。

中国的铁

中国从春秋战国即进入铁器时代。"古者以铜为兵……春秋迄于战国，战国至于秦时，攻争纷乱，兵革互兴，铜既不充给，故以铁足之。铸铜既难，求铁甚易，是故铜兵转少，铁兵转多。"（《铜剑赞并序》）

春秋时期尚属青铜末期，这时贵族战争规模并不大；战国进入铁器时代，再加上农耕水平提高使得人口剧增，遂使战争的规模和残酷程度提高，一场战争动辄造成几万人乃至几十万人死亡。

或许可以说，没有铁器，秦始皇就不可能统一六国，也难以完成像长城、秦陵和阿房宫这样的大型工程。

中国在春秋战国之交，从贵族封建制度向地主官僚体制转变，并出现百家争鸣、经济繁荣的局面，这也与铁器的出现有着密不可分的关系。从一定意义上来说，雅斯贝尔斯所说的"轴心时代"[10]，其实就是一种新兴的铁器文明。

到了铁器时代，铁矿成为一种重要的国家资源，人们对探矿也有了相当的经验，《管子·地数》中有这样的记载："上有丹砂者，下有黄金；上有慈石者，下有铜金；上有陵石者，下有铅、锡、赤铜；上有赭者，下有铁。此山之见荣者也。"管子还对齐桓公说：

“出铜之山四百六十七山，出铁之山三千六百九山。”可见铁矿资源要比铜矿资源丰富得多，产铁地点约为产铜地点的八倍。《山海经》中也不乏这样的记载，如：“淒山，其上多赤铜，其阴多铁”；“泰威之山，其中有谷，曰枭谷，其中多铁”；等等。

汉字中常常藏有历史的密码。古文中的“铁（鐵、銕）”字从金从夷，或以为铁就是古代（东）夷人率先发明的。

春秋时代，齐国的冶铁业和制盐业并驾齐驱，管仲将“官山海”（盐铁税）视为国家政权的经济基础。

今铁官之数曰：一女必有一针一刀，若其事立；耕者必有一耒一耜一铫，若其事立；行服连轺辇者，必有一斤一锯一锥一凿，若其事立。不尔而成事者，天下无有。令针之重加一也，三十针一人之籍；刀之重加六，五六三十，五刀一人之籍也；耜铁之重加七，三耜铁一人之籍也。其余轻重皆准此而行。然则举臂胜事，无不服籍者。（《管子·海王》）[11]

汉昭帝始元六年（前81）的《盐铁论》，记录了一段中国知识分子杯葛盐铁国有化的历史。

农，天下之大业也；铁器，民之大用也。器用便利，则用力少而得作多，农夫乐事劝功。用不具，则田畴荒，谷不殖，用力鲜，功自半。器便与不便，其功相什而倍也。县官鼓铸铁器，大抵多为大器，务应员程，不给民用。民用钝弊，

冶铁图

割草不痛，是以农夫作剧，得获者少，百姓苦之矣。(《盐铁论·水旱》)

当时全国各地成立了许多官办铸铁局，垄断了铁器冶炼和制造，这几乎使传统农耕又倒退回原始的木器时期。“盐、铁贾贵，

百姓不便。贫民或木耕手耨，土櫌淡食。铁官卖器不售，或颇赋与民。”（《盐铁论·水旱》）

农耕始于刀耕火种，没有铁器，人类便无法开发森林，往往将森林地区视为野蛮之地。因此，人类早期的农耕文明都出现在干旱的平原地带，如美索不达米亚。先秦时期，中国文明也大体仅限于干旱多草的北方平原。

南方地区湿热多雨，山深林密，野兽滋生。直到秦汉以后，随着铁器的普及，中国文化才开始向南渗透和扩展，“以斤斧童其山，而以锄犁疏其土”（《书棚民事》）。这种农耕文化的南移持续了两千年。伴随铁器进步的是森林的消失和“大象的退却”。

新大陆因为没有铁器，亚马孙人一直过着原始的狩猎采集生活；自从 17 世纪得到铁斧后，他们便定居下来，亚马孙热带雨林开始大面积缩小。[12]

史学家估计，汉代每年铁产量可达到 5000 吨左右，这无疑是当时世界最高的。《汉书·贡禹传》说：“今汉家铸钱，及诸铁官皆置吏卒徒，攻山取铜铁，一岁功十万人已上。”汉代彻底完成了铁器化进程，这对汉帝国的对外扩张提供了极大的技术支持。

汉兵尚弩，弓弩作为极具杀伤力的远射兵器，一次性的箭矢消耗巨大，如李陵率五千汉军出征匈奴，一日之内便射出 50 万只箭。在当时，铸铁技术已经实现了箭镞的大规模生产。

汉代的铸铁化柔术和炒铁术堪称古代金属技术的奇迹，这使中国的铁制品在强度和韧性等方面大大提高，出现了著名的环首刀和斩马刀。[13]

依靠武器精良，一名汉兵可抵三至五名匈奴兵。建始四年（前 29），陈汤对汉成帝说：因为兵刃朴钝，弓弩不利，需五名匈奴兵才能抵御一名汉兵，“今闻颇得汉巧，然犹三而当一”（《汉书·傅常郑甘陈段传》）。

东汉时，匈奴瓦解，但鲜卑顺势崛起。熹平六年（177），蔡邕在奏议中表示忧虑：“自匈奴遁逃，鲜卑强盛，据其故地，称兵十万……加以关塞不严，禁网多漏，精金良铁，皆为贼有。汉人逋逃，为之谋主，兵利马疾，过于匈奴。”（《后汉书·乌桓鲜卑列传》）

中国古代历史上，北方游牧民族始终对南方农耕社会构成压力，并在后期两次完成全面征服（元朝和清朝）。究其原因，除了马的优势，铁制兵器也是一个重要因素，而中国铁矿资源主要分布在华北和东北。特别是汉以后，游牧民族完全掌握了冶铁技术；铁不仅可以用来制作兵器，还可以用来铸造马镫。马与铁的结合，使古代中国屡次被北方游牧民族所压制。[14]

早在公元前 6 世纪，中国就已经可以生产铸铁。经过现代考古学者对古荥冶铁遗址的考察，这个汉代“河一”[15]冶铁工场可日产一吨生铁。自宛以西至安息，“不知铸铁器，及汉使、亡卒降，教铸作它兵器”（《汉书·西域传》）。直到 13 世纪，中国铸铁技术才随同火药一起传到西欧。

古罗马时代，“中国铁”已经成为欧洲市场上的畅销货。这些通过丝绸之路传来的中国铁，被罗马历史学家奥罗息斯称为“马尔吉”。帕提亚（安息）用中国铁制成的武器，尤其是钢制箭镞，屡屡打败罗马军团。罗马科学家老普林尼在《自然史》中说："虽然铁的种类很多，但没有一种能和中国来的钢铁相媲美。"

随着木风箱的出现和普及，10 世纪晚期的中国生铁年产量就已经达到 12.5 万吨，而 1720 年英国的铁产量尚不足 2 万吨。直到 18 世纪欧洲工业革命之前，中国的钢铁业始终执世界之牛耳。

钢铁是怎样炼成的

铁的优点体现在强度和延展性上。根据碳含量的不同，铁具有从韧性到脆性等不同的物理性能，而钢的强度远远胜过其他常见金属。

一般而言，随着含碳量的增加，钢的强度增加，塑性降低。钢其实是铁的一个碳合金变种，含碳量小于 0.1% 为熟铁，含碳量为 0.1%—2% 为钢，含碳量为 2%—6.67% 为生铁。中国传统上将铸铁称为“生铁”，将低碳钢称为“熟铁”，将中、高碳钢称为“钢”。熟铁太软，生铁太脆，钢铁既有较高的强度，又有不错的韧性，而且可经过热处理，在较大范围内调整其组织和性能。这是石器和青铜根本无法实现的。

铁器远远胜过之前的石器和青铜，但钢铁的熔点几乎是青铜的两倍，因此熔化铁是一件极其困难的事情。

在很长时间里，欧洲人只能使铁软化，而不能使它熔化；要得到一件理想的铁器，只能依靠不停地锻打。14 世纪，水力鼓风机出现以后，火的温度被提高到可以熔化铁的程度，铸铁才出现，这比中国晚了 1000 多年。

也有一种说法认为，中国的铁矿石中磷含量较高，这大大降低了铁的熔点，从而使铸造更加容易。

铸造铁锅

液态生铁的铸造技术是人类步入铁器时代之后一个巨大飞跃，从此以后，铁器能够依靠同一个模具，以非常廉价的方式批量生产。这种工具变革产生了巨大的社会影响，使铁器成为廉价、通用、大众能够使用的工具和武器。

中国古代诗人似乎都有一个“仗剑走天涯”的梦想。在相当长的历史中，佩剑是一个中国传统士人的身份标志。

唐诗《古剑篇》云：“君不见昆吾铁冶飞炎烟，红光紫气俱赫然。良工锻炼凡几年，铸得宝剑名龙泉。”

铸剑或铸刀离不开钢和铁。早在中国的南北朝时期，就已经出现了灌钢法。“綦母怀文……又造宿铁刀，其法烧生铁精以重柔铤，数宿则成刚。”（《北齐书》）到了宋代，《梦溪笔谈》总结道：“世间锻铁所谓钢铁者，用柔铁屈盘之，乃以生铁陷其间，封泥炼之，锻令相入，谓之团钢，亦谓之灌钢。”百炼钢则大约出现在东汉末年。建安年间（196—220），曹操曾命有司制作五把“百辟”宝刀，“百辟”又称“百炼利器”。曹植在《宝刀赋》中就有“乃炽火炎炉，融铁挺英。乌获奋椎，欧冶是营”的描述。《晋书》更记载过有一件非常著名的百炼钢刀——“大夏龙雀”，被誉为“名冠神都”的利器。对于百炼钢，沈括打比方说：“凡铁之有钢者，如面中有筋，濯尽柔面，则面筋乃见。炼钢亦然，但取精铁，锻之百余火，每锻称之，一锻一轻，至累锻而斤两不减，则纯钢也，虽百炼不耗矣。”

中国的铸剑铸刀技术在三国时就传到了日本。因为自身缺乏铁矿资源，古代日本在钢铁精加工技术上精益求精，不敢有丝毫浪费。早在1200年之前，日本传统的制刀工艺就已经达到了登峰造极的程度。

日本武士刀做工十分精致，堪称工艺技术的极品。它的刀刃用钢经过反复淬火折叠打造，直到把刀刃面锻造成由32768层牢牢凝练成的一个整体为止，每层只有0.00025毫米厚。这种工艺要求热处理必须十分精确，才能使刀刃不仅无比锋利，并且非常柔韧而不易折断。[1]为了达到这种质量，制造刀具的过程必须遵循一种严格、神秘而古老的程序。这类具有强烈仪式感的打造秘诀，以师徒代代传承的形式，根植于日本文化之中。在古代国际贸易中，“倭刀”一直是日本重要的出口商品。

也可能是因为铁价相对低廉，中国刀在工艺上不如倭刀，只能以厚重弥补刀的强度。“倭国刀背阔不及二分许，架于手指之上，不复欹倒，不知用何锤法，中国未得其传。”（《天工开物》）

一直研究中国经济史的日本史学家宫崎市定在《中国的铁》一文中写道：

> 中国铁的生产，在产业革命以前的世界史上，具有世界范围的意义。自战国时代中国即盛行使用铁器，到了汉代就形成了一个高峰。中国的铁一直被贩卖到罗马的市场上。汉代所以能给匈奴打击使它向西方逃窜，就是因为使用了铁质的武器。然而至三国以后，中国国内便感到铁不足用了。就连长枷和脚镣等刑具，以前本来是用铁制造的，这时也用木制品来代替。在这时代形成的北方民族的语言中，没有直接采纳中国语中“铁”这个字的痕迹。
>
> 可是从唐末到宋初，中国发生了可以称为燃料革命的一大事件，燃烧煤炭取得高热，并利用煤炭炼铁，使铁已有大量生

1- 可参考［美］约翰 · H. 立恩哈德：《智慧的动力》，刘晶、肖美玲、燕丽勤译，湖南科学技术出版社 2004 年版，第 8 页。

产的可能。这就在世界史上出现了远东的优越地位。蒙古的大规模征伐即由于利用了中国的铁；在蒙古征伐的逼迫下，又发生了突厥族西迁的事件。[16]在南海方面，中国的铁成为重要的贸易品，一直输出到阿拉伯半岛一带。[1]

西方学者常常这样说，欧洲的历史是在战争的铁砧上锻造的。早在罗马时代，欧洲就已经普遍地使用铁器。罗马军团全身披挂铁甲时，同时期秦始皇的虎狼之军还以皮甲和石甲为主。

骑士时代的欧洲是人类第一个钢铁成为主流的社会，其铁器加工技术一度达到很高的程度。制铁的专业化导致了更精细的分工，如铁匠、钉匠、刀匠、锁链匠、盔甲匠。

长期以来，欧洲一直将木炭作为冶铁的唯一燃料。制造 1 吨锻铁大概需要 10 吨木炭，而制造 1 吨木炭大约需要 10 吨木材。也就是说，要冶炼出 1 万吨铁，需要砍伐 10 万英亩的林地；而铁器的加工还需要同样多的木炭作为燃料。

随着冶铁业的迅速发展，欧洲各地的森林资源被大量消耗。每一座高炉既是生铁的生产炉，也是森林的焚化炉；森林再生的速度根本无法与高炉吞噬的速度相比。当时可以这样说，一个国家的冶铁工业很大程度上取决于它的森林面积。

从 1500 年到 1700 年，英国的物价总体上涨了 5 倍，而用作燃料的木柴价格上涨了 10 倍。冶铁业成为燃料黑洞，遭到全社会的

1-［日］宫崎市定：《宫崎市定论文选集》（上），中国科学院历史研究所翻译组编译，商务印书馆 1963 年版，第 200 页。

指责："都是炼铁厂把英国的树木吞掉了。"虽然英国并不缺少铁矿石，但为了保护日益减少的森林资源，伊丽莎白时代不得不限制高炉数量。

对于英国这个海上大国来说，制造帆船也需要大量木材，一艘大型战船甚至需要 4000 棵大橡树。无奈之下，英国人不得不去美洲殖民地建造商船。木材资源的枯竭，致使英国冶铁业日渐步入穷途末路。1720 年，英国总共只剩下 60 座高炉，不得不从国外进口大量的生铁。1750 年，英国有 80% 的铁来自森林资源丰富的瑞典。

煤的出现，挽救了冶铁业。

来源充足的煤大大降低了炼铁的成本，钢铁成为一种比木材更加廉价和易得的东西；而且钢铁的生产速度远远超过了森林的再生速度。

1762 年，斯米顿引进了水力风箱，大大提高了高炉的温度。几乎"取之不尽，用之不竭"的煤和丰富的铁矿石相结合，使英国领先于其他欧洲国家，从木器时代进入了钢铁时代。

随着革命性的坩埚炼钢法的广泛采用，英国迅速由一个钢铁进口国崛起成为全球最大的钢铁出口国。科特新创的"搅炼法"[17]更是大大缩短了生产时间，提高了铁的产量，将以前 12 小时生产 1 吨棒铁提高到 15 吨，效率提高了 15 倍。在 1791 年，生产 1 吨生铁需要 8 吨煤炭，到 1830 年则只需 3.5 吨煤炭。

1720 年英国铁产量仅为 2 万吨，1770 年达到 5 万吨，1800 年为 13 万吨，1806 年上升到 25 万吨，1850 年英国每年可产 250 万吨，到 1861 年更是增长到 380 万吨。铸铁和锻铁的产量都有所增长。

1830 年，发明蒸汽锤的内史密斯这样描述：“我看到炽热的铁从火炉中流出来，好像在旋转，然后变成铁棒和铁块，操作之简便、速度之快，令人叹为观止。”[1] 产量增加的同时，价格则大幅下跌。1801 年每吨熟铁 22 英镑，而到 1815 年只要 13 英镑。

英国铁产量的迅速增长和价格下降，使铁已丰富和便宜到足以用于一般的建设。于是，铁很快就占领了木器主宰的传统领域，从桥梁、车辆、船舶到建筑，廉价的钢铁全面替代了已经枯竭的木材，建立在煤与铁之上的工业时代全面来临。

1- 美国时代生活公司编：《全球通史》(17)，吉林文史出版社 2010 年版，第 72 页。

铁疯子

如果说钢铁是工业革命的一个重要起点，那么这个起点可以追溯到1709年。这一年，亚伯拉罕·达比已经用焦炭冶铁。在此之前，他为自己的铸铁法申请了专利。

煤中含有大量矿物质，用煤来炼铁，首先要将煤进行提纯，即在1000℃的高温下干馏，以获得固定碳，也就是制造焦炭。炼焦能明显降低原煤中的含硫量，而硫会使金属的强度降低。达比的成功，部分原因是他所在地区的块煤硫含量很低，这使达比能得到含硫量极低的优质焦炭。与木炭相比，焦炭既便宜又充足。达比用焦炭炼铁，可以使液态铁达到更高的温度、具有更好的流动性，这样铸造出来的铁锅更薄，也更节省材料。

对普通人来说，最容易从生活层面来认识一种新技术的意义。达比的工厂源源不断地生产出物美价廉的铁锅，在很短的时间里就改变了英国普通家庭的生活状态。对于那时的英国人来说，能够煮一锅热气腾腾的食物，不仅是家庭富裕的象征，甚至还被视为拥有投票权的前提。因此，人们将达比这位铸铁大师称为“新铁器之父”。

在欧洲，对人们日常生活影响最大的或许是铁制餐具。

从远古时代开始，欧洲人除了迫不得已要对食物进行切割，一般都是用手直接抓取食物吃。铁制品的普及，使旧时价格高昂的刀叉餐具很快就廉价地“飞入寻常百姓家”。就对英国东南部肯特郡的统计来看，在1720—1749年间，使用刀叉的家庭不到14%，到1750年，这一比例迅速达到了25%。

铁制刀叉在18世纪初期并不常见，到18世纪中期才逐渐变得普及起来，到19世纪，欧洲基本结束了“手抓饭”的状态。[18]

只是，因为鼓风技术的欠缺，早期焦炭冶铁的质量仍然不够理想，铁制品都显得脆弱易碎，达比工厂的年产量也一直很低。直到1750年，英国仅有3座焦炭冶铁炉。但在此之后，水力鼓风机得到改进，“搅炼法”配合反射炉和冲天炉，提高了铁的匀质性和纯净度，焦炭冶铁技术基本完善。英国依靠大量廉价的煤炭，生产出了大量廉价的铁。

“廉价的铁器使农业、工业更加大众化，包括战争。任何一个农民都买得起铁斧和犁头，用于开垦新耕地，用于敲碎石质土地。普通的工匠也能拥有成套的金属工具，使他不必再依赖于王室、神灵或者贵族，自己就可以独立干活。”[1]

铁制品时代的到来使人们欣喜若狂。

第一代钢铁大王约翰·威尔金森将自己得意的头像铸造在一枚纪念币上。1779年，他负责建造了一座铁桥，这座跨度达30多米

1-［英］杰克·古迪：《金属、文化与资本主义：论现代世界的起源》，李文锋译，浙江大学出版社2018年版，第217页。

英国工业革命时期建造的铁桥

的拱桥共有 3 条铸铁拱肋，甚至连桥面都是铁板铺就的，但结构上完全仿造木制大桥。

当他造出第一艘铁船时，人们真的相信他是一个“铁疯子”——因为没有任何正常人会相信铁可以浮在水上。在 1787 年 7 月的赛文河上，人们却看到这个“疯子”制造的 21 米的“严厉号”铁船成功地漂在水上。

木材因其强度和自然长度，用它造船往往限制了船的大小，最大的橡木船长度不超过 76 米，而普通船更短。使用钢铁可以造出比木船大得多的船，而且对大船来说，铁制船也比木制船轻得多。[19]同时，船的载货能力由其体积决定，随着船的尺寸按立方倍数增长，船受到的水的拖曳力则随着船底面积按平方倍数增长。因此，船要克服的航行阻力（即动力成本）与船的载重量的2/3次方成正比。[1]这意味着船越大，运输成本越低。

在钢铁时代之前，世界上没有载重超过2000吨的船，也没有高层建筑。如今，几万吨的轮船和高层建筑很常见。大船并不是小船的简单放大，同样，高层建筑也不是对小房子的简单叠加。这些新事物都是人们对新材料经过复杂而精确的计算后重新设计出来的。

殖民时代海战不断，建造大型帆船受到木材稀缺的限制。为了搜寻高大的树木造船，西方殖民者费尽心机。钢铁时代的到来，彻底解除了造船原材料的瓶颈限制，不仅船造得越来越大，而且船只数量也以翻番速度迅速增长。西方列强之间掀起一场海军军备竞赛。

对威尔金森来说，他的世界完全是一个铁的世界：铁船、铁路、铁车、铁桥、铁房子、铁门、铁窗户、铁床。他为自己打造了一把铁椅子，还为自己制造了一口铁棺材。不过，他在1808年去世，人们按照他的遗嘱想把他放进铁棺材时，却发现他太胖了。

如今，我们已经生活在威尔金森的后铁器时代，汽车、钢桥和钢构建筑屡见不鲜。直径1厘米的钢索能承受7.4吨载荷，现代

1- 可参阅［英］杰弗里·韦斯特：《规模：复杂世界的简单法则》，张培译，中信出版社2018年版。

钢索斜拉桥让许多天堑变通途。

在钢铁时代之前，桥是非常少的，或者说只有小桥而没有大桥，只有小河上才偶尔会有一座木桥或者石桥。木桥一般只能平架，石桥可做拱门，而钢铁的桥梁具有众多的可能性，不仅能做平架和拱门，还可以搭建出大跨度的梁桥、桁桥、拱桥、吊桥、斜拉桥、悬臂桥和组合桥。

在中国的大河大江上，人们自古都是以木船摆渡。直到钢铁时代的到来，才出现了黄河大桥和长江大桥，甚至出现了更长的跨海大桥，过河再也不是一件艰难的事情。

“棉花和铁是我们这个时代的两种最重要的原料。哪个国家在棉织品和铁制品生产方面占首位，一般也就在工业国中居于首位。由于英国的情况就是这样，而且只要情况不改变，英国总会是世界上第一个工业国。”[1]

钢铁不同于棉花，钢铁产业的发展也与棉纺业大相径庭。

在开始时，人们并没有合适的机器对钢铁像棉花那样进行加工，将其制成各种产品。经过一段时间后，一些金属加工机械被发明出来，加上金属热处理技术，钢铁的生产和应用才开始迅速扩张。

与木制的棉纺织机不同，蒸汽机从一开始就迫切要求冶金和机械制造等相关行业进行相应的技术革新。斯米顿曾断言瓦特造不

1- [德] 恩格斯：《棉花和铁》，载《马克思恩格斯全集》第十九卷，人民出版社 1963 年版，第 311 页。

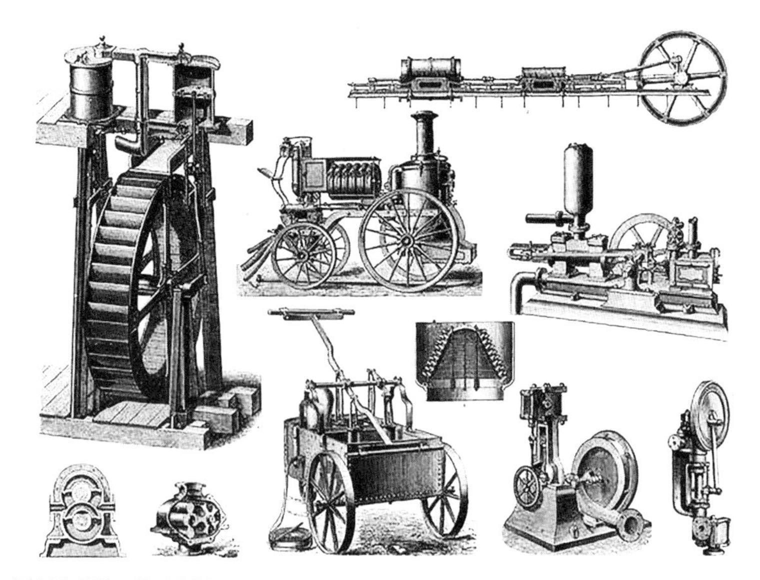

钢铁成为制造机器的理想材料

出他的蒸汽机，因为它超出了当时的加工精度水平。

从某种意义上说，威尔金森算得上是瓦特蒸汽机的催生婆。1775 年，威尔金森发明了能精密加工炮筒的镗床。[20] 瓦特蒸汽机对汽缸和活塞的加工要求很高，而镗床的出现恰逢其时。

威尔金森的镗床以水车驱动汽缸材料旋转，让刀具从材料的纵方向上前进，对汽缸内部进行切削。用这种镗床加工直径 1.8 米的汽缸，误差只有一枚硬币那么厚，这在当时属于极高的精度。镗床加工技术使汽缸内壁与活塞配合更加严密，大大减少了漏气，自然提高了蒸汽机的功率。

如果没有威尔金森的镗床，那么瓦特就无法制造出他的高效率蒸汽机；相比之下，达·芬奇就没有这么幸运。达·芬奇曾经构思了很多精巧的机器，却始终停留在纸上。这些构思不仅超越了当时人的想象，也超越了当时的技术加工水平。

这说明了一个有趣的历史细节，钢铁工业和机械工业这两次发生在同一时代的技术革命，必然是互相依赖的。实际上，威尔金森也是瓦特蒸汽机最早的使用者，他用蒸汽机来驱动高炉鼓风装置冶铁。

廉价钢铁的一个重要作用，就是极大地丰富了五金工具的种类，这也进一步拓展了金属工业的范围。尤其是机床作为“制造机器的机器”，在工业革命历史中具有划时代的意义。

进入 18 世纪之后，尽管钢铁工业有了很大发展，金属加工和成形技术也有了很大提高，但金属在机器制造中的应用进展仍非常缓慢。与制造奢侈品或武器的成本相比，机器制造中的成本显然更为重要。因此，木材仍是机器制造的基本原料，金属只是用于一些要求强度大或耐用的部件上；或者说，直到车床和机床完善之后，才真正结束了木器时代。

刨床、铣床、车床、镗床等机床，能根据事先设计，将金属加工成非常精确的几何形状。正因为有了精加工的机床，钢与铁作为制造机器的理想材料才变得前途无量。

就对整个工业的发展所起的作用和产生的影响来说，车床的发明几乎可以和蒸汽机的发明相提并论。

早期的车床主要用来加工木器，车床本身也是木质结构的。亨利·莫兹利对车床进行了全面改进，将车床改为采用全金属结构，并发明了刀具的自动进给装置。有了滑动刀架（卡座），车床的刚性、加工精度和效率大大提高，现代车床由此成型。[21]

1797年，莫兹利制成第一台螺纹切削车床，它带有丝杆和光杆，采用滑动刀架——莫氏刀架和导轨，可车削不同螺距的螺纹。有了这种车床，任何高精度螺丝钉都逐渐成了廉价的普通之物。

莫兹利创办起自己的机床制造工厂，第一个订单是为朴次茅斯军港生产10万个滑轮，它们全部来自机械化大规模生产，莫兹利为此研制了44台机床。在莫兹利的工厂，10个非熟练滑轮工利用机床完成的工作量，超过110个熟练滑轮工。一年下来，可为英国海军军部节约1.7万英镑。

从一定程度上来说，英国的机床工业是“大规模生产”的真正先驱。

在钢铁的所有用途中，机器的位置是不言而喻的。具有非凡硬度和延展性的钢铁天生就是制造机器的最佳材料，它是石材和木材根本无法与之相提并论的。甚至可以说，没有钢铁就没有机器，机器时代到来的前提，就是钢铁的普及化。

铁和钢既具有无与伦比的拉力和抗压力的特点，又具有形成各种形态并且无限期地保持该形态的性能，因而成为现代工业的基础原料。“铁疯子”威尔金森作为传统木器时代结束的标志性人物，将人们引向了一个真正的机器时代。

随着钢铁机器对木器的替代，棉纺织业越来越依靠金属机械行业。1803年，霍洛克斯制造出了第一架铁制织布机，从此纺织机械开始走出漫长的木器时代。此前不久，查尔斯·斯坦霍普制成第一台全金属的印刷机，从而结束了自谷登堡以来墨守成规的木制印刷机时代。

在传统木器时代，铁制工具都是木匠或铁匠自制的，非常珍贵。到了18世纪，工厂开始生产各种通用或专业的五金工具，其低廉的价格使得无数乡村木匠和铁匠逐渐退出这一行当，不少“磨坊工匠”都被招募进工厂，从事机器和设备维护工作。

在这一时期，铁制机器在世界各处都在不可逆转地取代木制机器。可以这样说，现代工业文明主要是在钢铁的基础上建立起来的。

钢铁之路

英国神童贝塞麦不到20岁时就发明了邮票印刷机，1856年，他发明了划时代的转炉炼钢法。[22]转炉炼钢法进一步将人类从铁时代带进了钢时代。以前要几个星期才能炼成10吨钢，如今只需要十几分钟时间。

在费用上，大批量生产的优质钢与铸铁和锻铁一样廉价，而此前钢的价格几乎是锻铁价格的5倍。短短数年之间，钢的价格下降了一半，而产量翻了几番，大量且廉价的钢材被用来制造各种工业机器、运输机器和战争机器。

据《大不列颠百科全书》记载，从1865年到1898年，英国钢轨价格从每吨165美元下降到18美元，同期的铁轨价格则从99美元降到46美元，而钢轨的使用寿命是铁轨的6倍。在1870年到1900年的30年间，世界铁产量增加了16.6倍，而钢产量增加了120倍。美国的钢产量在1880年才刚刚超过100万吨，但到1913年，就已经达到3100万吨，33年间增加了30倍。

1865年，英国铁产量为481.9万吨，遥居世界第一。极盛时期的联合王国成为第一个钢铁王国，它生产了全世界53%的钢铁、50%的煤，消耗了全球一半原棉产量，全世界三分之一的商船挂着英国的旗帜。联合王国的人口占全世界人口的2%，占欧洲人口的 10%，却拥有 50% 左右的世界现代工业能力。

在 1838 年内史密斯蒸汽锤开始普遍使用以后，钢材加工技术已经非常完善。1863 年诞生了第一艘钢壳船和第一辆钢铁机车，一个无所不能的钢铁机器时代开始了。

一位英国爵士感慨地说："钢铁的气质已经把我们英格兰变成了一个戴铁面具的人。"就连滑铁卢战役的胜利者威灵顿也被人们称为"铁公爵"。

如果说从前的纺织厂以女工和童工为主，那么这时的钢铁厂则几乎全是健壮的男人。1849 年，威尔士的道勒斯钢铁厂雇用了大约 7000 名工人，他们围绕着 18 个鼓风炉、炼钢炉以及轧钢厂和矿山工作，这样的规模让当时最大的阿克赖特纺织厂也相形见绌。

开办钢铁厂远比开办纺织厂需要更多的资本，虽然钢铁厂需要的机器比纺织厂要少，但这些机器很大，一个 125 吨的蒸汽锤在任何人看来都显得巨大无比。纺织厂的工作是重复的，产品非常单一，但钢铁厂则要生产各种规格的产品。

在钢铁工业刚刚起步时期，铁路建设无疑是一次千载难逢的机会。统一规格且数量巨大的铁轨，让所有钢铁厂都可以开足马力进行大批量生产。

伴随着煤炭和钢铁业的兴起，英国出现了一场修建运河的狂潮。为了将内陆地区的煤炭运往沿海城市，同时将进口的棉花从港口运往水力资源丰富的山间工厂，英国修建了复杂的运河网络。

整个运河系统包括大量铁制船闸，以及峡谷地带的高架渠。高架渠的桥拱和整个水平桥身都采用铸铁工艺制造，用铆钉连接起来。相比罗马时代的砖石水渠，这种铸铁水渠的壁体厚度只有2厘米，因而整个桥身显得更加轻盈。同时，这种水渠在抗压承重能力和水密性方面则更胜一筹。

1761年，英国第一条运河将沃斯利煤矿和曼彻斯特连接起来，曼彻斯特的煤炭价格应声而落，下降了50%。经过半个多世纪的发展，到史蒂芬森的火车正式上路的1830年，英国的运河总长度达到6400公里，这相当于中国长江的总长度。

无论是建造技术还是运营管理，后来的铁路体系其实都是对运河体系的模仿与升级。在挖掘运河的过程中，人们就已经搭建了许多临时的简易铁路来运送土方。

跟英国一样，美国的工业化也依赖水运。英国为此修建了许多运河，而美国则拥有得天独厚的自然水系。由苏必利尔湖、密歇根湖、休伦湖、伊利湖和安大略湖构成的五大湖有“北美大陆地中海”之称，这里铁矿和煤矿资源极其丰富。

从明尼苏达州的米沙比矿场运来的铁矿石，经由苏必利尔湖和伊利湖，和通过铁路从西弗吉尼亚州运输而来的煤矿相遇；它们在凯霍加河汇聚，全部倾泻入克利夫兰市的钢铁厂。

正像许倬云先生所说：“世界上很少有铁矿石产区能拥有如此良好的配合：铁矿区和煤矿区一部分重叠，大部分比邻，而中间又有大片的水道可以作为交通道路。于是，从匹兹堡到芝加哥这一条线路，就成为美国炼钢业的重心。”[1]

一个英国宪章派织工的儿子来到美国三十年后，成为美国钢铁

1 许倬云：《许倬云说美国》，上海三联书店2020年版，第63页。

早期的铁路是马拉列车

业的缔造者，也成为现代企业家精神的化身，同时也成为工人运动最残酷的镇压者，他的名字叫作安德鲁·卡耐基。

技术与组织创新带来了高利润，卡耐基报出的价格比同行业其他厂商都低，而利润却比他们高得多——

> 从苏必利尔湖开采两磅铁石，并运到相距900英里[1]的匹兹堡；开采一磅半煤、制成焦炭并运到匹兹堡；开采半磅石灰，运至匹兹堡；在弗吉尼亚开采少量锰矿，运至匹兹堡——这四磅原料制成一磅钢，对这磅钢，消费者只需支付

1-1英里≈1.61千米。

一分钱。[1]

在火车诞生之前，铁路就已经出现了，最迟不晚于1550年。人们发现，车辆在轨道上行驶时，拖拉的重量可以比在普通路面上高三倍。最早的铁路其实使用的是木制轨道，因为木材比铁更廉价，且更易加工。

从现在来看，铁路完全是钢铁的产物，铁轨比木轨结实耐用得多，但每1英里铁路需要约700吨铁。1738年，英国怀特黑文煤矿就出现了最早的铁轨；1767年，理查德·雷诺兹用铁轨代替木轨，把科尔布鲁克戴尔的矿山与高炉联系起来。

当达比在煤溪谷建立铁轨铸造厂之后，铁轨的使用开始普及；当时，连接南威尔士佩尼达兰制铁厂和格拉摩根运河的铁路长达16公里。

在蒸汽机车出现之前，世界各地就已经有很多用马拉动的列车行走在铁轨上。在澳大利亚，甚至连马都用不上，而是使用人力，因为这里有的是囚犯；中国最早的铁路属皇家专用，拉动列车的是一群太监。1805年，煤矿工程师威廉·托马斯给人们这样介绍铁路："现在每天穿行于纽卡斯尔和赫克瑟姆之间的马车，用4匹马拉，需要走4个半小时。而在铁路上行驶，用2匹马拉，估计在1小时之内就能走到了。"[2]

1-［美］斯塔夫里阿诺斯：《全球通史：从史前史到21世纪》，吴象婴、梁赤民、董书慧等译，北京大学出版社2012年版，第495页。

2-［美］理查德·罗兹：《能源传：一部人类生存危机史》，刘海翔、甘露译，人民日报出版社2020年版，第77页。

从一定意义上讲，与其说是蒸汽机推动了铁路建设，不如说是钢铁。一位经济史学家就说："既是因又是果的铁路发展同全然史无前例的冶金业及采矿业的发展是齐头并进的。"[1]

在19世纪后期的美国铁路建设高峰期，铁路消耗了美国钢铁产量的一半以上。横跨美洲大陆的铁路将太平洋和大西洋连接起来，新英格兰的产品可以在30天内到达中国，相比之前节约了60%的时间。可以说，铁路和蒸汽机的出现是革命性的。在不长的时期内，铁路支配了长途运输，它能够以比在公路或运河上可能有的更快的速度，和更低廉的成本运送旅客和货物。

1838年，英国已拥有500英里铁路；到1850年，拥有6600英里铁路；到1870年，拥有15500英里铁路。英国一位铁路规划师说：过去慢的现在变快了，过去远的现在变近了……

一开始，钢铁工业用煤作为燃料熔化铁矿石，促进了煤炭工业的发展；接着，煤炭工业导致蒸汽机的发明。蒸汽机在矿井抽水，生产了更多煤炭；蒸汽机在工厂的应用也需要消耗很多煤。对大量煤炭的需求和运输导致铁路出现，铁路的发展需要大量铁轨，反过来又促进了钢铁生产。就这样，不同工业的相互需要、相互促进，产生了一个相辅相成的螺旋式上升过程。这个过程的结果，不仅改变了英国和欧洲，最终也改变了整个世界。

从拿破仑战争开始，钢铁已经彻底改变了欧洲的面貌。

1-［英］约翰·哈罗德·克拉潘：《现代英国经济史》（上），姚曾廙译，商务印书馆1986年版，第524页。

随着普鲁士在铁路时代的迅速崛起，年轻的俾斯麦使普鲁士容克地主们确信，一个伟大的德国将以“血和铁”，而不是靠议会民主来实现统一。创立于1811年的克虏伯工厂，它所制造的坚船利炮帮助新统一的德国，武装起了一支独步欧洲的强大军队。

1820年德国颁布的《教育法草案》，将教育提高到与国防同样的高度。[23] 俾斯麦的名言是：“笨蛋只会从自己的错误中吸取教训，聪明的人则从别人的经验中获益。我们在战场上的胜利，早在小学的课桌上就已经被决定了。”

柏林大学成立之初，便提倡独立思考能力，提倡通过研究来获取新的知识。大学教育依靠自由性、流动性和竞争性，发挥出前所未有的科研能力，这直接提升了国家的工业实力。如果说英国出现工业革命是因为有瓦特这样的发明家，那么德国则建立起一种发明家制度，即以制度化保证从科学研究、产品发明到量产的全流程运作，从而使德国走上了工业化的快车道。

“普鲁士道路”帮助德国完成了农业的资本主义化，统一的德国通过工业革命实现了奇迹般的大跨越。到一战前夕，德意志帝国已经超越英国，成为欧洲最强大的工业国。德国在钢铁、机械、铁路、纺织和其他制造业，尤其是化学工业领域，无论技术还是产量，都名列世界前茅。

英国经济学家凯恩斯说，德意志帝国与其说建立在铁血之上，不如说是建立在煤铁之上要更真实些。在百余年间，德国人开垦沼泽，排干酸沼，将莱茵河裁弯取直，建设威廉港，在河流高峡修筑大坝，以人的力量显著改变了自然的面貌。19世纪后半叶，德国已经完成工业化，但它并没有像英法一样开拓殖民地，而是将扩张的野心投向欧洲。在接下来的一个世纪中，德国在军事、政治、社会等方面都堪称欧洲世界的主导者。

发生在 1871 年的普法战争如同德国现代工业和基础设施的试金石。在这场战争中，专业化且训练有素的德国军队行动起来像钟表一样准确无误，彻底摧垮了老牌欧洲领袖法国。战争的胜利，让德国从法国得到了 50 亿法郎战争赔款，这相当于如今的 900 亿美元[24]。德国人不仅变得富裕，也更加自信，甚至自负起来。

这场战争也为欧洲埋下了竞争的种子，后来结出的果实便是两次世界大战。

水晶宫

1851年，如日中天的大英帝国在海德公园举办了“万国工业博览会”，即首届世博会。维多利亚女王称之为“我们历史上最伟大的日子，最美丽最堂皇最惊心动魄的空前大观”。

印刷机、铁路机车、液压机、联合收割机和左轮手枪，这次“世界博览会”上展出的10多万件工业展品，吸引了来自全世界的14000名参展者和600多万名参观者，他们亲眼看到了工业革命带来的“英国奇迹”。

博览会如同一场现代工业的狂欢节。其中最受欢迎的就是机械馆，这里的机器不断发出低沉、粗重的声音，仿佛狂涛巨浪的咆哮声。每天都有一大批人聚在这里，围观700马力的发动机、蒸汽锤、水压机、打桩机、克兰普顿机车（最高时速可达116公里）和其他同时代的奇观。

在博览会目录上，关于内史密斯蒸汽锤的介绍说明中写道：“使用这种蒸汽锤，既能得到非常大的冲击力，也能使它以勉强击碎蛋壳的力量下落，可以在很大范围内分级调节锻压力。”[1]

1-［日］中山秀太郎:《技术史入门》，姜振寰译，山东教育出版社2015年版，第131页。

“我们什么都能做。”这是维多利亚女王写在 1851 年 4 月 29 日的日记中的一句话。

作为博览会的中心，水晶宫的外表如同一座大教堂，中堂极其宽广，长度超过500 米，高度达41 米。在侧厅与中堂相接的地方，是巨大的圆筒形玻璃拱顶，拱顶之高，让被它覆盖的一棵大榆树相形见绌。

水晶宫所有的建筑构件都是在英国各地预先制成的，然后运输到这里用机械方式组装在一起。在某种意义上，这是现代大规模生产的一个里程碑。

用 3300 根铁柱、2300 条铁梁和 84000 平方米的玻璃，历时 9 个月建造的“水晶宫”，创造了一种崭新的建筑秩序。设计者帕克斯顿因此从“无知的花匠”摇身一变，成为“现代建筑之父”。

水晶宫的建筑结构借鉴了南美洲的一种睡莲。这种睡莲依靠主骨架和横向骨架相连，其直径 3 米的叶片可以承受一个孩子的身体重量。水晶宫不仅体现了英国高效的工业生产能力，同时还证明了英国人在世界各地自然知识方面的积累以及活学活用的创造性思维，可谓知识和技术全球化的产物。

进入现代社会，钢铁与玻璃彻底将建筑从传统、沉重的土木结构中解脱出来，水晶宫成为工业革命时代的重要象征物。在接下来的铁路时代，水晶宫几乎成为每个火车站设计的灵感来源。

看过水晶宫之后，人们不禁畅想，莫尔的“乌托邦”是否即将变成现实?

“乌托邦”是一个自由、民主、博爱、富有的宝岛。那里有用不完的黄金、白银和各种金属，有最先进的船舶和飞行器。依靠先进的设备和机器，他们生产了吃不完的食品和用不完的物品。那里路不拾遗，夜不闭户，没有货币，没有乞丐，也没有贵族与仆人，每个人都各取所需。所有公民也都没有私产，每十年调换一次住房，穿统一的服装，统一就餐，轮流下乡劳动，官吏由投票选举。但有一点，如果有人通奸或企图叛逃的话，他就不再是乌托邦公民，而沦为终身服役的奴隶。

水晶宫所体现的现代文明，展示了理性与科学所代表的未来，乌托邦精神成为当时知识分子最痴迷的信仰和梦想。

车尔尼雪夫斯基把水晶宫当成“理想国”的原型：人类社会从游牧时代、古希腊、中世纪、18世纪最终走向“光明而美丽”的未来；所谓“水晶宫时代”，就是科学技术高度发达、物质财富极大丰富、人人充分就业、男女平等、文化繁荣的光辉时代。

陀思妥耶夫斯基始终保持着对现代的警醒和批判，他将水晶宫理解为没有苦难，也没有自由和个体创造性的、单调的“反乌托邦”；水晶宫既是自由的终结，也是人的死亡，它其实是现代的“巴别塔”。

“水晶宫博览会是一个新的工业时代的庆典，是英国毋庸置疑的首要工业国地位的庆典。但它还可以被视为一个作为维多利亚时代理想的进步、启蒙和现代性的庆典，借助于机器征服自然的庆典，欧洲一种新的社会秩序的胜利庆典。非凡的宫殿为机器和商品而非侍臣和镀金装饰而造，这一事实生动地象征了基于上帝和国王的权力的旧时代向基于蒸汽机械和企业家的权力的新时

水晶宫

代的转变。”[1]

正像本雅明说的，世界博览会成为商品拜物教的朝圣地。人们在参观和围观那些被展出的商品时，不由得产生敬意：玻璃和距离隔绝了人的嗅觉和触觉，明亮的灯光又强化了人的视觉，这种“可远观而不可亵玩焉”，在无形中颠覆了人与物品之间的关系。应当说，这种欲拒还迎的展示方式比展品本身更能刺激人的神经，惹得人们趋之若鹜。

在短短的5个月中，水晶宫接待了来自全世界的超过600万人，平均每天有4万多人。

博览会的布局体现了英国人眼中的国际新秩序，占总面积一半的区域用来展示英国的制造品和发明。在水晶宫参观就如同一场环球旅行——“参观者可以说是被魔法裹挟着，从这个国家去另一个国家，从东方去西方，从铁到棉花，从丝绸到羊毛，从机械到制成品，从工具到农产品。”[2]

世博会虽然远在英国，却对俄国知识分子产生了极大的震动。

屠格涅夫评价说，这是“一种所有展品都是由人的创造力设计出来的展览会”。这句话其实并不确切。展品中有一大块未经任何雕琢和设计、重达24吨的原煤，它带给人们的深刻印象和象征意义，或许超过了其他所有展品。

1- [英] 彼得·桑德斯：《资本主义：一项社会审视》，张浩译，吉林人民出版社2005年版，第1页。

2- [英] 本·威尔森：《黄金时代：英国与现代世界的诞生》，聂永光译，社会科学文献出版社2018年版，第5页。

由于水晶宫是由预制构件搭成的，在世博会闭幕后，它很容易地就被拆除了。这些构件被运到伦敦南部的锡德纳姆重新树立起来，成为一个娱乐公园的中心景观，直到1936年毁于一场大火。

无论从工业角度还是从文化意义上看，水晶宫都是革命性的。它对各行各业都产生了巨大的影响，以至于有历史学家评论说，它“几乎完美地将资本主义制度以及博览会所服务的资产阶级利益合法化”。工业革命所开创的大尺度和大规模的可能性，在它身上得到了准确的展现，追求高大和巨大成为以后几个世纪人们的时尚。至少在那个典型的维多利亚时代，到处都弥漫着“更大即更好”的风潮。

作为世博会的工程师之一，布鲁内尔很快就设计了一艘钢铁巨轮，它比之前最大的船只还要大五倍。对蒸汽船来说，巨大的船体意味着可以装载更多的煤炭作为燃料，从而拥有更远的航程，这将使得跨越大西洋成为可能，210米长的“大东方号”被称为“海上水晶宫”。

不久，连接美洲和欧洲的跨大西洋电缆就由“大东方号”完成，世界被连为一体。

钢铁不仅成为现代的标志，也成为一个时代政治的图腾。

沙皇统治下的俄国虽然是当时欧洲疆域最大的国家，但经济文化却是很落后的。长期以来，俄国都是一个农业国家。发生在英国的工业革命传到东欧不久，这个古老的帝国就发生了一场钢铁革命。

岁月流逝，感谢上帝，如今
变化来到了我国大地；
丢掉了木棒，放下了犁，
我们干活，用了铁机器。[1]

1- [苏] 赫鲁晓夫:《最后的遗言：赫鲁晓夫回忆录续集》，上海国际问题研究所、上海市政协编译组译，东方出版社 1988 年版，第 458 页。

彩绘鹳鱼石斧图陶缸，仰韶文化，河南省临汝县阎村出土，现藏中国国家博物馆

古代的木匠

法国大革命时期，路易十六被送上断头台处决

五代时期卫贤《闸口盘车图》中的盘车水磨

《瓷器制运图》中的水车

西方油画中的风车磨坊

早期的木质纺织机

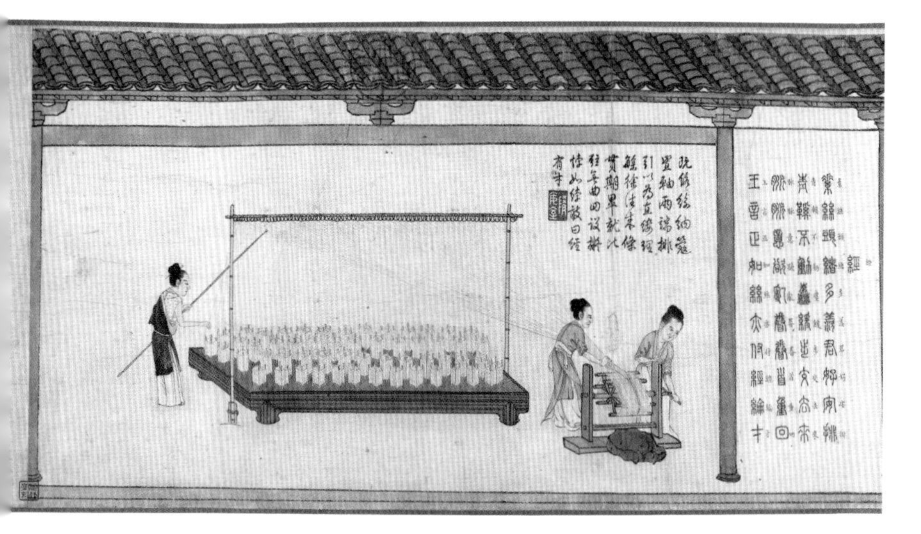

《耕织图》中的纺织场景

美国为伊莱·惠特尼发明轧棉机制作的纪念章

铜的冶炼

水晶宫博览会机械展区

工业革命中钢铁业开始兴起

绘画作品中的埃菲尔铁塔

1705 年托马斯 · 纽科门发明蒸汽机，主要用于煤矿抽水

瓦特蒸汽机

早期蒸汽船结构图

史蒂芬森的“火箭号”蒸汽机车

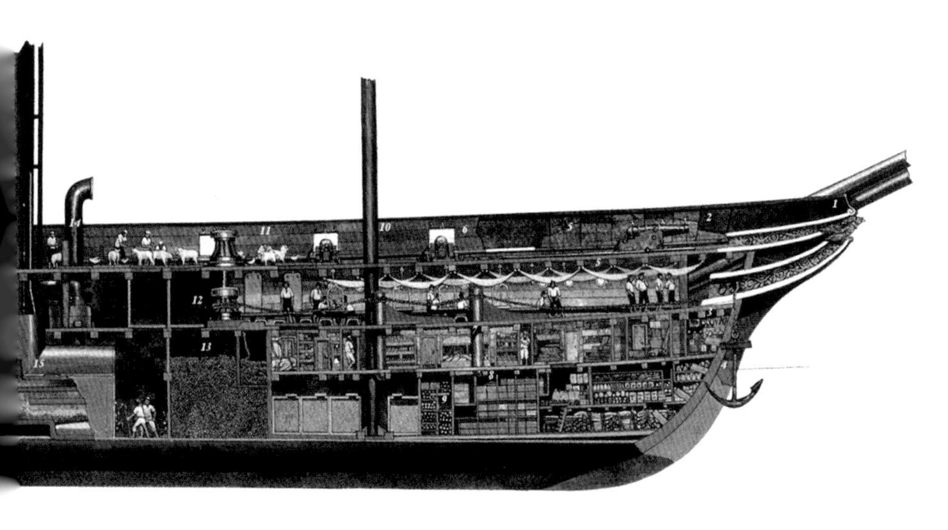

斯托克顿－达灵顿铁路是世界上第一条铁路，1825 年 9 月 27 日建成通车

透纳作品《雨，蒸汽和速度——西部大铁路》

透纳作品《被拖去解体的战舰“无畏号”》

《中国插图》中所描绘的利玛窦和徐光启

18 世纪工业革命时期英国纺织厂

英国通过东印度公司殖民统治印度

一切始于世博会

在水晶宫之后，法国将 1855 年的博览会主题命名为“工业的宫殿”，1889 年的博览会诞生了埃菲尔铁塔。

左拉在 1873 年出版了他的小说《巴黎之胃》，小说主人公先是指了指刚刚建成的玻璃和钢架结构的中央市场（即巴黎大堂），又指了指旁边的中世纪建筑圣厄斯塔什教堂，然后说道：“这个将杀死那个，因为金属硬过石头。”[1]

钢铁对于埃菲尔，就如同石头对于罗丹。纪念美国革命 100 周年的自由女神像和纪念法国革命 100 周年的埃菲尔铁塔一起，成为钢铁时代到来的丰碑。93 米高的自由女神像以 120 吨的钢铁为骨架，用 30 万只铆钉装配固定在支架上，总重量达 225 吨。组装安装完毕后，她便成为美国的象征。

如果说钢铁对自由女神像还只是手段，那么钢铁对埃菲尔铁塔就是目的。正如本雅明所说，随着钢铁在建筑中的应用，建筑学便开始超越艺术。[2]

1- 转引自［英］蒂莫斯 · C. W. 布莱宁：《浪漫主义革命：缔造现代世界的人文运动》，袁子奇译，中信出版社 2017 年版，第 209 页。

2-［德］本雅明：《发达资本主义时代的抒情诗人：论波德莱尔》，张旭东、魏文生译，生活 · 读书 · 新知三联书店 1989 年版，第 181 页。

“人造建筑材料随钢铁第一次在建筑史上出现，其发展的节奏在本世纪中加快了。当人们在二十年代末经试验证明火车只能在钢轨上行驶，钢铁工业得到了决定性的促进。钢轨是最早的钢铁建筑单位，它们是钢铁梁架的先驱。钢铁不用于住房建筑，而用于建筑拱门街、展览馆、火车站以及那些昙花一现的建筑物。同时，玻璃在建筑领域的使用范围扩大了。”[1]

埃菲尔铁塔和自由女神像，这两个钢铁作品代表着未来；它们不仅展示着一种关于美的全新理念，而且开启了一种钢铁时代的全新建筑风格——摩天大楼。

在第二次工业革命中迅速崛起的芝加哥，成为摩天大楼的试验场。摩天大楼“使人们在芝加哥做生意更容易，比在伦敦方便。在伦敦，人们要浪费许多时间在杂乱无序的城市里从一家公司跑到另一家公司。他们走进破旧的大楼，爬上陡峭的楼梯，最后来到狭小昏暗、尘土飞扬、臭气熏天的办公室”[2]。与以往的大楼建筑相反，摩天大楼天生就具有商业优势。建筑内部大多采用开放式结构，便于调整室内布局。它们能够以一种高效的方式将不同的企业集聚在同一栋大楼里，这种规模效应有利于提高生产效率。加之1852年奥的斯安全电梯的发明，使得高楼生活成为可能。

建造于1882年的蒙托克大厦被称为世界第一座摩天大楼，它

1-［德］本雅明：《发达资本主义时代的抒情诗人：论波德莱尔》，张旭东、魏文生译，生活·读书·新知三联书店1989年版，第178页。

2-［英］丹·克鲁克香克：《摩天大楼：始于芝加哥的摩登时代》，高银译，北京燕山出版社2020年版，第76页。

有 10 层，有 2 部电梯，采用金属框架的砖石外墙。在它的内部，总共有 150 间独立办公室，可容纳 300 人办公。蒙托克大厦以其高大、简洁、实用的设计，将当时资本主义的机器审美发挥到了一种极致。

作为一种权力象征，摩天大楼是经济繁荣、精力充沛、野心勃勃的现代产物。在蒙托克大厦之后，14 层高的瑞莱斯大厦完全使用玻璃作为外墙主体。这座摩天大楼于 1895 年落成时，引起的轰动不亚于伦敦的水晶宫，它每层楼的外立面都是一模一样的网格状玻璃窗。这样的设计后来发展成摩天大楼最具标志性的特色——芝加哥窗。

自从进入钢铁时代以来，有些建筑已经远远超越建筑史的范畴，成为人类文明史的精彩篇章。

300 米高的埃菲尔铁塔刺破了现代的天空，7300 吨锻铁构成的 1500 多根巨型预制钢梁和 18038 个部件，被 250 万个铆钉紧紧地凝固在一起，精确度达到毫米级。700 万个铆钉孔的标准公差只有 0.1 毫米，20 个铆接小组每天装配 1650 个铆钉。整个铁塔完全按照现代工厂方式生产安装。

尽管人类对天空充满无限的向往，但人类还是站在坚实的大地上。据说埃菲尔铁塔对地面的压强跟一个人坐在椅子上的压强差不多。

这座顶天立地的“A”形镂空雕塑在 1889 年 3 月 31 日落成后，不仅成为当时世界最高的建筑，也成为工业成就的凯歌和科技进步的“铁证”。

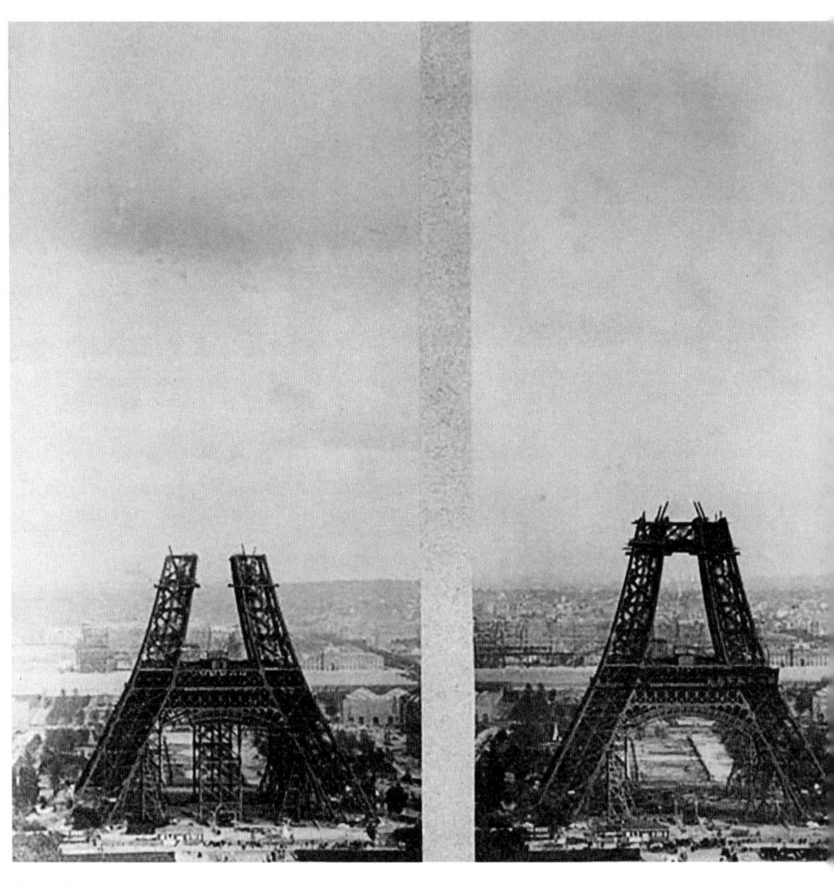

建筑中的埃菲尔铁塔

在资本主义制度下，巨大的高度总是与商业权力、政治权力相联系。西方社会早期只有宗教权力才对建筑的高度有要求，因此在埃菲尔铁塔建造前，欧洲最高的建筑都是——自然是——教堂。[1]

1-［美］约翰·菲斯克：《解读大众文化》，杨全强译，南京大学出版社 2006 年版，第 157 页。

建成于18世纪的乌尔姆教堂的尖塔高达162米；不到一个世纪，这一记录几乎被埃菲尔铁塔翻了一番，直到1931年纽约帝国大厦建成。至此，埃菲尔铁塔保持了42年世界最高建筑的纪录。

埃菲尔铁塔向世人展示了史诗般的物质时代，和钢铁对人类文明的巨大推动作用。然而铁塔落成之初，却引来无数批判和攻击。

有位数学家计算后宣布，铁塔建到 221 米时将被自身的重量压垮，更多人断言铁塔将被大风吹倒。

埃菲尔告诉人们，铁的“强度重量比”远远大于石头和木材，但包括小仲马和莫泊桑在内的很多人都认为，它是“铁梯的堆垒”，是一座“灾难和绝望的灯塔”。一些作家和画家还联名写了宣言：“我们将尽我们的力量表示愤怒，进行抗议，抗议巨大的埃菲尔铁塔的修建。这一咄咄逼人的铁制品，这一丑陋的骷髅，即便是商业化的美国，也不能容忍它的存在。”[1]

埃菲尔铁塔原本为 1889 年巴黎世博会而建。按计划，铁塔将于 1909 年拆除；但 20 年后的巴黎，却已经不能没有这个玉树临风的“铁娘子”。

1910 年 5 月 23 日，埃菲尔铁塔开始用无线电短波授时，信号覆盖远达 5200 多千米，与地球同步的世界时间终于诞生。30 年之后，法国人赞美道：“天哪，她的设计者得对地球引力有多么准确的认识啊！”[2]

1945 年，希特勒下令巴黎城防司令肖尔梯兹炸毁埃菲尔铁塔，被这位纳粹将领断然拒绝。如果说巴黎圣母院是古代巴黎的象征，那么埃菲尔铁塔就是现代巴黎的标志。

1- [美] 约翰 · H. 立恩哈德：《智慧的动力》，刘晶、肖美玲、燕丽勤译，湖南科学技术出版社 2004 年版，第 245 页。

2- 同上注。

“一切始于世博会”，在世博会上诞生的水晶宫和埃菲尔铁塔树立了钢铁时代的图腾。

对人这种直立动物来说，高度代表着权力。在西方，钢铁堆砌的电视塔、观光塔、旅游塔，作为每个城市制高点和现代地标，愈演愈烈地演变为一种宗教狂热般的权力美学。正如尼采所说：“在建筑中，人的自豪感、人对万有引力的胜利和追求权力的意志都呈现出看得见的形状。建筑是一种权力的雄辩术。”[1]

从某种程度上说，“摩天轮”就是这种钢铁竞赛的产物。

为了超越巴黎世博会，乔治·法利士为四年后的芝加哥世博会设计了这艘重达2200吨、高度相当于26层楼的钢铁巨轮。此后，从伦敦之眼到天津之眼，这种城市竞赛至今仍没有结束的迹象，记录被不断地刷新。

1- [英] 迪耶·萨迪奇：《权力与建筑》，王晓刚、张秀芳译，重庆出版社2007年版，封四。

昨天，今天，差距如此之大！昨天，还都是老样子：不紧不慢的公共马车，乘马，驮马，响马，着铠甲的骑士，诺曼入侵者，罗马军团，德鲁伊教团员，涂成蓝色的古代不列颠人，等等，这些都属于昨天。我本想留点时间，让火药和印刷术来改变世界。但是，火车启动了今天的这个新时代。我们这些同龄人，既属于旧时代，又属于新时代……我们属于蒸汽时代。

——［英］托马斯·卡莱尔

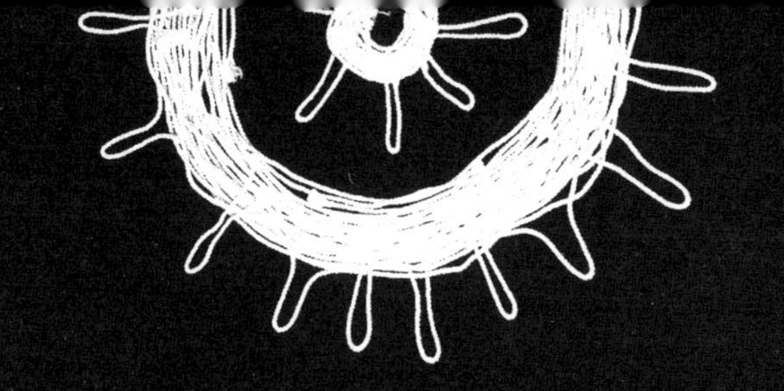

第九章　动力革命

机器时代

在很长的时间里，无论东方还是西方，侍奉神灵的寺院都如同机器一般刻板而严肃。

西方的基督教会并不介意机器的出现，甚至在一定程度上为机器的出现创造了条件。11世纪的熙笃会修士制造和发明了许多机器。熙笃会修道院简直就像一个工厂，里面装备有水车、纺织机、碾磨和锯木机等各种机械。

麦克卢汉习惯于将机器与人的肢体进行类比，在他看来，定义机器就像定义一个生物器官一样困难。有位工程师说，机器总是成系列的，因此像是一个“人造的动物群落”。[1]

在远古的神巫时代，人们都坚信万物有灵，生命无处不在，这种思想常常对机器的发展构成阻碍。古埃及工匠制作桌子腿时，必须把它想象成一条牛腿，并做得惟妙惟肖；中国古代人造船时，也常常要造成“龙舟”。在中世纪的欧洲，教会认为肉体使人们堕落，以至于常常将桌子腿包裹起来；据说是因为桌子腿会使人联想到女人的腿或者男人的阴茎。

1- [加] 马歇尔・麦克卢汉：《谷登堡星汉璀璨：印刷文明的诞生》，杨晨光译，北京理工大学出版社2014年版，第254～255页。

斯宾格勒说：真正的信仰总是把机器看作魔鬼的东西。[1]1398年的《纽伦堡纪事》中有这样的记载：“有轮子的机械在做一些奇怪的工作，进行表演，丑态百出，它们直接来自魔鬼。”[2]

从这一点上，我们就可以理解堂吉诃德何以跨马提枪，冲向巨大的风车了。在人体遭到压抑的中世纪后期，机器以反人体的形象出现在寺院、矿区和战场。

正如鲜花植根于泥土，从某种意义上说，正是中世纪孕育了所谓的“现代”——它创造了城市、民族、国家、大学、磨坊和机器、钟点和时钟、书籍、餐叉、内衣、人格、意识以及革命。它处于新石器时代和近两个世纪的工业与政治革命之间，它——至少对于西方社会而言——不是一段空白也不是一座桥梁，而是一次伟大的创造性的推进。[3]

可以说，只有将技术从人的运动中分离出来，机械学才得以产生，机器时代才能真正地到来。

古典时代的人由于缺乏将动物形体与机械结构相分离的能力，阻碍了人类早期历史的发明创造。车轮的发明就是这种分离的早期尝试中一个杰出的案例。在16世纪，人们逐渐能够将机械同动

1- [德] 奥斯瓦尔德·斯宾格勒：《西方的没落》，张兰平译，陕西师范大学出版社2008年版，第329页。

2- [美] 刘易斯·芒福德：《技术与文明》，陈允明、王克仁、李华山译，中国建筑工业出版社2009年版，第34页。

3- [法] 雅克·勒高夫：《试谈另一个中世纪：西方的时间、劳动和文化》，周莽译，商务印书馆2014年版，第5页。

物形体相分离，从而涌现出大量的发明创造。[1]

技术不断追逐人类想象，机器史不仅是工业技术史，也是社会文化史和美术设计史。在早期历史中，机器在人类的想象中各有特色，但它们多是奴仆、镜像或“它者”。

在前机器时代，人们常常按照大自然的样子制造机器。比如中国指南车，就必须以一个雕刻的人像来指示方向，当然，这个木雕的人并不是真正的人；类似的还有龙舟和木马。因此，早期很多机器实际只是自然的仿制品。

科学革命和启蒙运动之后，理性主义使技术从大自然中分离出来。作为功用和效率的工具，机器革命就这样开始了：蒸汽机代替了马，钢铁代替了木材，水泥代替了石头。

“伴随着哥伦布和哥白尼的脚步，出现了望远镜、显微镜、化学元素，最后就出现了巴洛克时期早期大规模的工艺大全。然而在此以后，与理性主义同时，出现了蒸汽机的发明，它推翻了一切，使经济生活从根本上改变了面貌。”[2]

斯宾格勒把西方文明命名为“浮士德文明”，汤因比则强调现代西方文明的机械与技术取向。“在原始人本村的牧师降服妖魔时所用的魔术和文明的技师控制其机器时所用的魔术之间，原始人是

1- [英] 柯林·彻丽：《信息理论史》，转引自 [加] 马歇尔·麦克卢汉：《谷登堡星汉璀璨：印刷文明的诞生》，杨晨光译，北京理工大学出版社 2014 年版，第 113 页。

2- [德] 奥斯瓦尔德·斯宾格勒：《西方的没落》，张兰平译，陕西师范大学出版社 2008 年版，第 329 页。

不会看出任何区别的。”[1]

18 世纪出现的机械学会，以极大的热情传播机械教义，传播做功的福音，宣传机器救世的理念。机器成为人们心目中的新上帝，或者新摩西——将野蛮的人类带进希望的未来。

在刘易斯·芒福德看来，机器一出现，就接管了过去被机械意识形态所忽视的一些生活领域，显示出机器的非凡意义。机器以整齐划一的美学模式，体现了凡勃伦的“精工意识”，瓦解了手工时代的个性和自然。

机器代替了柏拉图的正义、节欲和勇气，甚至取代了基督教有关感恩和赎罪的理想。人们相信，机器使这个世界更加完美，而一个理性的人自然也是最完美的机器。[2]

所谓自然科学，从一开始就不是“神学的婢女”，而是在技术上追求权力的意志的仆从。无论在理论上还是在实验中，它都指向一个目标，那就是实用的机械学。冥想的哲学不需要实验，但机械的浮士德却并非如此，它驱使人们从 12 世纪开始就进行机械制造，并使永恒的动力成为西方语境下的普罗米修斯神话。[3]

启蒙运动的一个重要话题，便是机器与机械。从某种意义上

1- ［德］奥斯瓦尔德·斯宾格勒：《西方的没落》，张兰平译，陕西师范大学出版社 2008 年版，第 179 页。

2- 可参阅［美］刘易斯·芒福德：《技术与文明》，陈允明、王克仁、李华山译，中国建筑工业出版社 2009 年版。

3- ［德］奥斯瓦尔德·斯宾格勒：《西方的没落》，张兰平译，陕西师范大学出版社 2008 年版，第 203 ~ 204 页。

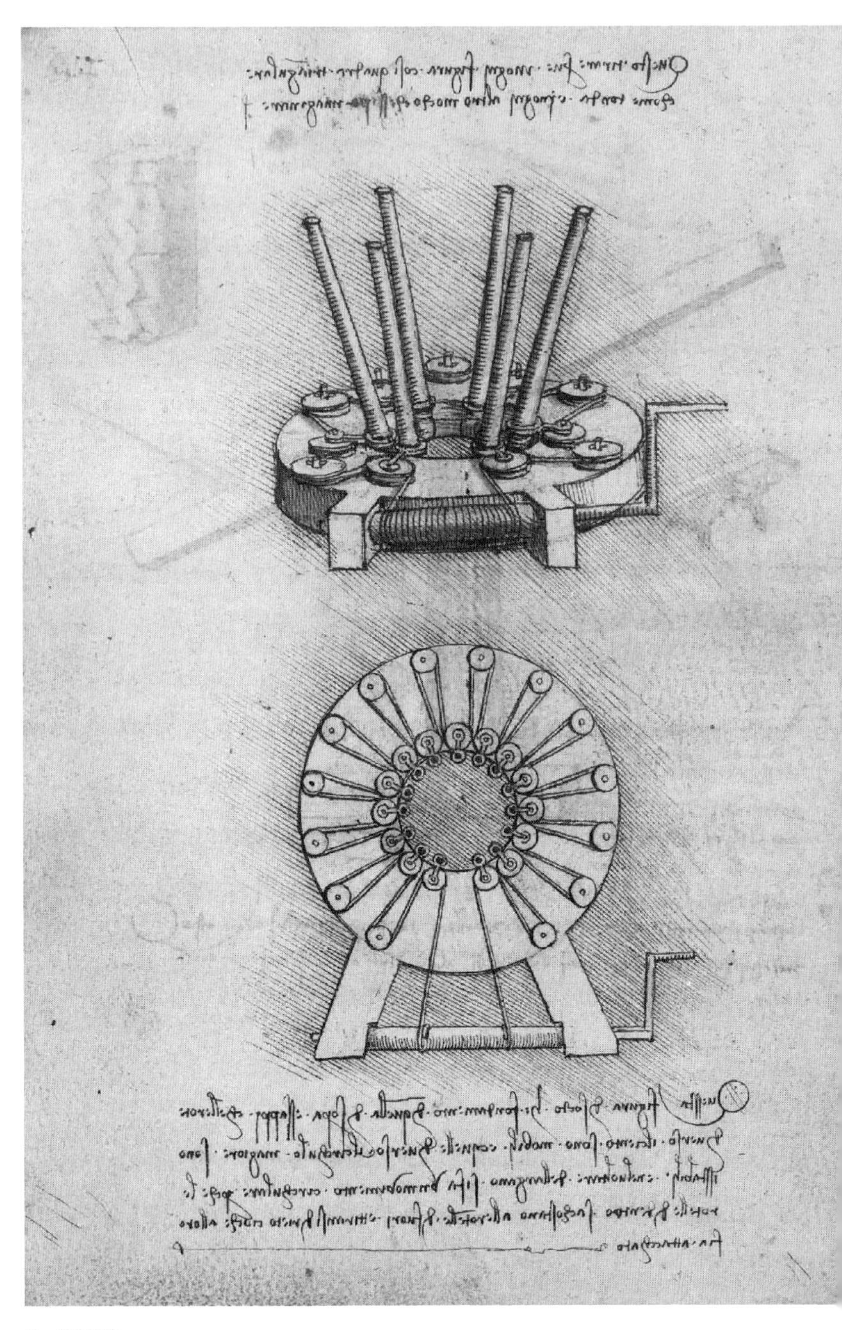

达 · 芬奇手稿

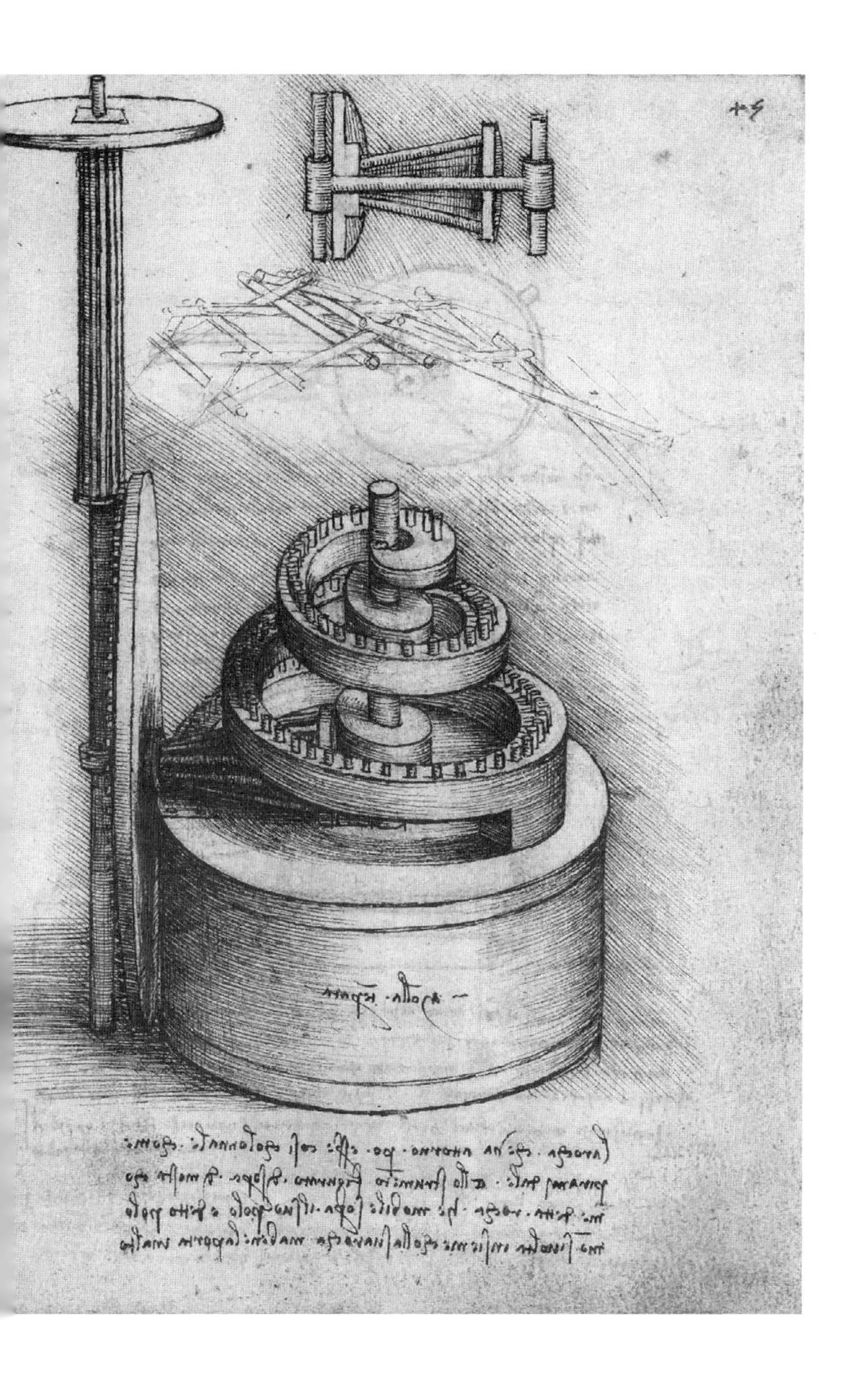

说，笛卡儿和狄德罗堪称生命机械论的鼻祖，他们已经生活在一个机械和机器的时代；这些机器的构件包括杠杆、弹簧和齿轮等，其运转原理可以从牛顿运动力学理论中找到解释。

人类发明机器，既是对自然和动物的模仿，也是对人自身的模仿，直到最后以机器取代自然、动物和人类本身。1829 年，托马斯·卡莱尔以“机器时代”命名这个轰轰烈烈的机械化运动。

追根溯源，机器时代之所以滥觞于欧洲，应当说是其来有自。

很久之前，罗吉尔·培根就设想，人们将制造出这样的机器：巨大的船只需一个人就能驾驶，其速度之高，即使水手成群都难以达到；战车不用动物来拉，但可以达到惊人的速度；飞行器像鸟一样，以其人造翅膀拍打空气，乘客可以舒适地坐在其中思考任何问题；将来，机器还可以在海底或河底行走，而无需船舶。[1] 以画家身份闻名的达·芬奇，曾经留下了一长串发明清单，几乎就是现代机器时代的一个提纲。[1]

这是一个前机器时代，也算得上是手工业的黄金时代。当时，西欧已经普遍出现了简单的旋床、钻床、磨床，以及拔丝机、轧延机、起重机，甚至还有 2 吨的重力锤，当时的机械制造就已经达到相当高的水平。

但当机械效率达到一定程度，动力源却成为一种无法逾越的瓶颈。

1-[英]查尔斯·辛格、E. J. 霍姆亚德、A. R. 霍尔等：《技术史》第三卷，高亮华、戴吾三等译，中国工人出版社 2021 年版，第 831 页。

拯救煤矿

狄德罗在《百科全书》中对“机器”一词的定义是：任何用以扩大和引导动力的事物。

机器并不能代表人类所有的发明，这些发明大致可以分为两类：一种是技巧性机器，它能快速、精确、规律、不知疲倦地取代人的技巧和力气，比如钟表、印刷机和纺织机；一种是动力性机器，以无生命动力源（例如水和煤）取代有生命的动力源（如牛和马），这里最值得注意的是将热转化为功的机器，它几乎能为人们提供无穷无尽的能量。另外，可媲美人类发明的是对新材料的发现，这意味着人类可以利用新的原料，主要是矿物，而它们储量丰富。

在传统经济中，人即使不是唯一的动力来源，也是主要的动力来源。人体肌肉的力量构成古代社会的主要动力。特别是在中国，因为人力资源廉价，人力成本远低于畜力甚至水力和风力成本。

人是一种很脆弱的动物，与很多动物相比，人类的身体并不强壮。一个人可以产生的持续动力只有 0.1 马力左右；在极短的时间内，或许可以达到 1 马力。可以说，古代社会的主要推动力，永远是人类那微不足道的 0.1 马力。

在传统时代，大工程并不太多，这往往需要无数人或者几代人的辛苦劳动。比如修建胡夫金字塔用了 10 万人 20 年之力；修建秦始皇陵则用了39年，“刑徒七十万，起土骊山隈”（李白《古诗五十九首·秦王扫六合》）。

在自然条件下，古人尽管使用了很多提高效率的工具和机器，但动力源本身依然是非常有限的。从18世纪开始，在棉花革命的带动下，造纸、榨油、印刷、制铁等行业的机器革命也迅速发展起来，但最后都遇到了动力瓶颈。

工作机革命必然向动力机革命迈进，一场动力和能源革命迫在眉睫。

相比古代中国而言，中世纪欧洲在动力技术上远远走在了前面。

在罗马帝国和中世纪前期，欧洲还有大量的划桨奴隶。但到了中世纪后期，风力、水力和畜力得到广泛使用。特别是风力和水力，为人们打开了制造动力机的思想源泉。这种动力远远大于人力和畜力。同时，这些原始的动力机大大锻炼了人们制造机器的创造力和工艺水平。

在中世纪，风力和水力驱动的磨坊里的磨粉机，几乎是众所周知的唯一一种工业机器。风力和水力属于自然动力，本身不需要成本，但缺点是受自然环境的限制。马力很早就用于矿井排水，但它几乎与人力一样昂贵。按照亚当·斯密的说法，养1匹马的成本，足以养活8个工人。

可以这样说，棉花革命完全是水力机时代的产物。不过，水力机迫使工厂不得不设在水流量大的河流旁边，工业因此被禁锢在边远的局部地区，这些地区一般交通都很不便。这个时期一直延续到19世纪初，才被蒸汽机时代取代。

纽科门蒸汽机给煤矿抽水的场景

一切机器的目的都是解放。如果说水力机解放了人力，那么蒸汽机就解除了地理限制，使工业获得了自由。

近代世界一个最大的特征就是在科学技术支持下的工业化。一个没有工业的农业社会只能是古代的。所谓工业，则起源于动力革命。

机械自古就有，如双手操作的织布机。这些机械属于手臂的延伸，离开人的双手，机械就不能转动。随着风力和水力的利用，出现了机械自动化的萌芽，因此布罗代尔认为这是最早的工业革命。但这种动力仍受到自然的制约，而蒸汽机则彻底将动力从自然状态解放了出来，因此成为动力革命。

从历史来看，经验往往比理论更早地出现。在火器和蒸汽机出现很久之后，人们仍然无法对其运作原理予以准确的解释。

事实上，枪炮与蒸汽机的原理非常接近。早期的加农炮就是一台单缸内燃机，它应该是人类历史上第一个有控制地将热能转变为动能的实例。但与煤炭相比，控制火药的难度无疑要大得多。

有趣的是，达·芬奇曾设想过一种蒸汽炮，即利用水蒸气来发射炮弹。惠更斯则设计过一台火药驱动的发动机，“这是一种不需要像饲养马匹那样花费大量保养费就能产生很大动力的装置”。

如果说大炮是火药的产物，那么蒸汽机完全是煤的产物。

1700 年前后，森林资源枯竭的英国不得不大量地使用煤炭作燃料。当时，大不列颠这个小岛是全世界最大的煤炭产地，每年总共可产煤 200 万吨，可能是世界上其他地区总产量的 5 倍。

虽然中国也很早就以煤为燃料，但中国的煤矿多位于地下水位较低的西部山区。从地理的分布上看，英国煤矿大部分位于海岸及河流（天然河流及运河）附近，这使得煤矿的地下水位普遍较高。因此，英国采煤业虽有运输便利的优势，也一直遭受透水问题的困扰，随着矿井越挖越深，排水就成为制约煤矿开采的严重问题。

起初，人们用马力转动辘轳来排水，一个煤矿常常养着几百匹马。马要吃草料，巨大的饲料耗费使排水费用居高不下，一些煤矿因此就失去了开采价值。

1705 年，为了解决矿井排水问题，英国人纽科门制成了实用的蒸汽机水泵。它利用水蒸气推动活塞做上下直线运动，每分钟往返 16 次；每往返一次，可将 45.5 升水提高 46.6 米。从 1712 年起，英国大部分煤矿都安装了纽科门蒸汽机。

蒸汽机的出现，给矿主们带来了丰厚的利润，这使深层煤矿也得以开采。对许多被地下水淹没的煤矿来说，蒸汽机堪称伟大的拯救者。

蒸汽机只需要水和煤，就可以提供巨大的动力。

对于被水淹困扰的煤矿来说，水和煤几乎都是免费的东西；但对远离煤矿的工厂来说，仍然难以承受蒸汽机对煤的巨大消耗。“发动机燃料消耗之巨大，严重制约了我们采矿的利润，因为任何一台大型火力引擎每年都要消耗价值3000英镑的煤。这好比对生产课以重税，简直就是一道禁令。”[1]

即使在煤矿，虽然煤是免费的，但供应蒸汽机运转的煤炭仍需要用马来运送。而且纽科门蒸汽机只能抽水，不能作为动力使用。将装满煤的篮筐从矿井中提升，仍需要用马力或者人力。对矿主来说，马的饲料依然是一笔不小的成本。

纽科门蒸汽机在诞生半个世纪之后，基本没有什么变化，直到瓦特的出现。

纽科门蒸汽机的工作原理很简单：水受热产生蒸汽，水变成水蒸气后，体积便会膨胀1600多倍。蒸汽推动气缸内的活塞升起，随后阀门关闭，低温冷却水使得气缸内的蒸汽冷凝，气缸进入真空状态，活塞随后被大气压压下，带动机器做上下反复运动。

瓦特是一名机械工，他在修理纽科门蒸汽机时，发现因为气缸被不断地加热和冷凝，只有25%的蒸汽被用来做功，大多数能量都被无谓地浪费了。他决定对此加以改进。

在当时，英国的煤矿工业是全欧洲最发达的。英国的煤炭产

1-［美］大卫·兰德斯：《解除束缚的普罗米修斯》，谢怀筑译，华夏出版社2007年版，第99页。

量占到整个欧洲产量的 80% 以上，这样庞大规模的煤炭产业给蒸汽机技术创造了极好的应用市场。由此可以知道，瓦特之所以愿意对纽科门蒸汽机进行改进，有一个重要的前提是，这种改进是可以赚钱的。这正像培根说的：“不做尝试的危险和失败的危险是不相等的。因为在前一种情况下我们将损失巨大的利益，而在第二种情况下，损失的只是一点人类劳动。”

瓦特改进后重新设计的蒸汽机，增加了一个与气缸分离的冷凝器，此外还需要进一步提高汽缸、活塞和其他零配件的加工精度，而要制造这些金属部件，必须有先进的金属加工设备、熟练的机械加工和装配工人；说白了，这一切都需要先投入不少钱。仅仅为试制一只冷凝器，瓦特就已经变卖了所有家当。

关键时候，工业家罗巴克向瓦特伸出援手，条件是获得瓦特的专利权和三分之二利润。不久，博尔顿接手了罗巴克的工作，他在给瓦特的信中写道：“我将为蒸汽机的诞生创造一切条件，我们将向全世界提供各种规格的发动机，您需要一位助产士来减轻负担，并且把您的产儿介绍给全世界。”

从后来的眼光来看，博尔顿的介入是瓦特成功的关键，他与瓦特进行商业合作这件事本身也具有非凡的历史意义。可以说，它开辟了科学研究和工业生产相结合的道路，同时也开创了最早的工业研发（R&D）实验室模式。

按照英国的法律制度，瓦特于 1769 年申请的专利只有 14 年期限，这可能造成用于发明的投资无法回本。后来，博尔顿和瓦特成功游说议会，将蒸汽机专利延长到了 1800 年。

瓦特与蒸汽机

从原理上来说，蒸汽机与火炮惊人地相似；或者说，蒸汽机就是火炮的变种。据说，发明钟摆的惠更斯就曾经试图制作一台火炮式的工作机。[2] 17世纪的一些科学家也都对蒸汽的力量非常感兴趣，像萨洛蒙·得·高斯、伽利略和托里拆利等，都曾做过不少相关研究和试验。

1685年，英国一位宫廷机械师专门给国王写信，分析蒸汽机的可能性——

> 如果用火来使水蒸发，那么产生的蒸汽就需要更多的空间，大约是水以前体积的2000倍。这时水蒸气就会把加热容器的盖子顶起来。如果此时把加热容器密封起来，产生的压力就会更大，可以用来推动机器。而这对人类来说是非常有用的。[1]

说起来，早在古希腊时代，希罗的《气动力学》中就记载了用

1-[德]彼得·马丁、布鲁诺·霍尔纳格：《资本战争：金钱游戏与投机泡沫的历史》，王音浩译，天津教育出版社2008年版，第90页。

蒸汽驱动“汽转球”的机械装置。希罗虽然没有发明蒸汽机，但他的确已经总结出了现代蒸汽机的科学原理。

虽然蒸汽机的原理早就已经为人所知，但将一种理论变成实用的机器，仍需要一个复杂的过程。比如活塞、轴承、螺旋线、联动齿轮及传动部件等，都离不开精密的科学计算、机械加工和装配。机械师的眼光不同于科学家，科学家关注原理，机械师则想将其变成现实，并加以利用。

瓦特的卓越贡献在于，他不仅率先将纯粹科学上常用的系统实验法应用到工业实践中，而且他能够综合别人的想法，并利用当时的最新技术，从而创造出一个极其复杂的机器。[1]

瓦特与发明飞梭的约翰·凯伊因此存在着明显的不同：凯伊只是一个木匠，而瓦特更像一个工程师或者科学家，他为此绘制了大量的图纸。

工具机与工程制图是制造蒸汽机过程中不可或缺的技术。前者是精密制造的工具，后者是技术人员之间的沟通工具。

1769年，在新合伙人博尔顿的资助下，瓦特制造出装有分离冷凝器的蒸汽机，这比纽科门蒸汽机的热效率高2倍。也就是说，同样工作量可以节约一半煤。

此时，瓦特蒸汽机仍跟纽科门蒸汽机一样，只能用于煤矿抽水。如何才能让它变成旋转运动，从而能够像过去的水车和风车

1- [英] 托马斯·S. 阿什顿：《工业革命：1760—1830》，李冠杰译，上海人民出版社2020年版，第77页。

瓦特蒸汽机

一样带动更多制造机器呢?

1781 年，瓦特公司的苏格兰工程师威廉·默多克发明了先进的“行星齿轮”传动系统，终于把活塞的往返直线运动转变为轮轴的旋转运动，这为其成为通用的动力机奠定了基础。自此，蒸汽机旋转的轮轴可以通过齿轮或链条，直接带动许多机器运转，比如纺纱机、鼓风机、冶铁机和冲压机等。

在此之前，也有人试图用纽科门蒸汽机来驱动轮子转动，唯一的方法就是先将水提升到一定高度，然后利用下落的水力来驱动轮子。但这种动力极其昂贵，需要消耗大量煤炭，往往得不偿失。

瓦特最看重的就是效率，如何用最少的煤获得最大的动力，这条路是没有止境的。

接下来，瓦特又研制成功双向高压蒸汽机，功效又提高了 1

倍。在蒸汽机效率相同的情况下，瓦特将每年的耗煤量从 1.9 吨减少到 0.6 吨。它可以为矿主们节约三分之二的燃料消耗，这使得不少之前因燃煤费用高昂而废弃的煤矿又重新开始运营。

与纽科门蒸汽机相比，瓦特蒸汽机更为显著地改变了英国。1750 年英国煤产量不到 48 万吨，1790 年猛增至 762 万吨，1795 年超过 1000 万吨。

事实上，瓦特蒸汽机与纽科门蒸汽机已经不是一回事儿：如果说纽科门蒸汽机只是一台煤矿专用的抽水机的话，那么瓦特蒸汽机就是一台通用的万能动力机，虽然它同样离不开煤。

从焦炭炼铁到蒸汽机出现，煤炭成为工业革命的基础因素，从这个意义上，这也是一场煤炭革命。借用一句话来说："煤炭革命释放了来自动植物化石遗体中的能量，改变了 19 世纪全球的物质能源文化，并且成了一个分界点，将世界分成了现代世界和现代之前的世界。"[1]

1776 年，当瓦特和伙伴博尔顿开始销售他们的"力量"（power）时，蒸汽机已经出现了整整 70 年，当时已经有 600 多台纽科门蒸汽机在运行。瓦特的贡献在于，他将蒸汽机的效率提高了 4 倍，并实现了圆周运动，这使建立在轮子之上的现代工业有了一个伟大的起点。

虽然瓦特的第一台蒸汽机只有 4.4 千瓦的功率，但与传统的纽

1- [美] 安东尼・N. 彭纳：《人类的足迹：一部地球环境的历史》，张新、王兆润译，电子工业出版社 2013 年版，第 2 页。

科门蒸汽机相比，它体积更小，耗煤量更低。20年后，瓦特蒸汽机的功率已经提高到140千瓦。

著名陶瓷商韦奇伍德和瓦特、博尔顿都是“月光社”的活跃分子，他率先使用蒸汽机进行原料研磨和搅拌，成为瓦特蒸汽机的第一个用户。[3]

到1800年，已有500台瓦特蒸汽机在工作，其中38%的蒸汽机用于抽水，其余的用于为纺织厂、炼铁炉、面粉厂和其他工业提供旋转式动力。

瓦特不仅极具发明创造的天赋，而且善于精打细算。这种对经济价值的追求，充分体现了现代的技术理性。他在以第三人称口吻撰写的“自传”中说：“他的脑海中始终萦绕着，如何才能制造一台既便宜又优良的发动机。”

瓦特不仅发明了蒸汽机原型，还摸索出一套对蒸汽机进行量产的工序，将它应用于博尔顿工厂。瓦特亲自对工人进行培训，将生产过程细化，每个工人只负责一个工序，从而实现了一定程度的流水化作业。

1790年，博尔顿－瓦特公司获得了蒸汽造币机的专利。在很短的时间内，蒸汽机就在世界范围内迅速改写了货币的定义。英国政府、东印度公司和许多外国政府都开始大量采用这种高效精准的硬币压印设备。

1785年，英国出现了第一家以蒸汽为动力的棉纺厂；50年后，钢铁的蒸汽机全面取代了木制水车。1813年，英国有2400台动力织布机，1820年有1.4万台，到了1833年，增长为10万台。

蒸汽机的出现，将纺织机催生的工业革命带向了更完美的境界，纺织业成为第一个因蒸汽机而走向商业化和工业化的产业。

早在1800年，一台由蒸汽机驱动的走锭纺纱机的效率就与300个工人相当。1844年，《国家的贫困》一书中写道："一台100匹马力的蒸汽机带动5万个日产62500英里的细棉线的纱锭。在这种工厂中，1000个工人纺出的棉线相当于不使用机器的25万个工人所纺出的棉线。"[1]

从1790年起，博尔顿和瓦特制造了一系列4—30马力和36—100马力的蒸汽机，其中20马力蒸汽机是最常用的。当时有人将蒸汽机与马进行了有趣的对比：

"一匹马一天的工作等于5～6个人一天的工作，一匹骡子的力气等于3～4个人的力气。喂养一匹马一天的花费通常是雇一个人一天花费的2～3倍，因此，可以把马力成本估算为人力成本的一半。……根据博尔顿先生的权威意见，1蒲式耳（84磅）[4]的煤，相当于$8\frac{1}{3}$个人一天的劳动，也许还要更多些；这些煤的价钱很少会大于1个工人一天的工资，但是开动一台蒸汽机的花费通常为这台机器所代替的马的花费的一半多一点。"[2]

在蒸汽机出现之前，人类社会一直受制于自身的力量。一个成年人的平均负重能力约为20公斤，而马的负重能力可达到100公斤。人类驯化马之后，可支配的力量提升了四五倍，马力也因

1-［英］赛·兰格：《国家的贫困》，转引自［德］马克思：《马克思恩格斯全集》第四十七卷，人民出版社1979年版，第371页。

2-［英］查尔斯·辛格、E. J. 霍姆亚德、A. R. 霍尔等：《技术史》第四卷，辛元欧、刘兵等译，中国工人出版社2021年版，第112页。

此被用作机械功率的单位。瓦特通过测算后规定，一匹马在1分钟内把33000磅的重物升高1英尺，这匹马的功率为1马力（英制）。[5]

一台风车的功率最大不过5马力，水车的功率更只有区区2马力；相比之下，蒸汽机的功率要大得多。一台博尔顿－瓦特公司制造的60匹马力的蒸汽机，每天工作8小时，一年的花费仅为1565英镑，约为同一时间内养一匹马的费用的五分之一；也就是说，同样成本下，蒸汽机的效率是马的300倍。

有人对当时英国的采煤业做过计算，一磅优质烟煤蕴含3500大卡的热量。一个矿工如果摄入3500大卡的食物热量，用手工工具一天可以挖出500磅煤；一部纽科门蒸汽机如果只把1%的热能转化为机械能，500磅煤就可以做27马力时的功，而一个矿工一天只能做1马力时的功。也就是说，一个人可以借助蒸汽机，将自己的功率放大27倍。而且，蒸汽机永远不需要休息，而一个人或一匹马在一天里，真正的工作时间很难超过8小时。

瓦特蒸汽机不仅使煤炭成本进一步降低，也让使用蒸汽机作为动力的工厂大大降低了燃料支出，促使产品成本大减。这一方面增强了英国产品的国际竞争力，另一方面也使工人工资有了进一步提高的空间。

考里斯进行曲

18 世纪末 19 世纪初，历史来到一个重要的节点。从这里开始，人类逐渐摆脱长期来自人口数量、食物供给、长途迁移和劳动产量等方面的限制，蒸汽机成为第一个革命性的突破口。

毫无疑问，蒸汽机是英国献给 18 世纪人类世界的最伟大礼物。1818 年，美国国务卿丹尼尔·韦伯斯特在波士顿力学研究中心发表演讲，如此赞颂伟大的蒸汽机——

> 它可以开船、抽水、挖掘、载物、拖曳、举物、锤打、织布、印刷。它仿佛一个人，至少属于工匠阶级："停止你的体力劳动，终止你的肉体苦力，把你的技能与理智用来引导我拉动力，我将承担这所有辛劳。不再有任何人的肌肉感到疲惫，不再有任何人需要休息，不再有任何人会感到上气不接下气。"[1]

1807 年，英国议会通过了废除奴隶贸易法案；与此同时，全世界最大的工厂建筑群也在曼彻斯特的安科茨落成，这些工厂都靠

1- [美] 阿尔弗雷德·克劳士比：《人类能源史：危机与希望》，王正林、王权译，中国青年出版社 2009 年版，第 105 页。

内史密斯蒸汽锤

蒸汽机提供动力，并用煤气照明。

从历史的角度看，奴隶获得解放与蒸汽机诞生，这二者之间存在着某种内在联系。

作为机械论的鼻祖，牛顿找到了开启工业革命的钥匙，而瓦特则拿着这把钥匙开启了工业革命的大门。

瓦特的成功不仅是技术的胜利，也为人类带来了一种新的动力来源。更重要的是，他掌握了新的方法论——机械思维。在瓦特之后，机械思维在欧洲开始普及，工匠们发明了解决各种问题的机械。从此，世界进入了以蒸汽为动力的机械时代。

作为一种核心技术，瓦特蒸汽机成为工业革命的引擎。这种不可抗拒的力量进入煤矿、铁矿、纺织、冶金、机械等各种新兴行业，在世界范围内掀起了一场工业大革命。

一切都那么惊世骇俗。

瓦特蒸汽机的非凡意义在于，第一次通过人造机器，热能被转换为机械能。从此以后，来自木材和煤炭的火，不仅可以用于加热和照明，也可以用于抽水、提升重物、移动物体或驱动机器。人类第一次获得了一种比风力、水力和畜力更加强大，也更加可控的动力。

在滑铁卢打败拿破仑的惠灵顿被称为“世界征服者的征服者”，屡屡击败法国海军的纳尔逊堪称英国海军之魂，而 1835 年的一位英国作家赞扬道：“英国之所以能够称霸世界，阿克赖特和瓦特的功劳比纳尔逊和惠灵顿更大。”[1]

瓦特蒸汽机掀起了工业革命的浪潮，并成为自 300 年前谷登堡掀起印刷革命以来最为重要的技术革新。

也许只有蒸汽机的发明可以和火的使用相提并论，蒸汽机将火变成“力”，根本改变了人类在自然界的地位。当人们不再靠着自身和家畜肌肉收缩的微薄力量从事生产活动，并且变得越来越“力大无穷”时，他们征服自然的雄心和创造财富的激情便与日俱增。

1836 年的一本普及蒸汽机知识的小册子中写道：

1-［英］梅尔文·布莱格：《改变世界的 12 本书》，何湾岚译，中华书局 2010 年版，第 183 页。

在克伦威尔士诞生了一台蒸汽机，据说这台蒸汽机只需要燃烧一蒲式耳（约合 36.37 升）的煤……便可以把 56.7 万吨的重物举高 30 厘米。埃及的金字塔重 580 万吨，为修建它耗费了 10 万个劳力 20 年的时间，而现在只需要燃烧 497 吨煤，竟然就可以把它举起来。[1]

正如恩格斯所言，蒸汽机是第一个真正的国际发明。不仅如此，蒸汽机的生命力远比人们想象的更长久。

进入电力时代之后，蒸汽机逐渐退出历史舞台，但作为电力主要来源的火力发电，其实仍然使用的是蒸汽机原理，即汽轮机。即使更先进的核能发电也是如此。它以核反应堆产生的热能加热水来产生蒸汽，从而推动汽轮发电机。

在蒸汽机的轰鸣声中，工业革命的大幕徐徐拉开。

1851 年的伦敦首届世博会可以说是一场机器奥运会，蒸汽机则是当仁不让的第一主角。琳琅满目的蒸汽机与水晶宫相映生辉。8 个锅炉共 800 马力，通过地下管道，将高压蒸汽送到机械展览区。最新式的蒸汽锤和水压机、起重机、纺织机、印刷机、脱粒机、信封机、车床、圆锯，等等，在蒸汽机的驱动下大显身手。齿轮的铿锵和皮带的节奏汇合成工业时代的旋律。

在瓦特蒸汽机诞生 100 年后，1876 年的费城世博会完全成了

1- [美] 约翰 · H. 立恩哈德：《智慧的动力》，刘晶、肖美玲、燕丽勤译，湖南科学技术出版社 2004 年版，第 174 页。

蒸汽机博览会。美国工程师考里斯制造了当时世界最大的蒸汽机，功率 1400 马力，重 56 吨，双汽缸高 14 米，巨型飞轮直径达 9.1 米。5 月 10 日，当时的美国总统格兰特用手柄启动了这个庞然大物，宣告世博会开幕——刹那间，所有的机器一起“醒来”，它们的能量全部都来自这台蒸汽机。

在 6 个月的世博会期间，考里斯蒸汽机成为机械馆的“心脏”和世博会的“火炬”，甚至有位音乐家专门谱写了《考里斯进行曲》。

两年后的巴黎世博会上，法国施耐德钢铁公司制造了一台硕大无朋的蒸汽锤，高 20 米，仅铁砧就重达 320 吨。这是自古以来力气最大的“铁匠”，一锤砸下去有 100 吨力。

1904 年圣路易斯世博会正值蒸汽机的鼎盛时期。“巨人如林”的蒸汽机群每天烧煤 500 吨，消耗水 62 万吨，而当时整个圣路易斯城的用水量也不过 24 万吨。

当时，天才巴贝奇还试图发明一种由蒸汽机驱动的计算机。按他的设想，如果能够设计一种蒸汽机来执行计算，那就太方便了。

创新是一种连锁反应，创新出现以后，往往会孕育出新的创新。在那个狂热的时代，人们相信蒸汽机无所不能。

文明的引擎

每个人都活在历史中，只有少数人在创造历史。就像人们会忘记历史一样，这些创造历史的人也不知道自己正在创造历史。

1776年，亚当·斯密的《国富论》正式出版，现代经济学由此诞生。斯密认识瓦特，也知道他在发明新式蒸汽机，但他并未将他这个好友的制造成果放在心上。实际上，正是蒸汽机、铁路、轮船等最新成果所引起的工业革命和大规模生产，改变了世界经济格局和欧洲社会，让现代经济学成为一门主流学科。

进入蒸汽机时代后，从新工厂传来的机器的嘈杂声，打破了几千年来乡村的宁静，整个英国的夜空都被火炉发出的火光映得通红。

从前，人们看见教堂的尖顶时，就知道离城市不远了。这时，最先映入眼帘的是高大的烟囱，没有其他任何东西比熔炉顶端不断冒出的黄色火焰更壮丽、更惊人。

在1850年的美国，风力提供了14亿马力，水力提供了9亿马力，烧煤的蒸汽机只提供了4亿马力。到了1890年，这个能量比例发生逆转，蒸汽机占据了90%的绝对比例。40年时间，蒸汽机迅速取代了水车和风车，瓦特成为摧毁风车的真正的堂吉诃德。

1800年，瓦特的专利到期，蒸汽机的研究创新获得解放。在瓦特蒸汽机基础上，理查德·特里维西克发明的高压蒸汽机，是蒸汽机的又一次革命，原先笨重的蒸汽机，尺寸进一步缩小，性能有很大提高，燃料消耗更低。高压发动机以最小的体积，实现了最大的工作性能，这一成就使得蒸汽机得以应用到移动的环境中。[6]

蒸汽机不仅取代了水车和风车，也取代了马、牛，甚至人，承担了大量的牵引、挖掘、起重、运输、钻探、消防等任务。有了蒸汽机提供的无穷动力，奴隶劳动力（还有畜力、风力和水力）就变得不经济了，用一位经济学家的说法，资本主义消灭了奴隶制。西方殖民者不再使用黑人的肌肉力量，因为他们找到了蕴藏于地壳中的无限能量。

这是人类自从“发明”火以来最大的一次跳跃。数万年来，人类文明从未出现过如此剧烈的转折和提速。

大片的荒野变成了被开垦的处女地，布法罗草原化为美国的早餐。收割机、脱粒机、轧花机纷纷来到了田头地角。巨大的能量让人事半功倍，人口数量随之迅速增长，其幅度之大，是以前任何时候所没有的。

1483 年，英国只有 500 万人；经过将近 3 个世纪的发展，总人口才达到 900 万。工业文明带来财富的剧增，英国人口在 19 世纪的上半叶翻了一番，达到 2400 万，而且 60% 的人都生活在城市。

根据经济史学家霍布斯鲍姆估计，从 1850 年到 1870 年，世界蒸汽动力从 400 万马力猛增到 1850 万马力。1870 年，英国人口只有 3100 万，但却燃烧了整整 1 亿吨煤；这相当于 800 万亿大卡的热量，足以供养 8.5 亿成年男人；全英国的蒸汽机的动力约为 400

关于蒸汽机的漫画

万马力，这相当于 4000 万名成年男子所能产生的力；这样多的人一年会吃掉 3.2 亿蒲式耳的小麦，这比整个英国粮食年产量的 3 倍还要多。

在朴次茅斯的造船厂，由 30 马力蒸汽机驱动的 43 台机器，每年可以为英国皇家海军制造 13 万套标准滑轮组。

19 世纪初，法国人萨蒂·卡诺在观察了一台正在运转的蒸汽机后断言，如果今天把英国的蒸汽机拿走，就相当于抢走了英国的钢铁和煤炭，抽干了它的财富源泉，毁灭了它实现繁荣的手段和力量。

英吉利海峡挡不住蒸汽机的力量，法国跟随英国的脚步，很快就追赶了上来。如果说 1 蒸汽马力等量相当于 21 名工人，那么法国在 1840 年就拥有 100 万“最冷静、最善良、最不知疲倦的真正的奴隶”。不到 40 年，这一数字几乎增加了 100 倍。也就是说，每个法国人平均拥有 2.5 个奴隶。当然，英国人均拥有的更多。

关于蒸汽机对英国的历史意义，房龙有过这样的对比——

> 一个几乎寸草不生、依赖有限耕地的国家，一个从未有过足够布匹、不能给自己的国民提供一件外衣和一条马裤的国家，一个没有足够的咖啡壶和平底锅，且不能让每个男人、女人、孩子用上自己的刀叉和盘子吃饭的国家——一个如此贫困的国家却迅速地进入了一个繁荣的时代。[1]

蒸汽机这种无生命的动力源，使工业完全突破了人类生物学的限制，其提高生产力和增加财富的速度惊人；人类彻底摆脱了马尔萨斯陷阱[7]，再也用不着屈服于迅速增长的人口压力。

瓦特蒸汽机导致当时西欧和北美洲每人可得到的能量，分别为亚洲的 11.5 倍和 29 倍。到 1888 年，英国拥有的蒸汽机动力翻了一番，达到 920 万马力，而美国更是达到 1440 万马力。

在传统时代的欧亚大陆，北方游牧民族因为拥有巨大的马力，在战场上常常能够以少胜多，凌驾于缺少马力的南方农耕民族之上。进入蒸汽机时代后，西方工业国家对其他农业民族产生了类似的力量优势，只不过从马力变成了蒸汽力。

面对现代蒸汽机，那些传统的游牧民族也显得脆弱不堪。斯塔夫里阿诺斯说："19 世纪欧洲对世界的支配，与其说是以其他任何一种手段或力量为基础，不如说是以蒸汽机为基础。"[2]

1- [美] 房龙：《船：航海的历史》，李鸣译，天地出版社 2013 年版，第 227 页。

2- [美] 斯塔夫里阿诺斯：《全球通史：从史前史到 21 世纪》，吴象婴、梁赤民、董书慧等译，北京大学出版社 2012 年版，第 493 页。

现代的火车头

蒸汽机诞生之后，煤和铁成为这个时代最显赫的商品。接下来，铁路将这两种商品整合在一起，从而产生了不可思议的奇迹。

对此，马克思称之为“世界的加冕式”。恩格斯设问：“英国发明了蒸汽机；英国修筑了铁路；而这两件东西，我们认为，却抵得上一大堆思想。可是英国发明这些东西是为了自己还是为了全世界呢？”[1]

早期的铁路基本都是用马拉动车厢在木轨上行驶的。蒸汽机对马的替代、钢铁对木材的替代，最终演变为火车和铁路。

瓦特改良蒸汽机之后，便迷上了“公路蒸汽机车”，设想用蒸汽代替畜力，来驱动车辆行驶。1801 年圣诞夜，英国人特里维西克的“喷气怪物”标志着蒸汽机车的诞生——一台用来驱动轧钢机的蒸汽机被装上了轮子，然后牵引着 5 节车厢，装载着 70 名乘客和 10 吨铁，以 8 千米 / 小时的速度行驶在普通路面上。1804 年 2 月，特里维西克设计制造出了世界第一台实用性轮轨蒸汽机车。

1829 年 10 月，史蒂芬森因为行驶在铁道上的“火箭号”的成

1- [德] 恩格斯：《法国的改革运动》，载《马克思恩格斯全集》第四十二卷，人民出版社 1979 年版，第 393 页。

功，而成为“现代火车之父”。

在钢铁轨道上运行的钢铁车轮，由蒸汽动力机车牵引，车辆的承载量比马车高 10 倍，乘客人数比马车多几十倍。这种成本与距离之间等式的重新演算，直接改变了人们的生活方式，以及经济和社会格局。可以说，蒸汽机为人类装配了“文明前进的火车头”。

“在 19 世纪，除了铁路，再没有什么东西能作为现代性更生动、更引人注目的标志了。”[1]

19 世纪中叶一位普鲁士作家写道：“浪漫主义在地球上的使命已经终结，铁路的时代来临了。”诗人海涅在火车上写下这样一句诗：“空间被铁路所杀死，而我们则独自留在时间里……”

为了将利物浦码头的棉花尽快运往曼彻斯特的棉纺厂，一条 31 公里的铁路很快就铺好了。在第一年里，除了货物，它还运送了 50 万人次的旅客。

从 1825 年铁路正式通车开始，英国运河运费便从每吨货物 15 英镑下降为 10 英镑；与运河相比，铁路更加准确、迅速、可靠。到 1840 年，蒸汽火车已经将英国的主要城市连接起来，每英里年运送货物的能力超过运河 55 倍。

与此同时，陆运费用也大幅骤降，火车的运费只有马车的八分之一，而且速度要快好几倍。

随着廉价车票的出现，仅仅 1845 年一年，就有 4800 万人次的

1- [德] 沃尔夫冈・希弗尔布施：《铁道之旅：19 世纪空间与时间的工业化》，金毅译，上海人民出版社 2018 年版，序言第 1 页。

乘客经由英国铁路来往各地。在火车出现之前，人们一般不会离开自己的家或村子太远。有人说，英国人对自己的国家就像对月球一样缺乏认知，很多人甚至没有见过大海。火车带来的旅行潮流，改变了这一切。

火车打破了古老的田园牧歌，带来了旅行和城市化，增强了人们在更大范围内的流动性，创造了一个充斥着陌生人的社会。现代法治与官僚体系也因之出现，以支持远近诸地陌生人之间的经济、社会和政治关系。因此可以说，英国是第一个迈进现代社会的国家。

火车像钟表一样准确运行，它比钟表更有力地实现了时间的统一，同时也使时间成为现代生活的大纲。铁路所到之处，便会复制一系列大同小异的城市，它们以火车站为中心，形成相似的街道和建筑，流行相似的文化与时尚。

1845 年英国政府颁布法令，规定铁路的标准轨距为 4 英尺 8.5 英寸，即 1435 毫米，这个英国标准后来成为世界标准。随着铁路网的延伸，格林尼治标准时间也理所当然地成为世界标准时间。英国通过铁路这种媒介，建立了一种全新的世界秩序，这就是现代文明的“火车头”。

铁路一旦达到一定的规模，就会发生决定性的改变，其革命性的价值才得以体现。1800 年，伦敦到曼彻斯特之间的往返车票是 3 英镑 10 先令；50 年后，火车更快了，票价却只有 5 先令，仅为当年的十四分之一。1855 年，英国的铁路里程已经达到 12800 公里，火车票价下降到从前的十分之一，人们的出行成本大大降低。

蒸汽火车

火车不像马车那么颠簸，这让死板的英国绅士可以选择用读书来避免与陌生人的眼神接触。这甚至改变了他们的阅读习惯。

在火车出现之前，一本精装书售价1英镑，这相当于一个普通工人一个多月的工资；出版商威廉·亨利·史密斯将书价降到2先令以内，只有从前的十分之一。1848年，威廉在尤斯顿火车站开设了他的第一家铁路书店，并在15年内发展到500家。铁路使图书第一次实现了网络化销售。从此以后，书籍成为英国人在火车旅行中必不可少的伴侣。

如果说商业是工业化英国的血液，那么铁路就是英国的动脉和静脉。打个比方，铁路对于大英帝国的意义，就如同罗马大道对于罗马帝国。对整个运输经济史来说，怎么高估铁路的影响都不过分。

铁路引发了技术和组织的重大变革，铁路建设不仅刺激了经济的发展，也完全改写了陆地的面貌。火车拉响了工业文明的汽笛，由此对人类带来的震撼前所未有。列宁在《帝国主义是资本主义的最高阶段》序言中写道："铁路是资本主义工业最主要的部门即煤炭和钢铁工业的结果，是世界贸易与资产阶级民主文明发展的结果和最显著的标志。"[1]

铁路与火车成为人类命运的象征，历史如同火车这个钢铁巨兽身下冰冷的铁轨，伸向无穷的远方。

一位历史学家说：铁路的路堑、桥梁和车站已形成了公共建筑群，相比之下，埃及的金字塔、古罗马的引水渠甚至中国的长城都显得黯然失色，流于一种乡土气。作为历史上推动经济起飞的最强有力的单一因素，铁路无疑是人类经由技术而取得巨大胜利的标志。[2]

从经济角度来说，建设铁路需要巨大开支并不是坏处，反而是一种优势，这极大地带动了工业的兴起，以及资本的流动。

1- [苏] 列宁：《帝国主义是资本主义的最高阶段》，载《列宁选集》第二卷，人民出版社 2012 年版，第 578 页。

2- 可参阅 [英] 艾瑞克·霍布斯鲍姆：《革命的年代：1789 ~ 1848》，王章辉等译，中信出版社 2014 年版，第 54 页。

铁路构建起一个前所未有的网络，在某种意义上促成了罗斯柴尔德家族的金融帝国崛起。另外一位伦敦银行家则对铁路忧心忡忡："这让我们的职员有可能监守自盗，然后以每小时30多公里的速度逃往利物浦，再从那里逃往美国。"

与英国相比，火车对美国、德国、西班牙和俄罗斯等这些大陆国家来说，显得更具革命性。它们不约而同地将铁路视为国家整合的手段——"铁路是工会、社会和国家统一的黏合剂"。

在德国，铁路推动的长途贸易迫使各个城邦不得不降低关税，德意志联邦走向统一。到1871年，39个联邦被铁路连为一体。铁路带来的廉价运输也使德国放弃了传统的木炭炼铁，转用煤炭。普鲁士国王威廉四世在柏林—波茨坦铁路通车典礼上宣称："人的臂膀再也无法阻挡这个驶向全世界的列车。"

虽然穷人可以与亲王同乘一趟列车，并由同一台蒸汽机驱动，但这并不能掩盖列车座位被分为普通和特等这个事实。在某种程度上，铁路不仅通过界定新的差别待遇，为等级制度的继续存在推波助澜，同时它也使得了工人阶级的队伍迅速扩大。

在火车和铁路出现之前，海上交通缔造了西方殖民帝国，铁路将历史变革进一步推向无远弗届的内陆深处。法国利用火车控制了辽阔的非洲殖民地，正如英国在印度所做的。20世纪初，亚洲80%的铁路在印度，印度铁路基本成为英国殖民掠夺的工具。[8] 1904年，胶济铁路建成通车，德国驻上海领事宣称："盖我铁路所至之处，即我占地之所及之处。"

作为强大的帝国工具，从印度到阿富汗，铁路的使用使镇压的

移民在美国工业发展中发挥了巨大的作用，图为他们在铺设铁轨的场景

军队得以迅速集结，并运往殖民地。[9]就在马克思和恩格斯发表《共产党宣言》的1848年，普鲁士利用铁路在各城市间运送军队，成功镇压了反抗者的起义。

孤立主义的西班牙接受了火车，但却拒绝了标准轨距。

托尔斯泰认为，火车是魔鬼的发明。在他的笔下，安娜·卡列尼娜卧轨自杀，而托翁本人后来也是孤寂地死于一个小火车站。

俄罗斯将西伯利亚大铁路视为代表中央集权的军事和政治工程，彼得格勒到莫斯科的铁路在1851年通车，但所有乘客都必须接受警察的盘问和检查，没有通行证的平民被排除在外。

1907年，一个俄罗斯农民说："以前，大家对于沙皇既敬仰又恐惧，现在敬仰没了，只剩下恐惧。"10年之后的1917年4月10日，列宁乘坐火车秘密返回彼得格勒，这是一次改变历史的旅行。茨威格在《人类的群星闪耀时》中充满激情地写道：

当列车驶进彼得格勒的芬兰火车站时，车站前的广场上已经挤满成千上万的工人和来保护他的带着各种武器的卫队，他们正在等候这位流亡归来的人。《国际歌》骤然而起，当弗拉基米尔·伊里奇·乌里扬诺夫走出车站时，这个昨天还住在修鞋匠家里的人，已经被千百双手抓住，并把他高举到一辆装甲车上，探照灯从楼房和要塞射来，光线集中在他身上。他就在这辆装甲车上向人民发表了他的第一篇演说。大街小巷都在震动，不久之后，“震撼世界的十天”开始了。这一炮，击中和摧毁了一个帝国、一个世界。[1]

1-［奥］斯蒂芬·茨威格：《人类的群星闪耀时：十四篇历史特写》，舒昌善译，生活·读书·新知三联书店2009年版，第334～335页。

运输的革命

1828年7月4日，作为唯一一位健在的《独立宣言》签字者，查尔斯·卡罗尔参加了巴尔的摩—俄亥俄铁路奠基仪式，他说："这是我一生中最重要的事情之一，仅次于在《独立宣言》上签字。"[1]

美国第一条铁路于1830年5月24日建成通车，此后一发不可收，不到20年时间铁路通车里程数便达到15000公里，超过了英国铁路总里程数，1870年更是达到了48000公里。此前一年，横穿美国大陆的太平洋铁路也已经建成。[10]

铁路带来的变化堪称立竿见影。从纽约到芝加哥的旅途时间从以前的三周减少到三天。美国原有的300多个时区在铁路时代变成4个时区，新编的铁路运输时刻表以分钟计算，人们可以精确地预测火车行程，这是马车时代所无法想象的。

这种新型交通运输方式全面提升了整个美国经济的生产效率。铁路运输使地面运输的单位成本出现巨幅下降：1890年，铁路将1吨货物运输1英里的成本仅为0.875美分，而用马车将1吨货物运

1-［英］克里斯蒂安·沃尔玛尔：《铁路改变世界》，刘媺译，上海人民出版社2014年版，第10页。

输1英里的成本为24.5美分，这相当于成本下降了96%。依托铁路，粮食先从美国大草原，后来从加拿大大草原，再后来又从阿根廷潘帕斯大草原源源不断而来，造成了整个欧洲的农业大衰退。[11]

1875年时，全世界有6.2万辆火车头，11.2万节乘客车厢，共运载了13.71亿人次旅客和7.15亿吨货物；1882年时，乘坐火车旅行的人已经达到20亿人次。在19世纪后半叶到20世纪初，铁路成为许多刚刚开始工业化的传统国家的经济支柱，几乎全世界都沉迷在铁路狂潮之中。

中国在这场铁路狂潮中也无法置身事外。日本与俄国为了争夺修建“满洲铁路”的权力发生战争；大清王朝出卖川汉、粤汉铁路修筑权，从而引发了辛亥革命。

军事家常说“兵马未动，粮草先行”，运输的效率直接决定着战争的胜败。

火车头的机械动力从根本上超越了过去陆上运输的限制。火车走100公里，比木轮大车走10公里还容易。一列火车的装载能力，抵得上几千辆马拉大车。铁路能从千里之外运送给养，让一支几十万人的军队长期作战，远不是马车所能媲美的。

对美国来说，铁路是工业的北方与农耕的南方之间巨大差距的最好象征。铁路刚刚诞生，就已经决定了美国内战的结局——北方拥有2.1万英里的铁路，而南方只有7000英里。可以这样理解，北方通过蒸汽机轮子凝聚起来的力量，是南方的三倍。[12]

在普奥战争中，普军总参谋长毛奇将铁路视为胜利的关键，

“不要再建城堡了，要多建铁路”[1]。此后不久的普法战争几乎就是一场铁路战争，28万普军在18天内被运至前线。在毛奇的指挥下，普鲁士只用了3个星期就打败了奥地利，只用了6个星期就生擒了拿破仑三世。

在第一次世界大战中，德军动用20800车次列车，往西线运送了200万军队；法国也征用了上万车次的列车。当时还研制出能一次运送1000人的火车；为了更便捷地向前线输送人员与弹药，甚至从营房到战壕都铺设了临时铁轨。

铁路促进了军队的快速部署和后勤补给，可以在更短的时间内集结更多的军队，战争的规模突然间被放大了，伤亡人数急剧增加，战火蔓延到更广阔的地方。富勒就说，真正“全国皆兵”制的始祖不是拿破仑或克劳塞维茨，而是史蒂芬森。

在铁路的主导下，一场局部战争往往会很快失控，变成一场全面战争，甚至是世界大战。可以说，铁路为两次世界大战铺设了道路。“第一次世界大战的爆发……起因是递交到欧洲政治家们手里的列车时刻表。在铁路时代，谁都没料到它会成为重中之重。”[2]

法国将军福煦说：“一个新的时代已经开始了。这是一个民族主义战争的时代。这种战争是疯狂的，因为它注定会把国家的一切资源都耗尽。”讽刺的是，第一次世界大战的胜利结束和第二次世界大战中法国惨败，法国和德国签字停战，竟然在同一节列车车

1-[美]迈克尔·怀特：《战争的果实：军事冲突如何加速科技创新》，陆欣渝译，生活·读书·新知三联书店2009年版，第146页。

2-同上书，第148页。

厢里进行，这节著名的车厢被命名为“福煦车厢”。[13]

布罗代尔说，在古代帝国的治理中，距离始终是中央集权最大的障碍，甚至是一个无法克服的障碍。波斯帝国如此，秦汉王朝也如此，后来的罗马帝国更如此。真正的中央集权的实现，需要等到近代工业革命，交通和通信条件获得大幅度改善之后，才成为可能。

19世纪80年代，中法战争使清政府认识到铁路的战略价值。“法、越事起，以运输不便，军事几败。事平，执政者始知铁路关系军事至要。”[1]

在提高战争效率的同时，火车也减轻了饥荒灾难的严重程度。光绪初期的《申报》就直言：“中国近年西北各省旱灾，惟直、东两省不致人相食者，因有轮船故也。其余各省民皆困苦，人有相食者矣，若使向无轮船之处皆有铁路，可用火车运粮前往，何至穷困若此？”[2]

稍晚到中国陕西赈灾的美国人尼科尔斯也认为，修建铁路是“陕西避免发生饥荒的唯一方法”。[14]陇海铁路关中段直到1936年才通车，1929年“年馑”时，数百万关中饥民只能坐以待毙；1942年河南大饥荒时，火车将数百万饥民送到关中。

铁路时代的到来，不仅救民于水火，也带来大规模的移民浪

1-赵尔巽等：《清史稿》，中华书局1977年版，第4429页。

2-《再论铁路火车》，载《申报》1877年10月29日，第1692号，第1页，转引自何汉威：《光绪初年（1876—1879）华北的大旱灾》，香港中文大学出版社1980年版，第146页。

晚清科普杂志《中西见闻录》中描绘火车上路的场景

潮，特别是知名的“闯关东”：1920—1921 年，迁入东北的移民达到 40 万；据“南满洲铁道株式会社”[15]统计，仅 1928 年上半年，流入东北的移民就多达 33 万人，之后三年将近 50 万。

中国南北差异较大，江淮以北以陆路交通为主，南方诸省河渠较多，百货依水路流通。与水网密布的江南相比，华北的落后其实是交通的落后。对于煤炭资源丰富的华北来说，火车的出现可谓具有划时代的意义。[16]

与其说铁路推动了北方的现代化和城市化，不如说它在一个乡村社会创造了城市，哈尔滨、石家庄、郑州等新兴城市几乎就是“火车拉来的”。

石家庄西倚太行山麓娘子关，扼守进出山西的咽喉，只是直隶省（清朝时河北省旧名）获鹿县下一个住着 93 户农民的小村庄，“街道六，庙宇六，井泉四”（《获鹿县志》）；1905 年京汉铁路竣工，两年后正太铁路通车，石家庄作为华北两大铁路干线的交会点迅速兴起，后来甚至成为省会城市。

郑州原本只是一个小县城，“南北更无三座寺，东西只有一条街，四时八节无筵席，半夜三更有界牌”（《鸡肋编》）。因为京广和陇海铁路在此交会，郑州取代开封成为河南省的省会。

如果说火车带来了城市，那么火车站就是每个城市的入口。如果说铁路是一个国家的动脉，那么地铁就是一个城市的动脉，甚至说地铁塑造了城市本身。

1863年伦敦地铁试运行，敞开的车厢挤满了人，男人们挥舞着大礼帽。蒸汽火车冲入地下的壮观景象，就像传说中的妖魔，这足以满足伦敦人的猎奇之心。

“铁路将这个世界从大部分人仅仅只到过他们村子之外或附近集镇的世界，转变为一个在一天而不是一个月就能够跨越一个洲的世界。”[1] 1870年，一个冒险家用80天走遍地球，这与凡尔纳的科幻小说《八十天环游地球》不谋而合，他因此宣称凡尔纳剽窃了他的经历。他的名字叫George Train（乔治·特雷恩），Train即铁路。

在凡尔纳之前，有一位科普作家曾断言：“高速铁路旅行是不可能实现的，因为乘客乘坐高速火车时无法呼吸，会窒息而死。”[2]当时的英国人也认为：“一想到乘火车旅行的速度两倍于四轮马车，再没有比这更让人感到荒诞和离奇的事了……议会必须限制火车

1-［英］克里斯蒂安·沃尔玛尔：《铁路改变世界》，刘媺译，上海人民出版社2014年版，序言第1页。

2-《200年来的失败预言》，《初中生》2010年第1期，第48页。

的时速，不能超过每小时 13 到 14 公里。因为我们相信，在这一速度之下，人们的安全将得到最大限度的保障。”[1]

1829 年，史蒂芬森的“火箭号”列车的运行速度只有 38.78 千米 / 小时；1893 年，帝国特快列车在芝加哥世博会上创造了 181.12 千米 / 小时的纪录。

1- [美] 迈克尔 · 怀特：《战争的果实：军事冲突如何加速科技创新》，卢欣渝译，生活 · 读书 · 新知三联书店 2009 年版，第 144 页。

远去的季风

蒸汽机被装上“马车”时，也同时被装在了帆船上。

英国人发明了蒸汽机，但美国人发明了轮船。1807 年，富尔顿驾驶着“克莱蒙特号”轮船在哈得逊河逆流而上，32 小时走完了约 241 公里的水路。

“克莱蒙特号”作为历史上第一艘蒸汽船，它以铁为新型造船材料，以蒸汽机为新的动力系统，但推进系统采用的是桨轮。1843 年之后，螺旋桨取代桨轮成为现代轮船的标准配置。[17]

1819 年，蒸汽帆船“萨凡纳号”从美国萨凡纳港出发，满载着棉花横渡大西洋，全程用了 29 天。[18] 这让英国人无限感叹：“就是这些并没有发现过力学上任何一条一般定律的美国人，却将使世界面貌大为改观的蒸汽机引进了海上航行事业。”[1]

1822 年，英国第一艘蒸汽船下水，它的名字叫“詹姆斯·瓦特号”。到 1827 年，在劳氏船级社的名录上，蒸汽船的数量已经达到 81 艘。1838 年 4 月 4 日，“天狼星号”蒸汽船从爱尔兰科克港出发，于 4 月 22 日驶入纽约港。《纽约先驱报》用极其醒目的大

1- 吴国盛：《科学的历程》，北京大学出版社 2002 年版，第 398 页。

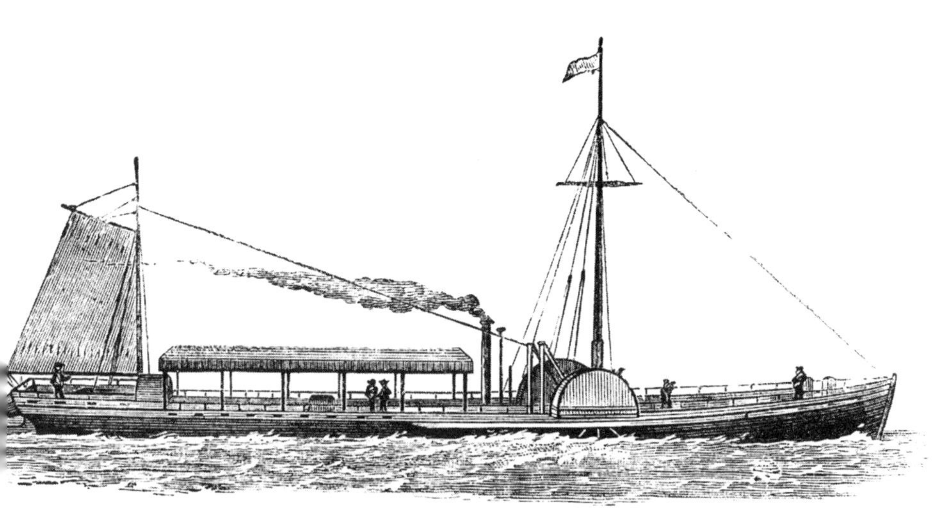

富尔顿的“克莱蒙特号”蒸汽船

标题来报道这次航行——

> “天狼星号”汽船从科克起航，
> 经过 17 天的航行终于到达纽约了。
> 蒸汽动力的新时代到来了。
> 广阔的大西洋上终于架起了桥梁，
> 时间与空间湮灭了。[1]

蒸汽机的到来，彻底结束了一个悠久的帆船时代。

1-［美］林肯·佩恩：《海洋与文明》，陈建军、罗燚英译，天津人民出版社 2017 年版，第 532 页。

火车出现之前，铁路上就有了马拉的列车，火车只是将马换成了蒸汽机。轮船出现之前，海上只有木制帆船。相比马拉列车转变到蒸汽机车的顺理成章，从木制帆船到钢铁轮船的转变，则是一次从里到外的全面颠覆。

帆船的动力来自风帆，而轮船的动力来自蒸汽机，二者的驱动方式截然不同。这个技术过渡经历了长达60年时间，直到螺旋桨取代明轮作为推进器，并彻底取消桅杆和船帆后，轮船才基本定型。

拿破仑几乎征服了整个欧洲，但却拒绝了富尔顿。他认为：船没有帆，就好像人没有腿一样，而用钢铁造船更是荒诞不经。结果在埃及，法国海军很快就被英国蒸汽机战舰打得一败涂地。实际上，英国海军部当初也曾拒绝使用蒸汽船，因为他们认为，“蒸汽船的使用很可能给帝国海军的优势以致命打击”[1]。

1839年，英国著名画家透纳创作了一幅油画《被拖去解体的战舰无畏号》。在画面中，巨大的帆船“无畏号”被一艘体量小得多、吐着浓烟的小蒸汽船拖往海斯港，进行解体。在1805年的特拉法尔加海战[19]中，装备着98门船炮的“无畏号”为英国的胜利立下了汗马功劳。

这幅油画历史性地记录了老式风帆战舰在蒸汽动力出现之后迅速没落的瞬间。

1-［英］J. F. C. 富勒：《战争指导》，绽旭译，解放军出版社2005年版，第104页。

“复仇女神号”是英国第一艘完全用铁制造的蒸汽炮舰，没有用一根木头。它长 56 米，宽 8 米，高 3.35 米，吃水深度只有 1.5 米，以 120 马力的蒸汽机为动力。

“复仇女神号”下水不久，中英鸦片战争爆发，这被认为是检验铁制蒸汽船只优缺点的绝佳时机；而靠近中国海岸有无数的河流，更为检验这种船只创造了有利的空间。

1840 年 3 月 28 日，“复仇女神号”离开朴次茅斯，成为第一艘绕过好望角的铁甲舰。“复仇女神号”于 1840 年底到达中国，“它是普通中国战船的两倍大，当它把炮口转向它们时，它把它们的木质船体和桅杆变成了火柴棍”[1]。

“复仇女神号”标志着工业革命的工具——铁和蒸汽——普遍用于战争。到 1842 年，游弋在中国沿海的蒸汽船达到 14 艘。1842 年 8 月 29 日，中英两国在停泊于南京城下的英国战舰“康沃利斯号”上签订了《南京条约》。

依靠蒸汽船，尤其是铁甲战舰，英国维系着一个横跨全球的“日不落帝国”。直到第二次世界大战结束之际，英国仍然保有 181 个海外加煤站。

因为燃料限制，轮船运输在早期仅限于短途，它比帆船更加快捷和准时，但在跨海长途运输中，蒸汽船相对于帆船并没有绝对优势。因此，这一时期的蒸汽船都装有桅杆和风帆，在海上尽量利

1-［美］阿瑟·赫尔曼：《苏格兰：现代世界文明的起点》，启蒙编译所译，上海社会科学院出版社 2016 年版，第 344 ~ 345 页。

美国海船使用的复式蒸汽机

用风力，减少蒸汽机对燃料的消耗。

航行在内河上的汽船可以随时补充燃料，甚至常常用更普遍的木材作为燃料，但对远洋航运来说，过多的燃料会大量挤占货运空间，燃料不足又会降低续航能力。1838年，“天狼星号”蒸汽轮船成功横渡英吉利海峡，但在横渡大西洋时因为燃料耗尽，不得不烧掉船上的家具和门窗，甚至还将一根桅杆扔进了锅炉。[20]

因为燃料补给问题，美国曾多次与“闭关锁国”的日本谈判。在遭到拒绝后，被称为“蒸汽战舰之父”的佩里率美国东印度舰队于1853年（日本嘉永六年）来到日本。日本人从未见过这种冒着浓浓黑烟的蒸汽船，因而惊恐地称之为“黑船”。

在“黑船”面前，德川幕府不得不签署了《日美亲善条约》，其中第二条和第八条都是关于美国轮船燃料补给的规定，“日本政府准许美国船停泊，以便补给柴薪、饮水、食物、煤炭以及其他需用物品”[1]。

“黑船来航”成为日本历史的分水岭，由此引发了日本工业化和现代化的“明治维新”。

最早的纽科门蒸汽机因为耗煤太多，以致只能在煤矿使用；经过一个世纪的改进，瓦特蒸汽机耗煤减少到可以在远离煤矿的工厂使用；之后又经过将近一个世纪的改进，蒸汽机的耗煤量已降到可以在远离陆地的海船上使用。

1- 王春来、卢海生：《16—19世纪世界史文献选编》，上海辞书出版社2010年版，第221页。

日本画家绘制的黑船形象

技术就是这样不断地进步。随着蒸汽机效率的提高，续航能力与货运能力之间的僵局逐渐被打破。一篇写于1887年的文章叙述了蒸汽机功率提高三倍的情景：

> 不久以前，一艘排水量为3000吨的汽船作一次远距离航行需要2200吨煤，只能有限地运载800吨货物。如今，一艘现代汽船作同样的一次航行只需要800吨煤，可以运载2200吨货物。随着煤的节约，人类劳动也减少了。1870年，汽船

上每 1000 吨运力需要 47 个人手，现在只需要 28 个。[1]

从 1851 年到 1871 年，世界蒸汽船的总排水量从 26.4 万吨猛增到 200 万吨。蒸汽邮船以每天 360 海里（约 667 公里）的速度航行。到 1880 年左右，从英国到美国的大西洋船队全部从帆船换装为轮船。

这一时期的蒸汽机已经与早期的蒸汽机截然不同：这种三级膨胀式蒸汽机 1 马力运行 1 小时的耗煤量还不足 1 磅；相比之下，瓦特蒸汽机是 13 磅，纽科门蒸汽机是 35 磅。

1870 年 9 月 6 日，英国皇家海军的铁甲舰“船长号”第一次出航就沉没了，导致船上 473 人丧生。事故调查证明，巨大的风帆桅杆导致军舰重心过高，所以发生倾覆。此后的铁甲舰都取消了大而无用的风帆装备，蒸汽机成为唯一的动力来源。

在英国人看来，钢铁战舰作为一台巨大而复杂的机器，最能体现西方的工业文明。1903 年，英国海军大臣在下议院述职时，这样介绍蒸汽战舰：

> 现代舰队上的一切都由机械完成，我们有蒸汽、液压、压缩空气、电，而在不久的未来，硝化甘油和液态空气也会被加以应用。我们的战舰不单单是由机械推动，更是由机械控制

1-[英]克里斯·弗里曼、弗朗西斯科·卢桑：《光阴似箭：从工业革命到信息革命》，沈宏亮译，中国人民大学出版社 2007 年版，第 211 ~ 212 页。

的。其主要的武器火炮和鱼雷——都由机械操作。船员们靠机械照明；他们在船上吃、喝、洗刷用的水都是由机械提供的。老式的通话管现在被电话取代。过去，海军上将给舰队下达指令，白天靠人力挥舞旗子，晚上用照明设备传达，现在可以使用电力，即通过无线电报机和电动闪光信号灯来传达。曾经必须手写的命令，现在可以用打字机打印或印刷机印刷。以前海军上将要去另一艘船，需要靠手拉的驳船引渡，如今他能够乘坐蒸汽船轻松抵达。锚以前用手拉起，现在则靠引擎带动升降。以前海员的肉类食物来自船上饲养的活牛，如今屠宰切割完毕的牛肉被储存在船上的机械冷冻箱内。如果船上失火了，会由蒸汽泵扑灭；如果船体出现漏洞，蒸汽泵也能控制水量。船上甲板间用来呼吸的空气也由机器驱动的风扇提供。[1]

1- [英] 布莱恩·莱弗里：《海洋帝国：英国海军如何改变现代世界》，施诚、张珉璐译，中信出版社 2016 年版，第 261 页。

贸易革命

相比于蒸汽火车，蒸汽船的出现要更早。虽然火车最先出现在英国，但蒸汽船却最早诞生在美国内河。

1825年10月26日，世界第二大人工运河——伊利运河正式开通，新生的美利坚合众国由此迈开了向西部扩张的步伐。运河极大地降低了长途运输成本，这对大宗的农产品运输尤其有利：从布法罗到纽约市的运输成本，从每吨100美元降低到不足10美元。

随着大量人口迁入西部，五大湖周边形成了现代城市群，诸如密尔沃基、克利夫兰、底特律、芝加哥等，这里很快就成为美国最重要的工业基地。煤炭、钢铁以及各种工业制品从这里通过运河运送到纽约，再从纽约输送到全世界。纽约从一个港口小城变成了世界级大都市。

对美国来说，早在铁路出现之前，依托运河和河流湖泊的蒸汽船就已造就了一个四通八达的交通体系。亨利·亚当斯甚至将蒸汽船称为专为美国而“设想出的最有效工具”。因此，美国的第一次运输革命要早于铁路时代。依靠蒸汽动力，密西西比河和俄亥俄河都能够双向航行。一艘轮船跟火车头一样，常常可以拖曳几十只驳船，其运费之低，及至后来铁路出现以后运费也没有发生变化。[21]实际上，美国早期的铁路只是为了填补水运的空白。

历史学家总结说：“蒸汽船不是美国对工业革命的第一项技术贡献，但是就其尺度和原理的复杂性，以及造成的社会影响和经济影响的程度而言，它在许多方面都是我们的工业想象中最令人瞩目的成就。在铁路时代之前，蒸汽船是主要的技术手段。有了蒸汽船，荒野被征服了，边界向前推进，以蒸汽为动力的主要工具都被引入美国，并且广泛传播。”[1]

芝加哥原本只是密歇根湖西南端一片恶臭的沼泽，随着轮船和铁路的兴起，这里成为四通八达的要道。借助工业革命的巨大力量，芝加哥成为五大湖工业城市群的核心。芝加哥的崛起改变了美国西部的地位，没有一座美国城市的发展速度比得上芝加哥。

自古以来，船运便是人类社会主流的运输方式。在海上可以依靠季风，但在内陆的江河湖泊，常常不得不依靠人力，或者划桨，或者摇橹。但如果是逆流而上，只能用人力来拉纤。无论是地中海上的划桨奴隶，还是长江上的纤夫，他们的工作都是极其辛苦的。有了蒸汽机之后，所有船都自带动力，将人从辛苦的劳作中解脱出来。

蒸汽机不像水车和风车，因为它可以移动；蒸汽机也不像畜力或人力，因为它的功率要大得多。依靠蒸汽引擎，英国得以创造了一个史无前例的殖民帝国。

在1815—1865年间，大英帝国的殖民地以每年10万平方英

1-［英］布莱恩·莱弗里：《海洋帝国：英国海军如何改变现代世界》，施诚、张珉璐译，中信出版社2016年版，第147页。

里的速度扩张，这是仅靠马力的成吉思汗所无法想象的。

从某种意义上可以说，轮船的出现将海洋缩小了将近三分之一。“大不列颠号”往返孟买一次只需要一年，而此前的风帆船至少需要 18 个月。19 世纪末，从英国到南非开普敦的航行时间，从之前的 42 天减少到 19 天。

随着蒸汽船时代的到来，隔绝几个大陆的大西洋和太平洋，从艰险的屏障变成了快速通道。

“我们已经看到，蒸汽的力量立刻就将那浩瀚的大西洋抽干到剩下不到一半宽。……我们与印度的交流同样受惠于此。印度洋不仅比以前小多了，而且因为有了蒸汽的引领，来自印度的邮件就像获准通过红海水域中一条奇迹般的通道。现在到地中海只要一星期，在我们眼前，它已经缩小成了一个湖；不列颠与爱尔兰岛之间的诸海峡，也不比老福斯湾（Old Firth of Forth）宽；莱茵河、多瑙河、泰晤士河、梅德韦河（Medway）、恒河等等，无论长度还是宽度，都缩到不及以前的一半，世界上的大湖迅速地干涸成了小水塘！”[1]

1848 年前，环绕地球的航行最快也要 11 个月。到了 1872 年，只需要 80 天就可以环游地球一周。跨越大西洋的欧美之间的航程，从几十天、十几天缩短到四五天。与此同时，每条船的平均载货量也从 1840 年的 180 吨，增加到了 1900 年的 5000 吨。

到 20 世纪初，一台船用蒸汽机的功率已经达到 25000 马力。

1- ［德］沃尔夫冈·希弗尔布施：《铁道之旅：19 世纪空间与时间的工业化》，金毅译，上海人民出版社 2018 年版，第 28 ~ 29 页。

从 1815 年到 1850 年，横跨大西洋的大部分货物的海运运费下降了 80%。从 1870 年到 1900 年，又下降了 70%，累计下降了 94%。总的来说，从 1840 年到 1910 年，全世界的货运运费以每年 1.5% 的速度在持续降低。

从东方满载茶叶的“飞剪船”成为帆船最后的辉煌。技术改进与效率提高，使蒸汽机完全取代了风帆，海上航行从此摆脱了季风的限制。“一帆风顺”仅仅作为一个美好的祝福，保留在人们的记忆里。

毫无疑问，现代化的机器比古老的信风更加可信。蒸汽机作为动力取代风帆，船运公司便有了更准时的定期航班。新兴的电报也正将全球连为一体。

当时，国际上关于船只灯光和航海避碰规章的协定，以及为编制更可靠的海图和引航书籍方面的共同合作，都有助于使海洋成为一个更加安全的地方。尤其要提到，灯塔是 19 世纪航海技术脱胎换骨的重要元素之一。

此外，国际化的现代港口提供了安全可靠的锚地、码头和仓库，货物装卸更加容易，使得轮船能以更低的成本来载运更多的货物。

人往高处走，水往低处流。运输某个“物品”并将其用来“交换其他物品，这是全体人类的共性，而在其他动物身上则找不到这一点”。亚当·斯密的这句话像是一句预言。进入蒸汽机时代，世界发生了天翻地覆的剧变。

作为一个改变世界的事件，蒸汽机驱动的挖掘机使人工运河工程变得轻松许多，亚历山大和拿破仑梦想的苏伊士运河变为现实。穿越地中海和红海到达印度洋，这条新线路比达·伽马开辟的非洲航线要节约数千公里甚至一万公里的航程；而且这条线路所经主要是风平浪静的内海，非常适宜蒸汽船航行。如此一来，从欧洲到亚洲的旅行时间大大缩短。

正如铁路网的扩张引发的“运输革命”，随着苏伊士运河（1869）和巴拿马运河（1914）的开通，蒸汽轮船在一个海洋时代引发了一场“贸易革命”，低价值的大宗商品得以全球流通。1877年，法国工程师设计的世界上第一艘冷藏船“巴拉圭号”下水，开辟出一个远程贸易的新领域，让新鲜食品也成为贸易产品。从此以后，欧洲人在晚餐时也能享受到阿根廷牛肉和澳大利亚羊腿。

1913年的世界贸易总值是1800年的25倍，如果考虑到原材料和生产成本大为降低，实际贸易额增长要大得多。

运输成本降低后，不同地区的商品价格差异也随之减少。利物浦和印度两地的棉花价格，1873年相差57%，而到了1913年只相差20%。同一时期，伦敦和加尔各答两地的黄麻价格，从相差35%变成了只相差4%。

1900年之前的半个世纪里，从芝加哥运往伦敦的小麦运费下降了75%。1915年，美国出口到欧洲的小麦达到6亿蒲式耳，这是1850年的15倍。即使一百年后的今天，轮船依然承载了90%的世界贸易总量。

阿伦特说：“历史上没有先例的，倒不是失去家园，而是不可能找到一个新家园。”铁路和汽船导致了自哥伦布发现新大陆以来最大规模的世界移民浪潮。

19世纪20年代，有不到15万人离开欧洲；19世纪50年代，有大约260万人离开欧洲；而在1900至1910年间，移民人数高达900万。从1820到1840年，美国人口从900万增加到1700万，20年几乎翻了一番。

在1850年之前，跨越大西洋来到美洲的绝大多数是非洲人；准确地说，是被铁链锁在帆船底舱的黑奴，数量为800万到1000万。1850年之后，舒适快捷的客轮使越来越多的欧洲人移民新大陆，“我的叔叔于勒”代表了欧洲整整一代人的梦想。从1851年到1960年的一个多世纪，总共有6100万欧洲人成为新移民。[22]

随着移民数量的增长，从1870年到1910年，新世界（美洲）和旧世界（欧洲）的薪资差距缩小了20%以上。

有了安全宽敞的蒸汽船，水上航行就变成一件赏心悦目之事。西方人甚至把新式蒸汽船比作工业时代的大教堂。福楼拜的小说《情感教育》（1869）便从塞纳河上的一条蒸汽船开篇：“一八四〇年九月十五日晨六时左右，停泊在圣贝尔纳码头的蒙特罗城号轮船即将启程，烟囱里冒着滚滚浓烟。”[1]

钱锺书的小说《围城》几乎有一个同样的开头，一条开往中国的法国轮船正行驶在印度洋上。

与1000多年前的鉴真和尚相比，蒸汽机时代的日本僧人小栗

1-［法］福楼拜：《情感教育》，王文融译，人民文学出版社2021年版，第1页。

栖香顶[23]要幸运得多——

中国人自古到日本坐中国船，有顺风则开往，没有顺风住大洋间，投了铁锚，数日晕船，没吃饭、吐血，所以有二十天到日本者，有三十天到日本者，或有两三个月到日本者，或有遭飓风漂流到外国者，或有翻了船沉海者。十年以来，西洋火轮船每月数回从上海到日本，水路五千里，两天就到，回上海也是两天，所以卖买人皆坐火轮船。者（这）个船不用顺风，但要蒸气（汽）。火轮船两边尔有大铁轮，中间有一个大铁锅盛了海水，添上煤块笼火，锅水开了，蒸气进了气道内，机关一动，铁轮忽奔，一会儿工夫走了数百里。[1]

1-［日］小栗栖香顶：《北京纪事 北京纪游》，陈继东、陈力卫整理，中华书局2008年版，第14页。

英国历史大声地对国王们疾呼：

如果你们走在时代观念之前，这些观念就会紧随并支持你们。

如果你们走在时代观念之后，它们便会拉着你们向前。

如果你们逆着时代观念而行，它们就将推翻你们。

——［法］拿破仑三世

第十章　西方的兴起

从手推磨到蒸汽磨

如果说羊毛、棉花和水力纺织机开创了一个轻工业时代，那么蒸汽机、钢铁和煤引发的这场产业革命，催生了一个前所未有的重工业时代，彻底改写了社会与国家的形态。

在“炮舰外交”的旗帜下，坚船利炮成为国家力量的象征，四通八达成为社会进步的标志，就连火车司机和轮船船长也成为每个孩子梦想的职业。

虽然蒸汽机在初期的作用并没有人们想象的那么大，但随着动力技术的发展和其他相关发明的出现，欧洲与世界其他地区之间被掘开了一道明显的技术鸿沟，工业从此成为一个国家和社会的新支柱，传统的农业时代就这样坍塌了。

“新大陆”成为欧洲永不沉没的挪亚方舟，海洋成为白人的世界。社会达尔文主义及其适者生存的观念被奉为帝国主义的新宗教。同时，蒸汽铁甲战舰的到来也彻底颠覆了东方世界的传统格局。

恩格斯对此感触颇深，他在《反杜林论》的《暴力论》一章中写道：

克里木战争时，军舰只是两层或三层的木质舰船，装有

> 六十到一百门火炮，这种舰船主要还是靠帆力航行，有一部马力很小的蒸汽机，只起辅助作用……现在的军舰是一种巨大的装甲的螺旋推进式蒸汽舰，有八千到九千吨的排水量，有六千到八千匹马力，有旋转的炮塔，四门以至六门重炮，有装在舰首吃水线以下的突出的冲角来冲撞敌人的舰船。这种军舰是一部庞大的机器，它的蒸汽不仅能推动它快速前进，而且还被用来掌舵、抛锚、起锚、转动炮塔、调整炮向、装填弹药、抽水、升降小船（这些小船本身，一部分也是用蒸汽的力量推动的）等等……现代的军舰不仅是现代大工业的产物，而且同时还是现代大工业的缩影，是一个浮在水上的工厂。[1]

道光二十年（1840），两广总督林则徐向道光皇帝报告：英军舰队中有三艘“车轮船”，“以火焰激动机轴，驾驶较捷”（《筹办夷务始末》）。林则徐见到蒸汽船的烟囱冒出来的烟和转动的轮子，认为推动轮子的是火，因此又称蒸汽船为“火轮船”。

他们无法理解，除了人力、牛力、水力，蒸汽竟然也能够成为推动机械的动力。

“蒸汽机不仅带来了欧洲的工业革命，也是西方列强用炮舰轰开中国大门所依仗的技术。据说，著名湘军首领胡林翼，当年看见两艘洋轮正驶于长江之中，逆江而上，他立即脸色大变，勒马回营，中途呕血，数月之后郁郁而终，可见蒸汽机轮船对中国敏感的

1-［德］恩格斯：《反杜林论》，载《马克思恩格斯全集》第二十卷，人民出版社 1971 年版，第 187 ~ 188 页。

士大夫的刺激。这一印象是如此之深，以至于至今的研究者还认为中国没有发明蒸汽机是中国近代落后的重要原因之一。”[1]

如今，人们常常发问：为什么古代中国没有产生资本主义？或许是因为没有蒸汽机。

虽然中国早在汉魏时期就已经大规模采煤，中国焦炭冶铁也比英国早600年，但煤在中国一直仅限于作为燃料，而没有变成一种力量。

乾隆时期，北京西山和宛平、房山就有煤窑近千座，当时一份写给皇帝的奏折中说：“京师百万户皆仰给于西山之煤，数百年于兹，未尝有匮乏之虞。”（《清代抄档》）

在古代技术的限制下，煤矿一般都停留于浅层开采，稍深即遭遇坍塌。如果遇到矿井被水淹了，一般用类似辘轳的绞车来提升牛皮囊，每次可汲水六七百斤；有的地区也用竹制唧筒。这种绞车为全木制，可使用畜力。因为排水代价太高，一般情况下，煤矿遇到水淹便会废弃。[1]

煤炭和煤矿对英国工业革命意义重大，它直接导致了蒸汽机的出现。相比之下，中国的煤矿大多在北方山区丘陵地带，水淹的情况似乎并不普遍。一方面因技术和地形局限于表层开采，抽水机（蒸汽机）失去意义；另一方面因地理位置远离河道而导致运输困难[2]，煤炭难以到达手工业发达的南方。

1- 金观涛、刘青峰：《兴盛与危机：论中国社会超稳定结构》，法律出版社2011年版，第317页。

没有强大的能源，轻工业就难以向重工业发展，机器和工厂更无从谈起。

到19世纪末，在世界范围内蒸汽轮船已经全面取代了古老的帆船，就连中国也兴起了一大批“轮船公司”。

中国自古以来就用木制帆船漂洋过海，甚至出现了“海上丝绸之路”和“郑和下西洋”。但随着轮船时代的到来，这些木帆船开始从海上消失。

根据中国海关的贸易报告：1868年，轮船和木帆船的数目基本相等，各有7000艘；到了1875年，轮船数目增加到了11000艘，吨位达800万吨，木帆船的数目则下降到5500艘，吨位仅为150万吨；到了1884年，轮船的数目是木帆船的4倍，吨位则是17倍。[1]

到光绪末年，传统木帆船只能在沿海和内河从事一些短途运输。只是令人想不到的是，这种情况竟然持续了近百年。

或许瓦特并没有“发明”蒸汽机，但他无疑发明了“功率”。瓦特最早提出以“马力”作为功率单位。

据当时的估计，瓦特蒸汽机的每1马力能做15个人的工作。在1760—1910年的150年间，产生1马力的成本下降了将近90%。1882年，西门子提议将功率单位定为瓦特。

1- 苏生文：《晚清以降：西力冲击下的社会变迁》，商务印书馆2017年版，第112页。

值得一提的是，蒸汽机的研究和改进直接催生了现代热力学。所以有人说，科学受益于蒸汽机的，要比蒸汽机受益于科学的要多。

相对而言，风力和水力是免费的，而煤却不是免费的；与风车和水车相比，蒸汽机更是一种昂贵得多的机器，它不是人人都买得起，而只能是少数有钱人的工具。蒸汽机使资本走向集中化的同时，也使工厂越来越趋于大型化，垄断和资本主义就这样诞生了。

正如马克思的那句名言："手工磨产生的是封建主为首的社会，蒸汽磨产生的是工业资本家为首的社会。"[1]

尽管在 19 世纪末期，用高压蒸汽直接推动叶轮旋转的蒸汽轮机已经被广泛使用，但作为一种热损失较高的"外燃机"，蒸汽机的效率仍然受到诸多限制。从 1794 年到 1840 年，蒸汽机效率不过是从 3% 提高到 8%；直到 20 世纪，蒸汽机的效率才超过 20%。

马克思说："只要你把机器应用到一个有煤有铁的国家的交通上，你就无法阻止这个国家自己去制造这些机器了。"[2] 在英国之后，法国、德国和美国等西方国家从进口到仿制，很快就进入蒸汽机时代，甚至青出于蓝而胜于蓝，对蒸汽机进行了大量改进和超越。

很快，就有发明者意识到，他们应该把那个作为中介的"蒸汽"给去掉，直接把燃烧变成机械能。

1- [德] 马克思：《哲学的贫困》，载《马克思恩格斯全集》第四卷，人民出版社 1958 年版，第 144 页。

2- [德] 马克思：《不列颠在印度统治的未来结果》，载《马克思恩格斯全集》第九卷，人民出版社 1961 年版，第 250 页。

直接利用燃烧后的烟气推动活塞运动，把锅炉和汽缸合并起来，这就是内燃机——作为工作介质的蒸汽消失了。在瓦特改进蒸汽机100年之后，即1876年，奥托成功地制造了第一台四冲程内燃机，[3]内燃机的历史从此开始。此后，汽油内燃机、柴油发动机以其巨大的优越性逐渐取代了蒸汽机。

与汽油内燃机相比，柴油引擎更有效率，运行成本更低，性能更稳定，寿命更长，载重更大，它的出现和完善带来整个大型车辆的革命。从消防车到坦克，从火车头到潜水艇，从远洋邮轮到货轮，采用的都是柴油引擎。它的运行成本比蒸汽机引擎低30%，而且适用性更强，完成同样的工作量所需的引擎数也较少。这样一来，轮船就可以减少煤炭和锅炉所占的空间，用来装载更多的货物。

汽车与飞机

同样作为燃料，石油比煤燃烧更高效，占用空间较少，也更加清洁。与煤炭相比，石油的能量密度要高出 50% 左右。

与内燃机相比，蒸汽机不但要携带大量的煤，还需要两倍以上的水。一台 100 马力的蒸汽机运行一小时，需要 200 公斤煤，以及 500 公斤水，还得加上几公斤润滑油。而内燃机基本不需要水，润滑油消耗也非常小，同样 100 马力的内燃机，即使最耗油的汽油机，运行一小时也只需要 25 公斤汽油。[4]

内燃机除了有低噪声的优点，它还可以在短时间内启动或停止，这是与蒸汽机的最大不同。另外，正如一位早期的石油商所说："内燃机是世界上最伟大的发明，它将代替蒸汽机，速度之快，让蒸汽机顿时黯然失色。"

1912 年，新上任的英国海军大臣温斯顿·丘吉尔下令建造 5 艘以石油为燃料的"伊丽莎白女王级"战舰。在第一次世界大战期间，这些以石油为燃料的英国军舰以赫赫战绩证明，相较于以煤为燃料的德国军舰，它们拥有更强的续航力和战斗力。[5]

与蒸汽机相比，内燃机的效率更高，功率更大，体积更小，重量更轻，便于操作，其种类和用途更为广泛，这使车辆可以更加小巧和轻盈。1876年，卡尔·本茨制造了世界上第一辆以内燃机为动力的汽车。[6]

内燃机带来的最后一项重大成就是飞机。1896年，美国人兰利设计制造了一架12公斤重的飞机，并在30米高的空中飞行了3公里，速度约为40千米/小时；他使用的还是以汽油为燃料的单缸蒸汽机，重3.2公斤，功率为1马力。

1888年，约翰·邓禄普为充气橡胶轮胎注册了专利。1899年，本茨制造的汽车齿轮箱让发动机可以在更高的速度下更好地运行。世界从此进入一个快捷的汽车时代，并改变了城市的面貌。

如果说19世纪是煤炭与蒸汽机时代，那么20世纪就是石油与内燃机时代。

与火车和轮船相比，飞机和汽车的出现更具革命性意义。前者代表着蒸汽机时代，后者代表着内燃机时代。这也常常被看作近代与现代的标志，而汽车则成为现代城市扩张的加速器。

第一台奥托内燃机每马力重量为200公斤；到1903年，这一数字已经降至6公斤，真正的飞机随之诞生了。

中世纪的人相信，如果上帝想让人飞翔，他会给人配一副翅膀。“万能的天才”达·芬奇根据鸟的飞翔原理设计出了最早的飞机——

> 鸟是按照数学法则运动的机器，人类可以制造出具备鸟类运动所需一切条件的机器来。但是人类制作出来的这种机器，由于不能很好地保持平衡，故不可能具有像鸟那样的良好飞行

飞机的内燃机

性能。然而可以说，人组装的这种机器，除了没有像鸟那样的生命外，一切都是完备的。这个生命必须由人来替补。[1]

科学技术如此神奇，比水重的铁船取代了木船，比空气重的飞机取代了热气球和氢气飞艇。飞机不仅缩短了时空距离，也打破了人类与自然界之间的最后屏障，人类不仅占领了陆地和海洋，也占领了天空。

借助机器，人类获得了鸟类才有的“自由”。

1-［日］中山秀太郎：《技术史入门》，姜振寰译，山东教育出版社 2015 年版，第 60 页。

1914 年，一位美国商人以乘客身份登上一架飞机，他为这趟 23 分钟的史上第一趟商业航班支付了 9000 多美元。

在汽车和飞机之前，自行车的出现带来了一场神奇的社会变革。打个比方，如果说火车类似大型塔钟，那么自行车就像是怀表和手表。

1885 年，第一辆现代自行车在英国问世。1900 年，全世界有 300 多家自行车生产厂，每年有 100 万辆自行车流入社会。

依靠几个简单的齿轮、链条和轴承，在不借助任何外力的情况下，自行车就将人移动的效率提高了四五倍，造就了已知最有效的运输形式。

自行车在行进中能够自动保持平衡，这带给飞机发明者一个最重要的启发。可以说，飞机是自行车、火车和汽车的直系后裔。

哲学家说，生活在别处。自从火车发明以后，旅行就成了现代化的象征和符号——火车和自行车、摩托车、汽车、飞机一起，在艺术和商业中被当成了一个社会站在最前沿的证据。[1] 尤其是火车，从蒸汽机到高铁，始终吸引着艺术家的目光，“现代主义”画家莫奈就留下大量关于火车和蒸汽机的作品，这和凡·高笔下的麦田星光形成鲜明的对比。

1819 年 8 月 25 日，瓦特辞世。人们在他的讣告中赞颂他发明

1- [美] 托尼·朱特:《沉疴遍地》，杜先菊译，新星出版社 2012 年版，第 156 页。

的蒸汽机武装了人类，使虚弱无力的双手变得力大无穷，健全了人类的大脑以处理一切难题，云云。

1900年时，全世界有300万匹马，50年后只剩下不到35万匹，减少了将近九成。同一时期，全世界的汽车数量从不足1万辆，暴增到1000万辆；拖拉机从无到有，其数量达到600万台。

如果说蒸汽机和火车曾经威胁到马的使用的话，那么内燃机的出现，使汽车与拖拉机直接取代了马。

喂饱一匹马大约需要两公顷的土地，相当于八个人的口粮。在1900年平均每两个人就拥有一匹马的澳大利亚，国内大部分谷物都用来喂马；在1920年的美国，有四分之一的农地种植燕麦，以作为马力运输的能量来源。

马吃得多也拉得多，一个以马车为主要交通工具的城市，每天需要从街道上清理的马粪就多达数千吨。现代人已经无法想象那种苍蝇乱飞、马粪刺鼻的场景。事实上，当时一个城市一年处理的马尸就有上万具。

人类从奴役人到奴役马，再到奴役机器，文明在机器时代全面起步。

机器完成的工作，不仅代替了马力，也代替了千百万人的肌肉。从蒸汽机到内燃机，这场机器导致的力量革命，前所未有地使人体肌肉力量基本上从此退出生产领域。男人相对于女人的力量优势变得无足轻重，女性与男性第一次平等地站在机器面前。长期以来遭受压抑的女权意识逐渐觉醒，由此引发了一场巨大的社会变革。

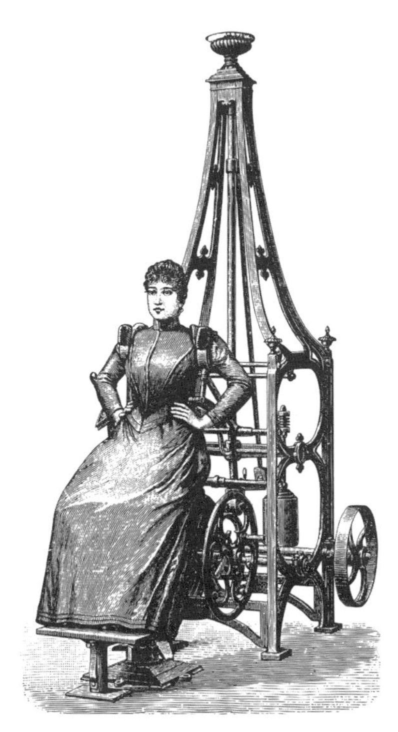

机器时代的到来提高了女性的社会地位

一位贵族在英国下院演讲时说了这样一个故事：一个人因为他的两个女儿上酒馆而责骂了她们，她们却说她们已经被训得烦死了：去你的吧，我们还得养活你！也应该享受一下自己的劳动果实了。她们丢开父母不管，从父母家里搬了出去。[1]

1909年3月8日，美国伊利诺伊州芝加哥市的女工和全国纺

1-［德］恩格斯：《英国工人阶级现状》，载《马克思恩格斯全集》第二卷，人民出版社1957年版，第433页。

织、服装业的工人一起，举行了规模巨大的罢工和示威游行，要求增加工资、实行 8 小时工作制和获得选举权。

这是历史上劳动妇女第一次有组织的群众斗争，斗争最后取得了胜利。后来，联合国将每年的 3 月 8 日确立为“妇女权益和国际和平日”，也称“国际劳动妇女节”。

1700 年，全世界煤炭的开采量只有 300 万吨，1800 年达到 1300 万吨，1900 年的产量超过了 7 亿吨；同一时期，石油产量从 0 达到 2.06 亿吨。

从 1850 年到 1900 年的 50 年间，全世界小麦产量翻了一番，糖的产量增加了 20 多倍，牲畜存栏数增加了 5 倍。

1900 年时，已经有 10 万台奥托内燃机在世界各地运行。蒸汽机的发展已达到巅峰，长达几十万公里的铁路网遍及全世界，并且正在以不可思议的速度继续延伸。

从 1720 年到 1900 年，世界贸易总量增长了将近 50 倍，全世界第一次被如此密切地连为一体。

从眼镜说起

冰冻三尺，非一日之寒。当代主流的历史学家大多认为，发生在欧洲——特别是英国的这场技术革命，并不是突然或偶然出现的，而是长期发展和积累的结果。

“从前一个婴儿在马槽里降生，令人奇怪的是，如此重大的事件竟没有引起什么轰动。”这是哲学家怀特海介绍伽利略和望远镜出现在“现代世界”舞台时所说的话。

从某种意义上讲，眼镜的诞生标志着现代的开始。

正如美国传媒学家波兹曼所说：人类创造的每一种工具都蕴含着超越其自身的意义——“12 世纪眼镜的发明不仅使矫正视力成为可能，而且还暗示了人类可以不必把天赋或缺陷视为最终的命运。眼镜的出现告诉我们，可以不必迷信天命，身体和大脑都是可以完善的。”[1]

从历史影响来说，眼镜的发明可以说是人类文化史上的重要一步。但如果说眼镜是印刷的副产品，或许会让很多人感到惊奇，

1- [美] 尼尔·波兹曼：《娱乐至死》，章艳译，广西师范大学出版社 2004 年版，第 17 页。

16 世纪眼镜制造者的商店

这就如同说显微镜和望远镜是眼镜的副产品一样不可思议。

眼镜虽然出现得很早，但只有在谷登堡发明印刷术之后才得到重视。廉价的印刷书使阅读人口迅速增加，然而印刷字一般要小于手写字，而且早期的压印也没有手写清晰，再加之当时的照明采光条件不好，印刷书在扩大阅读的同时，也造成了常见的视力疲劳和近视眼，眼镜便很快成为读书人的日常用品。

最早的眼镜片是矫正远视的凸透镜，后来出现了矫正近视的凹透镜。眼镜制造业的兴旺，带动了玻璃光学技术的发展，随之产生了各种各样的凸透镜、凹透镜，以及多镜片组合的放大镜、显微镜和望远镜，而显微镜和望远镜又引发了光学、医学、生物学和天文学等新学科的革命。

古人所说的邪气、瘴气、瘟疫、恶魔等，在显微镜下其实都是微生物；完全可以说，没有显微镜就没有微生物学，这一切其实都是顺理成章的事情。

据说，望远镜是荷兰眼镜制造商汉斯·利珀希发明的，时间是1608年。

后来，伽利略"把望远镜改良到能将物体放大1000倍，将此镜转向天空，他惊讶地发现一个新的星辰世界，比以往目录所列的多出10倍"[1]。伽利略将他的发现写成《星界的报告》并出版，人们惊呼"哥伦布发现了新大陆，伽利略发现了宇宙"。

按照亚里士多德的观点，技术是和理性、知识相关联的创造性行为。正如中国罗盘引发了大航海，从某种意义上来说，是层出不穷的新工具或新机器催生了工业革命，而催生这些新工具、新机器的，却是看似不起眼的仪器——比如眼镜、放大镜、望远镜、

1- [美] 威尔·杜兰特、阿里尔·杜兰特:《世界文明史·理性开始的时代》，台湾幼狮文化译，天地出版社2017年版，第567页。

伽利略望远镜

气压计、温度计、真空泵，甚至钟表。

即使在艺术领域，也可以说没有工艺复杂、集所有机械技术之大成的钢琴，就不会有肖邦这样的天才。

如果说眼镜（老花镜）大大延长了钟表匠的职业寿命，那么放大镜则使钟表的小型化成为可能，更加小巧的怀表和手表使时间得到更好的掌控。

在这些历史的细节中，如果说钟表改变了人们的时间观念，那么望远镜和显微镜则改变了人们的空间观念。有人这样问：望远镜看不到的地方，显微镜却可以看到，两者之间哪一种视野更大呢？

望远镜和显微镜的伟大之处是它们打破了人与自然的界限。借助这些“神奇”的机器或仪器，人类的听觉（比如电话）和视觉几乎得到了无限延伸；唯有触觉的局限依旧停留在自然时代。用海德格尔的话说，“人用最短的时间将最长的距离置于他之后，人在最小的范围内将最大的距离置于他自身之后，因此也将万物置于他之前。但是，这种所有距离的仓促取消没有带来任何亲近；因为亲近并不在于距离的微小度”[1]。

新科学最后终于获胜，主要是因为它有了可以利用的仪器，其中望远镜和显微镜起了决定性的作用。[2]

最迟在14世纪，也就是文艺复兴初期，许多新工具、新流程、新材料、新产品和新技术不断涌现，这也就是我们今天所说的“科技”；而且这些新事物的传播速度之快，与现代发明相比也毫不逊色。

以眼镜为例，其发明可以追溯到1270年左右英国圣方济会修士罗杰·培根的光学实验。当时眼镜仅作为老年人阅读之用。

眼镜于1290年传到法国，1310年就已经通过海路传到中国。《桃花扇》的作者、清代的孔尚任曾写诗称赞：

> 西洋白眼镜，市自香山墺。
> 制镜大如钱，秋水涵双窍。

1- ［德］M. 海德格尔：《诗·语言·思》，彭富春译，文化艺术出版社1991年版，第146页。

2- 可参阅［英］托马斯·克拉普：《科学简史：从科学仪器的发展看科学的历史》，朱润生译，中国青年出版社2005年版。

蔽目目转明，能察毫末妙。

暗窗细读书，犹如在年少。[1]

直到光绪年间，用玻璃制成的西洋眼镜仍属珍稀之物。有人写诗说："玻璃眼镜最为高，作阔由来是富豪。"[2]张爱玲在1943年犹感叹："交际花与妓女常常有戴平光眼镜以为美的。舶来品不分皂白地被接受，可见一斑。"[3]

玻璃是西方在物理领域领先于中国的为数不多的技术之一，《后汉书》中如此惊奇地描绘罗马皇帝的宫殿："宫室皆以水精（晶）为柱，食器亦然。"中国虽然是瓷器大国，并有古老的琉璃技术，但却没有实用的玻璃。[7]这或许是因为审美，中国文化对不确定的、神秘的东西有一种特殊偏爱，半透明的瓷或者玉都比透明的玻璃（哪怕是水晶）更受青睐。

明清时期也有眼镜，但基本都是用水晶打磨而成，价格不菲，一副眼镜与一匹良马同价，而且极其稀少，"或颁自内府，或购之贾胡，非有力者不能得"（《陔余丛考》）。正如"镜鉴"二字的偏旁所示，中国镜子一般都是金属制成，即磨光的铜镜；为了保证镜子的使用，须经常研磨抛光。[8]因镜子稀缺，很多人甚至没见过自己的长相。

事实上，直到一百多年前，玻璃镜子仍是少数富人的奢侈品。

1- 清・孔尚任：《试眼镜》。

2- 可参阅周士琦：《眼镜东传小史》,《寻根》2002年第3期。

3- 张爱玲：《更衣记》,《流言》1943年版。

19 世纪中叶，煤炉的发明者乔丹 · 莫特委托克里斯蒂安 · 舒塞尔为 19 位“改变了当代文明进程”的美国科学家和发明家画了一幅集体肖像《进步人士》

至于玻璃被装到中国平民的窗户上，是 1971 年我国生产出第一块浮法玻璃以后的事儿了。在此之前，一般人家只能用纸糊窗户，这既不保温，也不隔音，更不透光。

在西方，玻璃镜子兴起于文艺复兴时期。镜子的出现极大地影响了个人的自我认同，让人们能够看清自己，认识到自己的独特性。正确地认识自我，这也是新个人主义兴起的一个重要因素。

早在水晶宫建成之前两个世纪，玻璃在英国就已经是寻常之物。玻璃窗既保温，又能得到最大的采光，大大提升了人们的生活品质。

1676 年，雷文斯克 · 罗夫特发明的铅晶质玻璃不仅透明度好，而且很容易切割。到他20年的专利期结束时，英国已经有100多家玻璃制造商利用他的方法大量生产价廉物美的玻璃，并使英国超越威尼斯，成为欧洲的玻璃制造中心。到1783年，英国玻璃贸易每年利润可达63万英镑。

早在哥伦布和麦哲伦时期，欧洲人就常常用玻璃珠子和小镜子，从原始部落那里换取食物和黄金。玻璃远不及玉石珍贵，但如果没有玻璃，钟表就无法在海上使用，也不会有温度计和放大镜。玻璃不仅催生了光学和现代化学，甚至可以说，没有玻璃就没有现代科学。

明清时代的中国拥有庞大的天文观象台，但却有一个致命的缺陷，那就是没有玻璃透镜。仅仅从玻璃来说，古代中国就缺乏工业革命的物质基础。[9]

1793年（清乾隆五十八年），英国派马戛尔尼访问大清，带来了很多代表当时最新科技水平的礼物，如牛顿发明的反射望远镜，其望远能力是前人做梦也想不到的。但得知望远镜（中国称“千里眼”）和透镜是由玻璃而不是玉石制作后，乾隆便不屑一顾。

100年后，清王朝已经日薄西山。当时的中国几乎成为万国商品汇聚的大集市，来自西方的三种玻璃制品（镜子、保温瓶和美孚灯）彻底改写了中国人古老的生活方式。在那一两代人眼里，它们也成为现代文明的象征物。在长达半个多世纪中，这三大件都是中国新娘的重要陪嫁品，直到后来被新的“三转一响”（自行车、钟表、缝纫机和收音机）取代。

1880年，美国美孚石油公司进入中国，当时普通中国家庭的

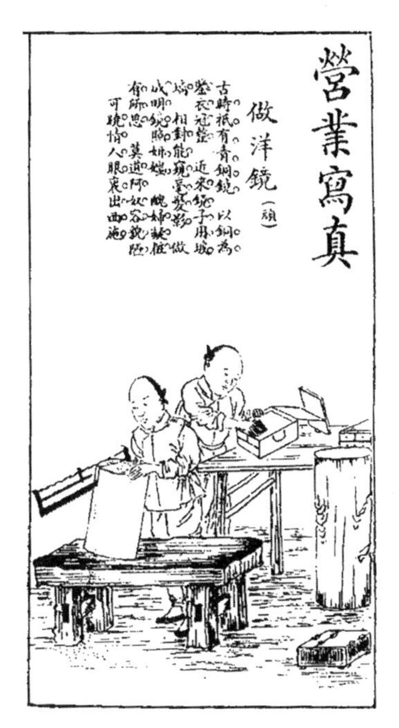

做洋镜

照明方式还跟几千年前一样：以陶瓷或铸铁作灯具，以菜油或豆油为燃料；这种油灯亮度很低，灯光如豆，摇曳不定，还有难闻的气味和浓浓黑烟，动不动就会熄灭。相比之下，美孚煤油灯要亮好多倍，而且亮度可调，加上玻璃罩，也不怕风吹。因此，这种新式灯具一经推出便大受欢迎，立刻成为中国人生活中的新风尚。

其实，美孚灯传到中国时，爱迪生已经发明了灯泡。在某种意义上，爱迪生发明的白炽灯泡只是美孚煤油灯的升级版，它们都有一个明亮的玻璃罩。后者之所以能流行中国将近一个世纪，只是因为中国很多乡村地区一直没有通电。

西方的兴起

在传统时代，技术本身并不必然能改变历史逻辑；反过来，技术逻辑常常要服从于社会和历史逻辑。

中国创造了改变世界的“四大发明”，但却没有创造一个系统的机器体系，比如完整持续的知识、技能、技巧脉络，以及工具、仪器、设备、设施等。在过去几百年间，欧洲人将物理科学与精密加工技术结合在一起，用一个完整的机器体系改写了西方文明的物质基础和文化形式。

在16世纪的西欧，封建制度开始土崩瓦解，文艺复兴运动开辟了天文、物理、化学、数学、哲学等广阔的思想天地。发明机器和使用机器都必须有足够的科学知识，哥白尼、开普勒、伽利略、牛顿和培根等对自然科学的探索，为机器的复杂化奠定了理论基础。

从一定意义上说，蒸汽机和电报的发明应归功于物理学和数学，甚至可以说，这些发明完全是物理学和数学的产物。瓦特根本不是一般意义上的工匠，他精通许多物理知识和数学计算，这使他能改进和发明节能蒸汽机。在工业革命时期，“机器的各种零件，不论是最小巧的，还是最笨重的，它们的形状几乎是根据数学准确性和精确性来制造的，指出这一点很重要”[1]。

如果追溯科学革命，或许弗兰西斯·培根才是机器时代的精神领袖，这位“科学的哲学家”被马克思誉为“英国唯物主义和整个现代实验科学的真正始祖”。他所倡导的科学实验方法，揭示了机械的因果规律。对机器来说，一切都是可控的、可重复的、可验证的；机器世界就像钟表一样独立运行，不受外界影响。

培根将人们带出了传统迷信和神秘幻想的沼泽，从而走上一条前所未有的便捷道路。客观思想不仅促成了人们对机器的信心，也改变了人类的传统观念，科学与启蒙因此而发扬光大。

在《英雄的历史》中，历史学家威尔·杜兰特将培根作为压卷人物——“此时此刻，‘现代社会’这一出大戏已经向世界拉开了帷幕。”[2]

科学是一门学问，它能使这一代的庸才超越上一代的天才。如果说以前的发明只是妙手偶得，那么现在的发明完全是一种有预期、有计划的定制，技术的目的性要求技术本身的适应性要先于其社会性。

用一种比较典型的说法来说，古时候，就有机器被发明出来，它们极为重要，如轮子、帆船，如风车和水车。但是在近代，人们已发明了做出发明的方法，人们已发现了做出发现的方法。机

1-［德］马克思：《机器。自然力和科学的应用》，人民出版社 1978 年版，第 122 ~ 123 页。

2-［美］威尔·杜兰特：《英雄的历史》，乐为良、黄裕美译，中央编译出版社 2011 年版，第 299 页。

械的进步不再是碰巧的、偶然的，而成为系统的、渐增的。我们知道，我们将制造出越来越完善的机器。这一点是以前的人们所未曾认识到的。

从水力时代持续到蒸汽机时代的棉花革命，完全得益于机器的革新速度；低价格的原料和高价格的产品，给英国带来巨大的利润，这些暴利积累，最终启动了工业革命的引擎。

用电报和蒸汽机连接起来的大英帝国，远远超过了从前用骑兵连接起来的任何古代帝国。英国历史学家汤因比郑重指出："对于摧毁旧英国，建立一个新英国，并促使全世界走向工业化，起过最大作用的是两个人：一个是亚当·斯密，另一个是詹姆斯·瓦特。斯密促使了经济思想的革命，瓦特促使了蒸汽机革命。"[1]

机械是一切工业的基础。

"工业主义在更大的程度上扩大了工具的生产，一直发展到把工具变为机械。"[2]就机械本身而言，威尔金森发明的镗床开创了机床制造的先河，专业机床厂使"制造机器的机器"得到迅速扩散。可以说，英国机床工业是大规模生产的真正先驱。

到 1820 年，金属表面刨平、开槽和成型的专用机床和机器都已经开发出来，淘汰了原来成本高昂的锉、錾和手工打磨等工艺。就这样，机器通过改变西方而改变了世界。

1-［美］阿诺德·汤因比：《工业革命》，转引自郭咸纲：《西方管理思想史》，经济管理出版社 2004 年版，第 46 页。

2-［英］伯特兰·罗素：《罗素自选文集》，戴玉庆译，商务印书馆 2006 年版，第 199 页。

德国诗人海涅来到英国后大发感慨："这里到处都在使用机器，它们取代了人类的多种功能，但是机器的包打天下在我看来有些诡异：这些天才的玩意儿带着一股子狂热劲头，驱动着轮子、杆子、筒子，以及无数的小钩子、小栓子、小齿轮，却使我充满恐惧。英格兰生活的确然性、精密性、疯狂性、正确性，同样使我充满焦虑。正如英格兰的机器像煞了人类，那里的人类也像煞了机器。"[1]

从羊毛时代开始，高度发展的英国工场手工业就培养了大批富有实践经验的熟练工人：造纸业、制糖业、制铜业、造船业、印刷业、钟表制造业、大炮铸造业和滑膛枪制造业，等等，这些有组织的制造工场都为机器的发明和应用创造了现实条件。

从前，无论什么机器都只能靠人手工生产，其准确性和精确性完全依赖人的眼力和经验。随着瓦特、阿克赖特、威尔金森等在机械制造方面进行的改良，精确机器开始大量出现，逐渐代替了原来的熟练工匠。尤其是亨利·莫兹利将滑动原理应用于机械装置，以此代替人手掌握刀具。这样一来，刀具的刀刃能够绝对准确地在物体的表面移动，而人不用费一点力气，就可以轻易地加工出平面、圆弧、圆柱、锥体和球体，其轻松、精确和迅速的程度，是从前任何最熟练、最富有经验的匠人用手都无法做到的。

滑动刀架从车床很快就推广应用到镗床、刨床、插床、钻床和其他机床。这对机床的改良意义丝毫不逊色于瓦特对蒸汽机的改

1- 转引自［英］艾伦·麦克法兰：《现代世界的诞生》，上海人民出版社 2013 年版，第 46 ~ 47 页。

良。有了刀架之后，刀具可以随时更换，刀具沿着工件表面进行纵向或横向移动，机床也就实现了自动化。

机床是现代工业文明的基础。有了机床，任何机器和驱动机器的发动机都可以以极高的精度生产出来，不仅加工速度很快，而且可以节约大量劳动力。

一位英国历史学家认为，破解工业革命的起因，部分答案存在于三个貌似互不相干的因素——大炮、钟表和啤酒——之中。在这三个领域，英国都曾处于领先地位。以“火箭号”蒸汽机车为例，从事大炮制造的英国工程师早就掌握了一种精密技术，能把活塞严丝合缝地安到汽缸里，从而形成密封；英国的钟表师，也知道怎样把杠杆的上下运动转化为圆周运动；英国的酿酒师，也有办法让蒸汽压力保持稳定。

人类的进步，不仅是财富的积累，更是知识的积累。信息公开作为一种西方传统，对科学技术的传承和进步有着不可估量的作用。

无论是哈里森的钟表，还是纽科门的蒸汽机，包括大量翔实数据和图纸的设计资料均被公开出版。许多行业协会都有定期出版的内部交流资料，这极大地加强了同行之间的交流、学习和提高。

当时的英国不仅有皇家学会这样的官方研究机构，还出现了许多民间科学组织，其中最著名的当数伯明翰的“月光社”。这是一个由自然哲学家和工业人士组成的学会，因为他们每个月在月圆之夜定期聚会，故名“月光社”。月光社的核心成员包括达尔文（进化论的奠基者查理·罗伯特·达尔文的祖父）、瓦特（蒸汽机的发明者）、博尔顿（工业人士、蒸汽机的天使投资人）、韦奇伍德（工业人士、英国陶瓷之父）和普里斯特利（化学家）等。

在英国18世纪的科学或者技术活动中，很难找到一项活动没有一名以上的月光社成员参与其中。正是这些科学技术活动，最终引爆了工业革命。可以说，是月光社成员们的好奇和才智创造了现代世界。[1]

从文艺复兴开始，欧洲就体现出善于学习和吸收的特性。与广袤的亚洲不同，欧洲在本质上是一个技术共同体；在这样一个共同体中，任何一国的创造和进步，都会迅速传播到其余国家，从钟表、印刷机、纺织机到蒸汽机，都是如此成为整个欧洲的共同文化的。

所以说，只要有了现代化和工业化的火苗，整个欧洲都会被点燃。

在没有任何报酬的情况下，狄德罗完成的《百科全书》在整个社会层面使技术知识化和普及化。用他自己的话说："把世界上分散的知识组成体系，使过去的知识不废弃，使后人更有教养，成为幸福的人。"

从英国开始，18世纪的欧洲最早迎来了现代世界的黎明，人类进入一个伟大的启蒙时代。其时，天才般的人物不断涌现，各种科学创新和技术发明层出不穷——

1- 可参阅［英］珍妮·厄格洛：《好奇心改变世界：月光社与工业革命》，杨枭译，中国工人出版社2020年版。

拉瓦锡创立了化学，伏特创立了电学，赫胥黎提出了地理学的原理，达尔文的《物种起源》揭示了生物演化的秘密，莫扎特发展了古典音乐的形式，柏克和汉密尔顿、麦迪逊定义了英美政治理论，布莱克·斯通的《英格兰法律解释》发展了法理学，爱德华·吉本用《罗马帝国衰亡史》重新诠释了历史的智慧与审美……事实上，瓦特和斯密不过是无数星光中的一束。

思想的解放必然带动技术进步，精确计时器、动力纺织机械、专用机床、大型飞艇、化学反应、冶金、电解和制冷等新技术，引发一场接一场的产业革命。

知识产权

英国经济史学家怀特海说，17 世纪是“天才世纪”，涌现出伽利略、笛卡儿、牛顿、玻意耳、霍布斯、约翰·洛克等一大批科学和思想的巨人，相对而言，18 世纪在实际应用方面无疑是一个“成功的世纪”。

这句话有一个前提，即英国创立了议会内阁制政府，美国创立了联邦总统制政府，法国革命提出了人道主义原则。实际上，美国是从英国殖民地独立出去的，而法国革命时的自由思想也是从英国输入的，洛克是这种自由思想的始祖。

资本主义的根基之一便是法律，英国国王与清教徒的冲突其实是为了争夺立法权。从这个意义上说，光荣革命算是承前启后的一大分水岭。

在这个“第一场现代革命”之后，18 世纪的英国已经不同于 17 世纪的英国。[10] 神权已丧失其权威地位，政教分离成为公认的原则。英国的议会对王权有相当的制衡能力，而当时的西班牙和葡萄牙均为王权专制国家，这成为工业革命出现在英国的主要政治原因。

经济学家诺斯指出：“英国经济能成功地摆脱 17 世纪的危机，

可以直接地归因于逐渐形成的私有产权制度。”[1]

在自然界，两只蚂蚁会争夺一块面包，两只鬣狗会争抢一块肉，一切都遵循弱肉强食的丛林法则。英国启蒙思想家休谟发现，动物无法表达“我的”“你的”这一类概念，但人类可以。在个人拥有私有财产之后，市场交换和分工协作才成为可能。

“风能进，雨能进，国王不能进。”[11] 从休谟、柏克到阿克顿、托克维尔、孟德斯鸠等思想家，都将财产权视为自由制度的基石。[12]

以光荣革命为契机，英国创造了君主立宪制。君主立宪制大大限制了国王的权力。

当时从英吉利海峡望向欧洲大陆，从法国一直到土耳其再到东亚，都是一片专制王权的海洋，时人就毫不奇怪英国人一定会为他们能生活在一个拥有个体自由和权利的国度而感到庆幸了。而正是这种与众不同的社会，才在此后的两个世纪里产生惊人的结果。[2]

1660 年，英国成立了皇家科学院（6 年之后，法国也成立了自己的皇家科学院）。1689 年颁布的《宽容法案》，可以被视为启动工业革命的一把金钥匙。

从 17 世纪末到 19 世纪初，英国出现了一种独特的社会风气，

1- [美] 道格拉斯 · C. 诺斯：《经济史中的结构与变迁》，陈郁、罗华平等译，上海三联书店 1994 年版，第 174 页。

2- [美] 杰克 · 戈德斯通：《为什么是欧洲？世界史视角下的西方崛起（1500—1850）》，关永强译，浙江大学出版社 2010 年版，第 140 页。

哲学家和科学家的思想与仪表技师和手工艺人的技术以及企业家和工厂主的经营有机地融合在一起。最典型的如瓦特、博尔顿与威尔金森的交流合作。

在一种开放交流的环境中，很难把某项发明完全归功于某一个发明家，即使这个发明家是个天才。正像牛顿所说，后人总是站在前人的肩膀上。

英国虽然是一个传统贵族化的特权社会，但在当时，新生的资产阶级开始发现，除商业以外，科学活动也是社会地位升迁的一种十分令人满意的工具。

在当时的社会价值体系中，科学最受人尊敬。国王甚至创办了皇家学会，其他显贵名流也对科学活动慷慨解囊，这些赞助通常可为科学研究募来数目可观的金钱，并带来社会名望。[13]换句话说，科学上的杰出才能带来了与显贵交往的特权；在某种程度上，它也成为一条社会流动的渠道。比如，胡克虽然出身贫寒，但他因为在光学方面的特殊贡献，受到了很多贵族的欢迎，并成为国王的座上宾。

1727 年牛顿去世，葬礼极其隆重，这让伏尔泰无限感慨："我见到了一位数学家仅因为他在职业上的伟大成就，就像一位功德无量的国王那样，享受臣民为其举办的高规格葬礼。"[1]

这种崇尚科学的价值观产生了极其深远的影响。这种影响可用小说家斯威夫特在 1726 年出版的《格列佛游记》中的话来说："谁

1- [英] 尼尔·弗格森：《文明》，曾贤明、唐颖华译，中信出版社 2012 年版，第 54 页。

要能使本来只出产一串谷穗、一片草叶的土地长出两串谷穗、两片草叶来，谁就比所有的政客更有功于人类，对国家的贡献就更大。”

同样作为全球性的殖民帝国，西班牙与英国形成了鲜明的对比。当西班牙王室将掠夺来的白银用于炫耀和挥霍时，英国自由发展的新富阶层越来越成为社会的主流势力。

随着资本主义发展，开始出现了专门授予的垄断权。最初只是授予特许公司，比如东印度公司，后来逐渐授予那些由于做出了创造性的发明而获得专利的人。技术创新取代传统特权成为经济的加速器。

作为技术创新的加速器，工业革命“最大的发明就是发明了发明的方法”。发明与专利构成前所未有的创新体系。

培根于 1601 年首先倡导这种创新方式；23 年后，英国颁布了第一份正式的发明专利法案：*Statute of Monopolies*（一般译为垄断法）。从这一刻开始，知识变成了一种财产——知识产权，人们的垄断权不仅仅只限于过去，还包括未来。这种智力垄断与权力垄断有质的区别，前者代表文明与进步，后者则是野蛮暴力的产物。

可以说，专利权对于机器发明者是一个极大的激励，一个充满才智的人可以依靠发明而获得财富和地位。如果说专制君主主宰着一个国家，那么专利发明则可能主宰一个行业。

工业革命引发了英国持续一个世纪的机器发明热，英国政府正式颁布的发明专利也从 1750 年的 7 件暴增到 1825 年的 250 件，彻底结束了传统手工时代的技术私传性。从飞梭到“骡机”，每一个人都参与其中，甚至包括理发师和牧师。

可以说，推动工业革命的不仅仅是技术，更重要的是关于技术的产权保护制度。诺思在《制度、制度变迁与经济绩效》一书中评价说：“产权保障以及公共与私人资本市场的发展，不仅带来了英国后来快速的经济发展，还成就了其政治上的霸主地位，并最终使英国雄霸世界。”[1]

希腊戏剧家阿里斯托芬有一个观点，即发明来源于需要。事实上，需要本身并不必然导致发明，但需要确实会对发明有所促进和指导。经济史学家威廉·伯克就发现，发明成为一种大众活动，由各种各样不同的人，以非常小的规模不断进行着。

18 世纪的很多“发明”，其实早在 17 世纪，甚至更早就已经存在了；准确地说，这些“发明”只是一种重新发现或者重大改进。在这些技术发明中，有些属于基础性和宏观性的发明，有些属于从属性和微观性的发明；前者更富于原创性，后者则以改良为主。

哈格里夫斯的珍妮纺纱机和纽科门蒸汽机就属于前者，瓦特蒸汽机则属于后者。而实际上，纽科门发明蒸汽机，又受到了萨弗里不成功尝试的启发。

英国圈地运动时期，围栏都采用造价高昂的篱笆和栅栏；虽然当时铁丝很廉价，却没有出现铁丝网。直到 1868 年，迈克尔·凯

1- [美] 道格拉斯·C. 诺斯：《制度、制度变迁与经济绩效》，杭行译，格致出版社 2008 年版，第 191 ~ 192 页。

利发明了带刺铁丝网，这个如同纽扣一样简单而重要的发明，一举改写了美国农业和现代战争的模样。

同样，机器与其说是“需要”的结果，不如说是人们被迫无奈时有意的发明产物。因为木材短缺，人们“发明”了煤；因为煤矿被淹，人们“发明”了蒸汽抽水机；因为羊毛短缺，人们“发明”了棉花；因为棉布紧俏，人们“发明”了新式纺纱机和织布机，等等。

现代人常说“科学技术”，其实“科学”与“技术”是两码事，科学是学者的专长，而技术则依靠专家和工匠。在传统时代，技术掌握在工匠手中，即使到了工业革命时期，技术创新也一般都出自工匠之手。瓦特虽然不懂蒸汽机的工作原理，但却发明了联杆转动的蒸汽机。[14]

作为英国实验主义和实用主义的始祖，培根对中国的发明（印刷术、火药、指南针）给予极高的赞誉：“千百年来的一切学问，是否曾做出一个小小的发明而使我们的福利得到增进呢？在这点上，似乎学者的贡献还不如工匠的一些偶然的发明。”[1]

比培根稍晚半个世纪的化学家罗伯特·玻意耳发现，擅长动手的工匠要比那些坐而论道的学者更有创造力，每当特定的需求产生的时候，就会有天资聪颖的人进行相应的发明创造，采用大量机械代替人手劳作，这样就给工匠们提供了新的谋生手段，甚至可以借

1-［英］培根：《培根人生随笔》，何新译，人民日报出版社 1998 年版，第 217 页。

机发家致富。

爱迪生和福特就是这样应运而生的伟大工匠。福特曾说，一个真正的机械师应该掌握每件东西的制造原理，而这些知识是无法从书本中获得的。机器对于机械师而言，就如同书本对于作家一般。

应当承认，工匠对科学——特别是技术进步，有着不可或缺的核心作用。

很多时候，科学仪器的发明也会极大地推动科学进步，而科学仪器一开始往往是由工匠们制造出来的。比如近代天文学的进步要归功于望远镜的发明，生物学和医学则要归功于显微镜的发明。这两样东西都是眼镜工匠制造的，而不是哪位科学家发明的。[15]

工业启蒙运动

1859年，达尔文的著作《物种起源》出版。马上就有人据此提出“机械进化论”，一篇充满时代热情的《机械中的达尔文》这样写道：

> 没有什么比看到两个蒸汽机之间发生可以繁衍的联姻让我们这个花痴的物种更期待的了，而这现在居然成真了。如今机器被用来生产机器了，同时它又变成了以后同类机器的父母。当然，机器间的联姻与调情、求爱和婚配看起来还非常遥远。[1]

技术的发明与发展，并不是从无到有、突然冒出来的，很多技术都是在现有技术上的新组合与改进。短时间内，这种进化和进步是循序渐进的、缓慢的，但如果长时段打量，人们往往会被这种“进步”吓一跳。

1-［美］布莱恩·阿瑟：《技术的本质》，曹东溟、王健译，浙江人民出版社2014年版，第11页。

工业革命的一系列技术变革，意味着人类又一次对过往历史有了大幅度的跨越。

到19世纪20年代，操纵动力织机的人，其产量是一个手工工人的20倍；而一台动力驱动的“骡机”相当于200台手纺车的能力；一个火车头能运输需要数百匹马才能运输的货物，而且速度要快得多。

发明不仅改变了生产效率，而且更重要的是改变了生产方式，随之改变了人们的生活方式，促进了人口增长。

从1800年到1850年，英国人口增长了一倍，而且大多数人生活在城市中，率先走出了乡土田园的农业时代。对于今天生活在城市，或者生活在工业化乡村的人们来说，已经无法理解传统农村和农业。不管从哪方面来看，乡村与城市完全是两个不同的世界——

“城市的生活水平常常是乡村的4～5倍。绝大多数城市居民都是识字的，而大多数村民则是文盲。城市的经济活动和经济机会与乡村相比，简直不可胜数。城市的文化是开放的、现代的和世俗的，而乡村文化依然是封闭的、传统的、宗教的。城乡区别就是社会最现代部分和最传统部分的区别。”[1]

现代工业导致人口剧增，从农业生产中溢出的大量劳动力流向城市，这让城市走向繁荣的同时，也使传统的乡村生活走向凋敝。这就如同秋天果实成熟时，花朵和树叶开始凋零一样。

1-［美］塞缪尔·P.亨廷顿：《变化社会中的政治秩序》，王冠华、刘为等译，生活·读书·新知三联书店1996年版，第67页。

毫无疑问，城市完全仰赖生活资料的长途运输。或许正因为火车，城市才得以成为一种社会普遍现象，并让人们的生活方式发生变革，城市生活也因此成为大多数人的选择。火车使百万人口的大城市更易形成，而火车站则自然而然地成为这些城市的地标和中心。这在火车诞生之前是很难完成的任务。

当新兴的资产阶级成为城市的主流人群，新的生活方式和景观便开始孕育新的城市文化。铁路的开通加速了这种新文化的交流和扩散，钢琴的出现使音乐演奏更加容易和规范，一种新的大众音乐由此诞生，这就是现代意义上的流行音乐。

不同于传统手工乐器，钢琴完全是机械工业的集大成之作。制造一架钢琴需要八千多个零部件，还需要详细复杂的设计图纸。从机械原理上讲，钢琴通过琴键撬动机械臂，机械臂推动小榔头敲击琴弦，机械臂让人的手指得以无限延伸。大批量生产保证了钢琴音调的标准化，88 个琴键整齐地排列在一起，形成前所未有的音乐规格，由此出现了一大批专为钢琴写作的现代作曲家。

可以说，钢琴是一台典型的工业时代的音乐机器，它身形巨大，在乐队中显得器宇轩昂、高牙大纛，成为当仁不让的“乐器之王”。

随着工业化量产，立式钢琴以其更小的占地面积和更低廉的价格迅速普及，钢琴开始像沙发一样逐渐成为中产阶级的客厅必备，而机械印刷的乐谱也极其廉价，似乎任何一首乐曲都可以用钢琴演奏。音乐从以前的皇家专享降身到民间，音乐的形式也更加多样化。

17 世纪欧洲上流社会的女性热衷于弹奏乐器。荷兰画家维米尔的作品《坐在钢琴前的女子》描绘了一名年轻女子演奏乐器的场景

与之前流传于各个乡村的传统民间音乐不同，现代流行音乐完全是为了城市娱乐消费而生。换句话说，早在电唱机和电视出现之前，工业化的流行音乐就已成为新兴城市的一种文化景观。

在此期间，城市里出现了专门的歌剧院和音乐厅，它们比教堂更加豪华，也更受欢迎。城市化和工业化加剧了社会的世俗化，而社会的世俗化又鼓励了各种艺术形式的神圣化。1832 年的法国《艺术家》杂志宣称："在我们的 19 世纪，人们不再笃信任何事物，但音乐却成了一种宗教。"

在人们眼中，天才作曲家贝多芬完全可以"与上帝平起平坐”。瓦格纳回忆他十四岁时在莱比锡音乐厅第一次听贝多芬的第七交响乐时的感觉，已经无法用“震撼”来形容。除了贝多芬，还有罗西尼。司汤达在《罗西尼的一生》中如此盛赞这位作曲家："拿破仑死了，但是一个新的征服者向世界展露了自己；从莫斯科到那不勒斯，从伦敦到维也纳，从巴黎到加尔各答，他的名号回响在每一个人的舌尖上。这位英雄的声名不受约束，没有文明之累，而且他年龄未及三十二岁！”[1]

与其他艺术相比，音乐不必借助文字或图像，可以直击人心。因此，音乐家群体超越国家与民族，迅速成为最受社会大众欢迎的明星。在这个古典音乐的黄金时代，天才音乐家如群星灿烂，不可胜数，如莫扎特、菲尔德、肖邦、舒曼、舒伯特、门德尔松、李斯特、帕格尼尼、柏辽兹、柴可夫斯基、海顿、德彪西、罗西尼、威尔第、瓦格纳，等等。[16]

弦乐自古就有，但机械技术大大扩展了音阶，并提高了音调的质量，从而形成一种全新的声音。钢琴因其巨大的发声板而变得更加厚重有力。无论管乐还是弦乐，所有的乐器都经过科学校准，音调变得统一和标准化。在一支交响乐队中，每个乐手都有分工，不同的乐手负责不同的乐器和各自的乐章。乐队指挥与其说像是将军，不如说像是一位工厂管理者，负责将作曲家写在纸上的音符变成真正可以聆听的音乐。

1- [英] 蒂莫斯·C. W. 布莱宁：《浪漫主义革命：缔造现代世界的人文运动》，袁子奇译，中信出版社 2017 年版，第 114 页。

作为传统音乐世家，施特劳斯家族有自己的乐团并开创了巡演模式，他们的“圆舞曲帝国”一度雇用了超过200名员工。施特劳斯家族大大扩展了古典音乐题材，他们以娱乐的态度紧跟社会热点，创作了大量脍炙人口的音乐作品。

1837年，维也纳第一条铁路建成，老约翰创作下圆舞曲《铁路的快乐》(作品89)。电磁学兴起时，人们用“通了电一样”来表示快乐兴奋，小约翰与时俱进，写了《电磁波尔卡》(作品110)。维也纳城大兴土木进行扩建，《拆建工人波尔卡》(作品269)应运而生。此外，小约翰还为新的震动疗法写了《震动圆舞曲》(作品204)，为新型发动机写了《加速圆舞曲》(作品234)，为电报写了两首圆舞曲(作品195和318)。

随着企业家取代旧贵族成为新的赞助来源，音乐家们纷纷将自己的才情献给这些工业时代的新贵。约瑟夫·施特劳斯为庆祝韦尔特海姆工厂生产出第两万个防火保险箱，专门写了一首曲子；他不仅别出心裁地用广告语“防火”作标题，还加进了清脆的打铁声，演出后轰动一时。

老约翰去世时，他已经成了全世界最为流行的音乐家。《东德邮报》的讣告中说：他的圆舞曲让美洲人发狂，在中国的长城之内回荡，在非洲的营地里飘扬……

就人类历史而言，“工业革命”的技术变化是自农业革命以来最重要的突破。这场肇始于18世纪英国，从农业和手工业劳动向以工业和机器制造为主的经济转变，以不同的方式向欧洲大陆和世界其他一些地方扩散，从而彻底改变了西方人的生活、西方的社会本质，以及西方与世界的关系。

从现代历史角度来说，工业革命如同文艺复兴，是人类文明的巨大跨越，文艺复兴确立了人的尊严，工业革命确立了自然的统一。有学者借鉴“启蒙运动”，将这场最早的工业化过程称为“工业启蒙运动”。

由轮船、铁路、电报、报刊构建的全球贸易和交通、通信网络，不仅意味着科学技术取得了重大突破，也意味着制造工业有着无限广阔的前景。

工业革命极大地提高了生产力，让资本主义制度得以建立和巩固，领先一步的西方国家势力大增，开始进行海外贸易和殖民掠夺，来自全球的生态资源为欧洲工业机器提供了源源不断的原料。

随着“工业革命”的扩散，它没有使任何一个欧洲国家获得相对于另外一个欧洲国家的明显优势，至少没有造成长久的优势，但它极大地加大了西方与其他地区之间的差距，使得少量欧洲人可以相当轻松地征服人数众多的亚洲和非洲。

“自十八世纪最后三十多年大工业出现以来，就开始了一个象雪崩一样猛烈的、突破一切界限的冲击。道德和自然、年龄和性别、昼和夜的界限，统统被摧毁了。”[1]马克思眼中的资本主义很快就变成了霍布森眼中的帝国主义，新兴西方大国寻求殖民地，是因为本国经济要求为本土产品和投资资本寻找新出口。

英国人口仅占全世界的五十分之一，却拥有全世界一半的现

1- [德] 马克思:《资本论》第一卷，载《马克思恩格斯全集》第二十三卷，人民出版社 1972 年版，第 307 ~ 308 页。

代工业能力。1800 年，欧洲人占领和控制了世界土地面积的 35%；到 1878 年，这个数字上升到 67%；到 1914 年，达到 84% 以上。

工业革命以后，资本主义国家从殖民地掠夺原料，用机器生产廉价的商品运送到殖民地的市场，再一次地掠夺殖民地人民的财富。通过这种滚雪球的方法，使得欧洲在经济上具有完全的优势地位。除日本分得一杯羹外，全世界的财富都归白人所有。[1]

工业革命无疑构成了现代人类历史的入口。经济史学家克拉克甚至提出一个大胆的观点，他认为人类历史上只发生过一件大事，其他都是无足轻重的细节，这件事就是 18 世纪中后期在英国首先发生的工业革命。整个人类的历史不管有多少年，只有工业革命前的人类社会和工业革命后的人类社会的差别，工业革命才是最根本的分水岭。

1- 许倬云：《许倬云说历史：现代文明的成坏》，上海文化出版社 2012 年版，第 99 页。

工业的革命

所有的伟大，都源于一个勇敢的开始。从文艺复兴、宗教改革到启蒙运动，工业革命完全是一系列历史事件催生和辐辏的结果。

很多历史学家将17世纪的科学革命视为东西方之间的关键差异。科学革命与技术革命相辅相成，构成工业革命的前提和动力，推动了社会与政治的变革。英国得风气之先，因此才会成为世界上第一个工业化的现代国家。

在历史上，常常是战争和军事竞争推动国家的建构，而在当时，工业革命以非战争的方式发挥了类似的作用。

自古以来，人力是主要的动力来源，罗马文明便是建立在廉价人力基础上的，工业革命带来的现代文明则是完全建立在价格低廉的机器动力上的。两个世纪以来，动力越来越廉价，人工越来越昂贵。很多辛苦的工作都交给了机器，人类得以充分发挥自己的聪明才智。

传统社会需要的是无数被驯服、能吃苦的奴隶，现代社会需要的是大量有知识、有文化、有思想的人才，这使得科学和教育成为社会发展的前提。

工业革命带来了社会动员，经济增长催生新的社会群体；随着时间的推移，他们通过自我组织的方式进行集体行动，谋取政治权利。虽然这一过程并不总是导致现代国家的建立，但在某些情况下却是成功的，英国便是这样的先例。

对于工业革命的发生与发展，马克思特别强调科学和资本主义的密切关系，“随着资本主义生产的扩展，科学因素第一次被有意识地和广泛地加以发展，应用，并体现在生活中，其规模是以往的时代根本想象不到的”[1]。

在东方世界沉迷于权力垄断和传统农业时，工业时代的西方世界已经将技术进步视为获取利润的重要前提，科学技术成为名副其实的第一生产力。

从英国纺织业采用珍妮纺织机，到瓦特蒸汽机的发明和广泛使用；从钢铁冶炼技术的革新到化工技术发展；从 1776 年瓦特和博尔顿进行蒸汽机的商业化生产，到 20 世纪初创造出大批量生产的流水线作业技术：这一从无到有、风起云涌的工业革命进程，前后持续了一个多世纪。

人们一般将工业革命的发生时间放在 1760—1830 年间，并将英国视为发源地。但历史离不开具体的细节，认真一点来说，从中世纪起，欧洲就走上了这条通往工业革命的“漫长跑道”，直到后来的“腾飞”，时间革命、文艺复兴、宗教改革、科学革命等，

1-［德］马克思：《机器。自然力和科学的应用》，人民出版社 1978 年版，第 208 页。

都是工业革命重要的铺垫。

工业革命从起始、积累、发展到腾飞的过程，就像是水壶里烧的开水，水经过长时间的累积加热，最后沸腾，水变成了蒸汽，突然冲开了水壶盖子。

从大历史来看，应当承认，英国只是这条“跑道”中的一节，大部分新技术都是在欧洲其他国家和后来的美国产生巨大效应的。换言之，工业革命的成果是逐渐显现的。借用英国历史学家雷蒙德·威廉斯的话说，这是一场“漫长的革命”，甚至直到今天仍没有结束。

特别值得强调的是，工业革命带来的变革，不只是工业上的，还是社会上的和思想上的。比如有一种说法认为，工业革命既不是棉花革命，也不是蒸汽机革命，而是观念革命——技术从此被视为进步的阶梯。

工业革命在初期并不被人注意，当时的英国甚至到处弥漫着一种悲观的情绪。一些流行的书籍和小册子反复在说的事情，就是财富损失、人口减少、农业萧条、制造溃败、贸易破灭，等等。

亚当·斯密在1776年完成《国富论》时，根本没有注意到在自己眼皮子底下出现的“工业革命”[17]，就连李嘉图和马尔萨斯这些生活在工业革命时期的古典经济学家，也未能认识到发生在他们身边的历史巨变。

在历史上可称为伟大的工业革命的前夕，并没有任何巨大变革即将来临的信号或预兆。资本主义也是一个不速之客。没有人曾预见到机械工业的发展，它让人们大吃一惊。随着旧堤坝的崩溃，一股不可阻挡的大潮席卷旧世界，并带来了全球贸易。这时候，英国人还以为国际贸易会衰退下去。[1]

事实上，这场无声的工业革命比发生在同一时期的美国革命和法国革命更具有历史意义。法国历史学家保尔·芒图将之称为“产业革命”——

> 近代大工业是在十八世纪的最后三十余年中在英国产生的。它的发展，自始就是那么迅速并且造成那么些后果，以致人们能够比之为革命，的确，许多政治革命还不如这么彻底。今天，大工业林立在我们的四周；它的名称似乎可以不需要说明了，因为它能使人想起那么多的熟悉而动人的形象：这就是许多建立在我们城市周围的大工厂、冒着烟的高烟囱及其夜间发出的火焰、机器不停的震动，以及成群工人像蚂蚁那样的匆忙。[2]

工业革命为人类打开了现代之门，而18世纪的英国人根本没有意识到他们生活在这样一个现代化进程中。事实上，英文“science”（科学）一词直到19世纪中叶前后才具有近代的科学的含义；同样，“现代”和“传统”之间的对立也是19世纪的发明。

1- 转引自［加］马歇尔·麦克卢汉：《谷登堡星汉璀璨：印刷文明的诞生》，杨晨光译，北京理工大学出版社2014年版，第403页。

2- ［法］保尔·芒图：《十八世纪产业革命：英国近代大工业初期的概况》，杨人楩、陈希秦、吴绪译，商务印书馆1983年版，第9页。

人是一种喜欢给事物命名和贴标签的动物，在这方面作家和历史学家最有天赋。在19世纪20年代，“工业革命”（industrial revolution）一词，首先被法国作家使用，显然这个说法是模仿1789年的法国大革命（french revolution）而来。[18]

法国大革命改变了法国，工业革命改变了英国；尽管变革方式不同，其性质却相类：通过某种变革模式创建一个新型社会。有趣的是，表示一种现代主流经济体制的“工业”一词诞生于1776年左右，而“民主”大约也在同时期成为一个常用词。

1776年，亚当·斯密的巨著《国富论》出版，据说他在书的扉页上写了这样一段话：

> 谨以此书献给女王陛下：请您不要干预经济，回家去吧！国家要做守夜人，夜晚来临的时候去敲钟，入夜后监督偷盗行为。只要国家不干预经济，经济自然会发展起来的。

从斯密的《国富论》开始，“工业”（industry）一词就不仅限于“技艺、努力、坚毅、勤奋”等人类特质，而更多地被用来描述一种生产制造体制和活动。同样，从“法国大革命”开始，“革命”也成为现代社会变革的时尚潮流——“革命这一现代概念与这样一种观念是息息相关的，这种观念认为，历史进程突然重新开始了，一个全新的故事，一个之前从不为人所知、为人所道的故事将要展开。十八世纪末两次伟大革命之前，革命这一现代概念并不为人所知。”[1]

纵观人类历史，过去一万年中人类经历的两次最大变革，一次是农业革命（或新石器革命），一次就是工业革命。前者大约开始于公元前8000年，迎来了人类文明的曙光；后者则开创了自过去两个世纪至今的现代全球文明。

“在历史上，机器曾经一度冲击过人类的文化——并给它带来了极大的影响……这次冲击称为工业革命，当时所涉及的机器都是人肌的代替物。”[2] 这是“控制论之父”维纳的一段名言。

钢铁时代制造机器拉开了工业革命的历史大幕。机器取代人的技能，无机能源取代人力和畜力，手工劳动向机器生产转变，由此产生了现代经济。

可以这样说，从人类历史开始直到距今200年前，全世界的劳动产品几乎都是用手工工具完成的，主要依靠人畜的肌肉力量，辅以水力和风力，木制的杠杆和滑轮是仅有的人工机械。但从工业革命以后，人类就进入了机器时代，大量的产品是机器制造的，而且根本不再需要人体肌肉力量的参与，全部力量都来自其他能源。

英国在18世纪的经验性发明创造，无一例外地可以追溯到对能源、原材料的节省，对时间的节省，以及减少对水力、风力、人力等不可预测能源的依赖。

人们为了减少对劳动力的依赖而应用机器，这并不仅仅是出于

1- [美] 汉娜·阿伦特：《论革命》，陈周旺译，译林出版社2007年版，第17页。

2- [美] N. 维纳：《人有人的用处：控制论和社会》，陈步译，商务印书馆1978年版，第111页。

减少劳动力成本的目的；同样重要的原因是，与劳工相比，机器具有许多优势——机器不仅使标准化生产易如反掌，还可以完成一些单纯人力无法实现的事情；除此之外，它们既不会罢工，也不会疲惫或生病。[1]

1- [荷] 皮尔·弗里斯：《从北京回望曼彻斯特：英国、工业革命和中国》，苗婧译，浙江大学出版社 2009 年版，第 30 页。

双元革命

“工业革命”（或者说“产业革命”）完全改变了国家与社会。处于重要历史节点的1660—1832年，被历史学家克拉克称为“漫长的18世纪”。

18世纪之前，英国还算不上一个大国，落后于法国、意大利和西班牙。1700年，法国的经济规模是英国的两倍，人口是后者的三倍；但从1650年到1800年，伦敦人口由35万增长到90万，达到巴黎的两倍。到1880年，伦敦已经成为全世界最大的城市，其面积相当于当时其他几个大城市（巴黎、纽约、北京、东京和墨西哥城）的总和。

当英国已经步入工业社会时，法国还是一个传统的农业社会，除了少数贵族，绝大多数都是生活在乡村里的农民。“小农人数众多，他们的生活条件相同，但是彼此间并没有发生多式多样的关系。他们的生产方式不是使他们互相交往，而是使他们互相隔离。这种隔离状态由于法国的交通不便和农民的贫困而更为加强了。他们进行生产的地盘，即小块土地，不容许在耕作时进行任何分工，应用任何科学，因而也就没有任何多种多样的发展，没有任何不同的才能，没有任何丰富的社会关系。每一个农户差不多都是自给自足的，都是直接生产自己的大部分消费品，因而他们取得生活资料多半是靠与自然交换，而不是靠与社会交往。一小块土地，一个农民和一个家庭；旁边是另一小块土地，另一个农民和另一个家庭。一批这样的单位就形成一个村子；一批这样的村子就形成一个省。”[1]

从1760年发生工业革命以来，仅仅一个世纪，英国就迅速超越法国，以及发现新大陆的西班牙，发展成为一个日不落帝国。

英国工业革命的辉煌硕果顺理成章地转化为军事优势，在1756—1763年的“七年战争”中，英国凭借海军的强大封锁力量重创法国。此役之后，法国被迫将自己在北美的绝大部分殖民地割让给英国，并且从印度撤出。北美独立战争爆发后，法国幸灾乐祸，帮助北美殖民地反英。美国终于独立了，法国政府也濒临破产，由此导致了法国大革命的爆发。[19]

虽然拿破仑用军事政变终结了法国革命，但《拿破仑法典》确立了私有权的法律体系。从这里开始，一场席卷世界的民族革命便一发不可收。

1804年，海地革命获得成功，拉丁美洲随即掀起独立风暴，墨西哥、阿根廷、智利、委内瑞拉、秘鲁、哥伦比亚等国破茧而出；紧接着，希腊从奥斯曼帝国的统治下获得独立。一位希腊革命者说：“法国革命和拿破仑的所作所为使世界睁开了眼。在以前，世界各民族是无知的，人民则认为国王就是地球上的神，他们

1-［德］马克思：《路易·波拿巴的雾月十八日》，载《马克思恩格斯全集》第八卷，人民出版社1961年版，第217页。

必然会说国王的一切行为都是对的。但经过现在这一变化，要统治人民就更加困难了。”[1]

法国作为“自由和解放的旗手”，一方面在欧洲各地不遗余力地推广国民的自由；另一方面，在战争的硝烟中发布大陆封锁令，将英国假想为最大的竞争对手，致力于发展本国的资本主义。在推进欧洲的工业化过程中，法国试图将英国的商品和资本排斥在欧洲大陆以外。

从英国到法国，工业革命推波助澜，越过英吉利海峡和大西洋，赋予欧洲以不可阻挡的推动力和影响力。虽然在此之前，欧洲也有相当规模的手工业，也有过无数次技术革新，但那时的产品主要是奢侈品，只与少数人有关。工业革命以机器和工厂推动了大量生产，这些大众消费品改变了有史以来最大多数人的生活。

我们可以从一件小事来认识“工业革命”的意义——“工业革命时期，新技术的主要代表产品是廉价的可洗棉布，随之，从植物油提炼出来的肥皂得以大批量生产。普通民众第一次买得起内衣裤——它由可洗纤维做成，富人常贴身而穿，故称‘贴身衣裤’。人们可以用肥皂洗衣，甚至洗澡……所以，19世纪末20世纪初的普通民众常常比一个世纪前的国王、王后的生活更清洁卫生。”[2]

中国的所谓工业革命，最早可以追溯到晚于英国一百年的“洋务运动”，但持续的政治动荡并未改变主流的农业经济结构；真正

1- [美] 斯塔夫里阿诺斯：《全球分裂：第三世界的历史进程》，王红生等译，北京大学出版社2017年版，第227页。

2- [美] 戴维·S. 兰德斯：《国富国穷》，门洪华、安增才、董素华等译，新华出版社2010年版，引言第2页。

工业革命深刻改变了英国和世界的命运

意义上的、全面的工业革命，其实只是最近几十年的事情，彻底以机器大量生产的工业品代替手工产品，只有四十年左右的历史。但仅仅四十年时间，被纳入全球经济的中国就已经发展成为“世界工厂”，成为一个机器时代的国家。

从英国兴起的这场机械化浪潮，迅速席卷了整个欧洲和美国。1776 年（乾隆四十一年）的欧洲，仅在非洲和亚洲有一些沿海据点；然而到 1911 年时，西欧和美国已经成为现代世界的主宰者。

关于工业革命何以发生在英国，一直是经济学和历史学中最让人浮想联翩的话题。

牛津大学经济史教授罗伯特·艾伦认为，新技术和新机器之所以能在英国得到大规模应用，是因为英国是一个煤炭价格便宜，而人力成本较为高昂的国家。其他国家则相反，煤炭昂贵而人工便宜。[20] 在18世纪，伦敦的煤炭价格仅相当于巴黎和北京的一半，而伦敦的工人工资却是北京的三倍。

发明机器离不开一个重要的目的，就是用其他相对充裕和便宜的资源，如煤、蒸汽动力，来取代相对稀少和昂贵的资源，比如人力。发明纺织机械，是为了降低单位纺织品的人力成本，这样才能与人力便宜的印度棉纺织品竞争；纽科门蒸汽机几乎全部都在煤矿使用，是因为这里的煤炭近乎免费。而在瓦特蒸汽机大大降低了煤的消耗量后，蒸汽机才得以被应用在远离煤矿的工厂。

唯有在英国这样煤炭工业规模庞大的国家，才会对先进的煤矿排水技术产生迫切需求，也唯有英国能做到无限量地免费供应充当机器燃料的煤炭。这样一来，科学发明转化为实用技术的昂贵代价就只有英国可以承受了。[1]

随着工业革命中煤和铁的广泛应用，生产体系也发生了巨大的改变，其中包括新机器的使用。这些机器带来的结果是雇用了更多的人口。这意味着越来越多的人不用进行初级生产，而是参与到更高一级的生产中，通过交换来获取他们需要的生活资料。这个更高级别的生产部门不仅包括采矿、纺织和煤、铁的生产，也包括其他各种工业制成品的生产和安装。大多数人的生活方式因此发生了彻底改变，他们与土地和工作的关系也随之改变。

1- 可参阅［英］罗伯特·艾伦：《近代英国工业革命揭秘：放眼全球的深度透视》，毛立坤译，浙江大学出版社2012年版。

这就是所谓的“资本主义”。

从社会角度来说，城市的产业工人要比农民拥有更高的收入。较高收入的主流人群，意味着一个新的阶级——中产阶级的形成。这也验证了怀特海所说，现代技术首先是在英国由繁荣的中产阶级创造出来的，因而，工业革命便从这里开始。[21]

工业革命以机器代替人力、大规模工厂生产代替工场个体手工劳动为标志，从一开始就充满了理想主义的色彩。机器所传递出的理性主义，成为几代人心目中智慧和美学的典范。

同时，工业革命重塑了整个世界后，现代人也必须面对由此而来的日常生活中的希望、信念、控制、无聊、幻想与恐惧，这种悲欣交集的焦虑也是前所未有的。

伏尔泰学习英国经验后，在法国发起了理性启蒙运动，使近代科学精神广泛传播，进而引发了法国大革命，推动了民主和科学的进步。

发生在英国的工业革命和发生在法国的民主革命，被霍布斯鲍姆合称为“双元革命”，并称这是从远古创造农业、冶金术、书写文字、城市和国家以来人类史上最巨大的转变，这个革命已经改变了并继续改变着整个世界。[1]

这场“双元革命”不仅改变了世界，而且塑造了一个自由富庶的现代社会。

1- 可参阅［英］艾瑞克·霍布斯鲍姆：《革命的年代：1789 ~ 1848》，王章辉等译，中信出版社 2014 年版。

1851 年，狄更斯因为看到世界博览会中无数奇异的机器而逃离伦敦。1859 年，狄更斯出版了《双城记》——“双城”即巴黎和伦敦；他以法国大革命与英国工业革命为背景，在批判的同时提醒人们，理性和宽容能带来社会进步。

大分工

从某种程度上讲，商业革命是工业革命的前提；正如亚当·斯密所说，市场的扩大会导致生产的专业化，从而提高生产效率。

工业时代的到来，使一切商品的生产成本都随着产量的增加而不断下降。随着全球市场的形成，交易成本也在持续下降；工业技术的扩散更是彻底改变了世界经济的传统特征。从根本上来说，工业革命是一次工业大分工。陌生人之间的分工和协作成为现代财富创生的根本基石。

人类发展的历程本身就是分工的历史。人类最初的分工，或许就是男女之间为了生育子女而发生的。在最早的原始农业时代开始之前，普遍存在着这种分工，即男人从事狩猎，女人从事采集。

达尔文通过对一些原始部落的考察，提出一个观点："远古人实行劳动分工，每个人并不直接制造自己的工具或陶器，而是由某些人专心投入此类工作，以此交换捕猎所得。"[1] 进入农耕时代以后，男耕女织，分工继续向前推进。[22] 第一次社会大分工，将畜牧业

1- 转引自［英］马特·里德利：《理性乐观派：一部人类经济进步史》，闾佳译，机械工业出版社 2014 年版，第 59 页。

从农业中分离出来；第二次社会大分工，将手工业从农业中分离出来。

手工业的出现促进了传统经济，并在世界范围内逐步孕育出资本主义的萌芽。

在资本时代，竞争和利润的压力使手工业被迫再次进行更为细致的专业分工。在更精细的尺度下，真理会变得更加完美。分工使复杂的操作被分解成很多简单的步骤，从而实现了专业化。

分工不仅提高了劳动效率，也促进了机器的发明和生产力的发展；反过来，机器的发明和生产力的发展又促进了社会分工。机器的产生是步入专业化提升阶段的标志，并被视为专业化的附属产物，且可能会持续地提高人均产出。

分工使扣针的制造成为一种专门职业，也使发明制造扣针的机器成为可能。一个未经训练又没有专门机器的人，一天也制造不出一枚扣针；而在专门的扣针制造厂，借助专门的机器，10个工人每日就可制成48000枚扣针，即一人一日可完成4800枚。专业分工使得制针产业内部的人均产出至少提升了240倍。[1]

分工使同样的劳动者能够完成比过去多得多的工作，这一方面是因为劳动者的工作技能更加专业，另一方面则是因为专门机器的介入，进一步简化和缩减了工作量以及工作强度，从而大大提高了效率。亚当·斯密指出，由于分工，所有不同行业的产量都出现

1- ［英］亚当·斯密：《国富论》，唐日松、赵康英、冯力等译，华夏出版社2005年版，第8页。

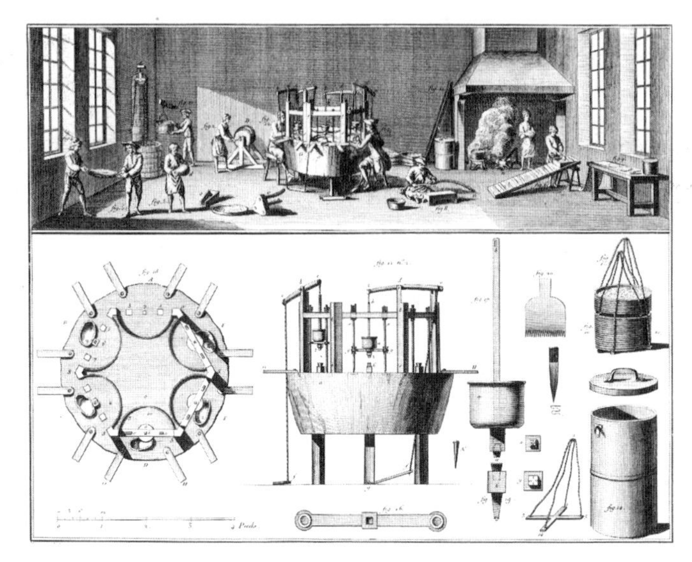

1762 年的《百科全书》中有关扣针制造的整版插图之二

成倍增长，一个治理得很好的社会所出现的普遍的富裕，扩展到了最底层的劳苦大众身上。

传统时代缺少分工，人们常常需要自力更生，比如自己的鞋子自己做。有了分工，人们都会去买鞋子，而不是费力在家制鞋。裁缝不会做自己的鞋子，而是去鞋匠手里买；鞋匠不会自己做衣服，而是去找裁缝买。

其实，早在亚当·斯密之前，法国大百科全书就曾指出了分工的三大好处：改进人力资本和提高技能，节省转换活动的时间和促进机器的发明，以及市场和人口在促进专业化方面的作用。

在分工原则下，社会中的每个人都在做自己擅长的事情，整个社会实现了劳动节约。亚当·斯密说，我们期望的晚餐并非来自屠夫、酿酒师和面包师的恩惠，而是来自他们对自身利益的关切。这与中国先秦法家思想略同。

韩非子说：同为木匠，造车子的木匠希望人“富贵”，做棺材的木匠希望人“夭死”，并不是造车子的木匠心肠特别好，也不是打棺材的木匠心肠特别坏，也不是出于他们各自的爱与憎，而是由他们的实际利益决定的，因为人不富贵就买不起车，人不死棺材就卖不出去。[23]

在中国春秋时代，大量生产的战车和弩机标志着古典机器时代在东方走向成熟。“横弓着臂，施机设枢”，弩机实现了高度分工和完全通用，制造者分为弓人和矢人。当时战车是国力的象征，也实行了分工，“舆人”专门制车厢，“轮人”负责做车轮。《淮南子》中说：“故射者非矢不中也，学射者不治矢也；御者非辔不行，学御者不为辔也。”“故古之为车也，漆者不画，凿者不斫，工无二伎，士不兼官，各守其职，不得相奸。”

“知者创物，巧者述之，守之世，谓之工。”（《考工记》）作为世界最古老的手工业技术手册，《考工记》中详细记载了周代中国手工业中各个不同工种的分工与工艺，包括木工、金工、皮革工、染色工、玉工、陶工六大类，共三十个工种：“凡攻木之工七，攻金之工六，攻皮之工五，设色之工五，刮摩之工五，抟埴之工二。”

《考工记》又云：“粤无镈，燕无函，秦无庐，胡无弓车。粤之无镈也，非无镈也，夫人而能为镈也。”由此可见，当时已经存在明显的“比较优势”和“国际分工”。

在与中国春秋战国同一时期的古希腊，柏拉图也提出了分工理论，他论述了专业化和分工对增进社会福利的意义，并认为市场和货币的基础是分工。

专业化鼓励创新，鼓励人投入时间去创造能制造工具的工具。发明源于需要，而机器则来自分工，没有分工就没有机器。分工是为了提高效率，而机器是提高效率的主要途径。

分工使人们的注意力专注于某一种简单的工作，就会有人发现或创造一些更容易、更便利的方法，或者借用一种专门的工具工作。即使最简单的工具，也比徒手更加有效，比如用铁锹挖土就比用手挖土轻松得多。

工具的专门化和复杂化，最终演变成为机器。如果说铁锹是工具的话，那么挖掘机就是机器。正因为这样，早期的机器有很大一部分都是普通工人发明的，他们发明机器只是一种工作需要而已。

伦敦大学经济史教授阿什顿指出，发明出现在人类历史的各个阶段，但它在一个由朴素的农民和毫无技能的体力劳动者组成的共同体内很难茁壮成长。只有当分工业已展开之时，人们致力于一种单一产品或者一道工序，发明才能硕果累累。18 世纪伊始，这种分工已经存在，工业革命在某种程度上是专业化原理强化与延展的原因，在某种程度上也是其强化与延展的结果。[1]

1-［英］托马斯·S. 阿什顿：《工业革命（1760—1830）》，李冠杰译，上海人民出版社 2020 年版，第 18 页。

一件有趣的事情是，直到19世纪的英国，工厂还被称为磨坊。其实这种大规模分工合作的生产模式，使得新兴的工厂已经与传统手工工场发生了质的区别。在工场手工业中，工具的动作决定于人的动作；相反，在机器工厂中，人的动作决定于机器的动作。

工厂促进了生产技能的专业化和生产过程的分工，这种发生在工业内部的大分工无疑是一场革命。“职业的专门化，由于能使劳动者的技术熟练，所以促成劳动成果在质与量上的提升，也因此而对公共福祉有所贡献，也等于是为最大多数人谋福利。”[1]

孟子曰：“子不通功易事，以羡补不足，则农有余粟，女有余布；子如通之，则梓匠轮舆皆得食于子。”[24]分工结束了传统的自给自足，使每个人都必须为他人工作，即所谓的“我为人人，人人为我”。

据说在景德镇，瓷器的生产专业化程度极强，分工极其细致。在英国，韦奇伍德在瓷器制造上也采用了分工原则，将陶瓷制造过程分解为二十多个各自独立的工序，每个工序都使用不同专长的工人。此举大幅度降低了成本，使他的陶瓷迅速占领了英国和欧美市场。

相较于技术上的创新，韦奇伍德在组织能力上则更为出色。他不仅能将不同专长的人组织在一起，还非常重视人员培训，尤其是对销售和管理人员精挑细选，这让他的陶瓷事业发展得极其成功，“韦奇伍德”也几乎成为世界陶瓷业中高品位的代名词。

1- [德] 马克斯·韦伯：《新教伦理与资本主义精神》，广西师范大学出版社2007年版，第156页。

专业化

分工理论是《国富论》的一个重要核心内容，乃至放在开篇位置。

亚当·斯密揭示出，机器工作晚于劳动分工，并从劳动分工中获得机器的原则。恩格斯后来总结道："分工，水力、特别是蒸气（汽）力的利用，机器的应用，这就是从18世纪中叶起工业用来摇撼旧世界基础的三个伟大的杠杆。"[1]

如果说手工业分工导致了工具诞生的话，那么工业分工则导致了机器的出现。因为人类的劳作一旦简单化，人类就会被机器所模仿和替代。使用锉刀和钻头的工人的技能，后来被刨床、切槽床和钻床所代替，而切削金属的车工的技能，则被自动化的机械车床所代替。

与机器的作用相比，细致的分工对工人的影响同样巨大。制造业将生产过程分解为一系列简单的、专门化的操作，这些人体动作逐渐向机械操作靠近，最后人或者被机器代替，或者变成"机器"。

1-［德］恩格斯：《英国工人阶级状况》，载《马克思恩格斯全集》第二卷，人民出版社1957年版，第300页。

“不需要多大的想象力，工厂可以被看作一台发动机，它的零件就是人。”[1] 使人的劳动机械化的过程，实际就是机器代替人的预演；或许可以这样说，生产过程的分工对人格的“异化”，比最繁重的体力劳动都要严重得多。

马克思由分工而提出了“异化”理论，认为分工使物质活动和精神活动、享受和劳动、生产和消费由各种不同的人来分担这种情况成为现实，从而促进了异化劳动、私有制和国家等异化现象的产生。

马克思批判道：“在简单的劳动合作中，个人的劳动技能并没有实质性的变化。但工厂的生产则使得这些劳动方法发生了革命性的变化，完全推翻了个人劳动的属性。在这个过程中，工人因为被强迫掌握一些高度专门化的操作技能，从而被扭曲了人性，成为了残疾。在整个社会，所有劳动者的劳动欲望和劳动机能都必须为此牺牲。这就像在阿根廷，人们只是为了获得皮革或油脂就把整头动物屠杀掉。在这个过程中，不仅仅是生产过程的某些具体操作分配给了不同的人，劳动者本身也被分裂了，变成了完成某项操作的自动机器……最初是由于工人缺乏生产产品所必须的生产资料而出卖劳动力；但现在的情况是，除非他把劳动力出卖给资本，否则他的劳动能力就会无用武之地。”[2]

1- [英] 罗杰·奥斯本：《钢铁、蒸汽与资本：工业革命的起源》，曹磊译，电子工业出版社 2016 年版，第 287 页。

2- 转引自 [美] 刘易斯·芒福德：《技术与文明》，陈允明、王克仁、李华山译，中国建筑工业出版社 2009 年版，第 133 页。

早在工业革命初期的英国，技术变革就已经引发了一场社会变革，机器取代工具，蒸汽取代人力，工业取代农业，民主取代专制，依附于传统生产方式的庄园主和自耕农消失了。

社会阶层重新组合分流，出现了掌握机器的工业资产阶级和出卖劳动力的工业无产阶级。与此同时，自然哲学也遵从分工原则，被拆分成生理学、化学、物理学、地质学等独立的学科。这一切社会变革都与专业分工的出现有着密切关系。

社会分工提高了生产效率，从而增加了国民的福利总量；自由竞争基础上的市场交易，反过来又进一步促进了社会分工。经济的专业化分工和商业力量的崛起，改变了传统社会的主导力量格局，再加上专业化分工导致的财富增长，使军事力量走向专业化成为可能。

自由的工商业者参与和推动了专业化分工，使社会更加自由和多元。专业化分工构成了一个复杂的世界，公共事务需要协商才能决定，传统专制主义逐渐退场，民主政治开始登上历史舞台。

从另一个角度说，专门的机器与专业的工人不仅是专业分工的结果，也是其原因。

专业分工使每个人只会一道工序，完成整个产品必须与其他人合作，这导致个体越来越难以离开社会。随着时间的流逝，工程的专业分工越来越细，专业工程师与不同专业的技术人员几乎无法沟通。

19世纪晚期，蓝图已经得到普遍使用。在设计领域，双手与大脑开始分离。这意味着，一种东西被正式制作出来之前，它就

专业化分工使每个人只会一道工序

已经在概念上被完成了。

规则的时间、发达的生产力、丰富的商品、对时空的超越、标准化的产品、自动化的机器、强大的集权控制和集体依赖，这些构成机器时代的人类文明。这种现代文明抹杀了人类文明的多样性和复杂性，地域差别与历史差别也被机器一概抹平。

从某种意义上说，现代机器文明也引发了现代旅游业的诞生。

在古代社会，很少有人会为了游山玩水而远行，因此徐霞客才特别著名。铁路的出现，才真正带动起人们的旅游出行。1841 年，一个 500 人的旅行团搭乘火车从英国莱斯特出发，经过 19 公里的短途旅行抵达拉夫堡。组织这次旅行的库克于 1845 年正式开始经营旅行社。他选定的路线是从英格兰西南部出发，乘坐火车抵达北部工业城市利物浦。旅行团之所以能够赢利，是因为它降低了单个游客的旅游成本。10年后，库克又借助火车和轮船，推出欧洲大陆游和环球旅行。

进入20世纪后，休假制度已经出现，旅游的人越来越多。从山野到海滨，从国内到国外，旅游的范围不断扩大，旅行的方式也从火车、游轮、汽车扩展到飞机。在某种意义上，旅游业的兴起不仅是一个社会走向富裕的标志，也是交通条件和社会分工达到一定程度的结果。人们将原本只是自由放松的私人活动，变成了一项严格守时、专业化和程式化的商业项目。

工业革命使世界靠得更紧密，变得更小，比以往任何时候都更加趋于同质化。但与此同时，工业革命也使地球走向分裂，胜利者与失败者更加疏远和对立，人以群分，物以类聚，一个完整的世界被分裂成了好几个。

专业化不仅改变了工作的性质，也改变了工作的意义，职业赋予现代人一个全新的身份。

法国社会学家涂尔干在《社会分工论》中，将社会分成有机社会与机械社会：有机社会是分工的社会，人口的增长导致了人们之间交往密度和接触机会增加，推动了工作的专业化程度的提高，基于专业化的分工产生相互依赖的压力，促使人们更加自觉地接受道德上的相互约束；而机械社会则通过强烈的集体意识，将同质性的个体结合在一起，这样的社会以彼此仇恨的阶级来划分，不是你统治我，就是我统治你，严重的贫富差距导致处处篱墙，道德贫困，乃至崩溃。[1]

对那些落后停滞，甚至处于原始状态的国家来说，英国的殖民化客观上也有现代化启蒙的作用，当然用的是“带血的锤头”。马克思和恩格斯一方面严厉谴责殖民主义的罪恶动机，另一方面也承认这种行为打开了东方的大门，引起了历来仅有的第一次社会革命。

工业革命催化了国际分工，资本以其魔力无穷的巨掌将全世界推入商品流通的大潮中，使一切国家的生产与消费都成为世界性的。“过去那种地方的和民族的自给自足的闭关自守状态，被各民族的各方面的互相往来和各方面的互相依赖所代替了……资产阶级，由于一切生产工具的迅速改进，由于交通的极其便利，把一切民族甚至最野蛮的民族都卷入到文明中来了。它的商品的低廉价格，是它用来摧毁一切万里长城、征服野蛮人最顽强的仇外心理的重炮。”[2]

1- 可参阅［法］埃米尔·涂尔干：《社会分工论》，渠东译，生活·读书·新知三联书店 2000 年版。

2- ［德］马克思、恩格斯：《共产党宣言》，人民出版社 2014 年版，第 31 ~ 32 页。

由于这些发明（这些发明后来年年都有改进），机器劳动在英国工业的各主要部门中战胜了手工劳动，而英国工业后来的全部历史所叙述的，只是手工劳动如何把自己的阵地一个跟一个地让给了机器。

——［德］恩格斯

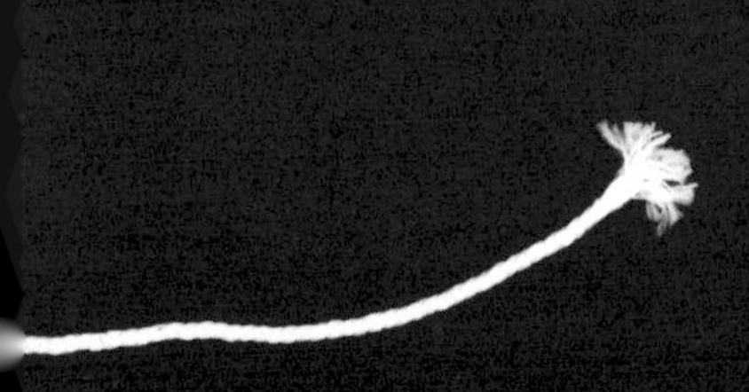

第十一章　机器公敌

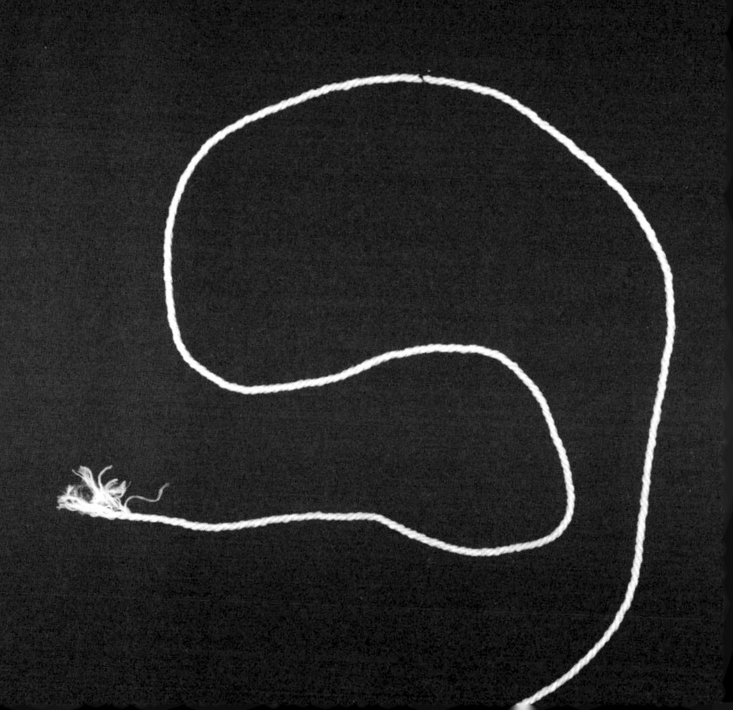

“可怕”的机器

亚里士多德曾经说：如果梭子自动编织，如果乐器自动演奏，工头将不再需要助手，主人也不再需要奴隶了。他认为，那将是一个美满的局面——人不再被奴役。

然而事实却是如此吊诡，对很多劳动者来说，亚里士多德的想象只会是一场灾难。

棉花革命始终伴随着一系列发明，这些伟大的发明将手工生产带入了机器大生产，人们的工作效率因为机器而被无数倍地放大，一场轰轰烈烈的棉纺工业启动了工业革命的引擎。

这场革命使人类第一次遭遇到如此“可怕”的机器。

几家欢乐几家愁。在资本家为这些高效机器而欣喜若狂时，传统的手工业者却因为资本对这些机器的利用而陷入困境。

事实确实如此，飞梭使织布机的生产效率大大提高了，但同时也使无数棉纺工人失业。1829 年，批评家卡莱尔在《爱丁堡评论》上撰文指出：“在各个方面，有血有肉的工匠都被赶出他的作坊，让位给一个速度更快的、没有生命的工匠。梭子从织工的手指间掉落，落入到穿梭更快的铁指当中。”[1]

在焦虑与愤怒中，这些机器的“始作俑者”被迁怒而成为众矢之的。发明飞梭的约翰·凯伊成为全民公敌，遭到全社会的疯狂追杀；他只好藏在一个羊毛袋子里，从曼彻斯特逃亡海外，之后悄无声息地死在法国。

发明了珍妮纺纱机的哈格里夫斯同样遭到了人们的攻击。纺织工们控告他剥夺了他们的生计——“如果这种机械多了，我们就都得失业”。他们愤怒地冲进哈格里夫斯的家里，捣毁了所有机器，他只得偕家眷逃离。

发明织袜机的李·维利亚同样被迫离开英国，最后默默无闻地死在法国。

在传统的手工业时代，对大多数工匠来说，他们是靠手吃饭的，唯一的资本就是劳动力和职业技能。在手工业时代是工人使用工具，然而在工厂里则是机器使用工人。换言之，当生产过程从工具过渡到机器，工人操作工具的技能也被一起过渡到了机器身上，原本有一技之长的工匠变成了身无长物的工人。

可想而知，对于工人来说，凡是降低工人劳动价值和技能价值的东西，就是对他财产的剥夺。

举一个简单的例子，一个酿酒师可能终其一生的经验积累，才可以区分酒酿 65℃与 67℃之间的细微差别。然而温度计的出现，

1- 转引自［英］雷蒙·威廉斯：《文化与社会：1780—1950》，高晓玲译，吉林出版集团有限责任公司 2011 年版，第 81 页。

却能使他这一技能在瞬间变得毫无价值。

机器不仅实现了用熟练程度较低的劳动代替熟练程度较高的劳动力，而且更加“危险”之处在于，它能节约劳动力；一台机器可以实现数人乃至数十人的工作效率。对工场主来说，添置机器与增加人手没有太大区别。既然机器比工人的代价低，那他就不需要增加工人，甚至还要减少工人；只要有机器，就可以生产更多的产品。

对工人来说，这无疑是极其可怕的，机器为工场主带来的“节约”，严重损害了他们的利益。

事实上，新发明的机器不仅是工人与资本家斗争的原因，也是其结果。

一个最著名的案例就是罗伯兹发明的自动化“骡机”。它明确地消除了曼彻斯特工厂主的困扰——在此之前，这些工厂主深受普通“骡机”的熟练操作工罢工的威胁。普通“骡机”需要操作工有一定的操作经验，但自动化“骡机”对操作者没有任何技术要求，甚至智力障碍者也能成为工人。类似这样的发明还有滚筒印花机、精梳毛纺机和自动冲床等。

从人与工具的关系来说，作为工具出现的机器，并不是取代了人，而是被赋予了本来是人才有的技能。这样一来，虽然机器还需要人来操作，但却不再需要人的技能，工人的技能已经转移到机器身上了。于是，工人与机器从此被彻底分隔，离开机器，工人将无所适从。

从这个角度可以清晰地发现，机器何以成为工业革命的标志。

罗伯兹发明的“骡机”是一种自动纺纱机

一般而言，对于机器革命的传统答案是，一方面，机器增加了效率，降低了产品价格，低价刺激消费，需求的增加要求更大的产量，从而促进工业的规模化发展；另一方面，机器仍然需要人来操作，劳动力不但没有被淘汰，反而增加了就业机会。

事实上，这种推论即使在现在也是一个充满争议的话题，更不用说当人类第一次遭遇到机器的时候，工人对机器的愤怒和恐惧完全是可以理解的。

早在工业革命之前，机械发明就遭到传统工匠和行会的抵制。行会为了保护手工业者的利益，非常反对技术创新。

1518 年，荷兰手工业协会对机械竞争带来的失业提出抗议；1555 年，英国行会通过议会发布了禁令，禁止使用起绒机；1598 年，工人激烈反对织袜机。这与两个世纪之后人们反对选矿机并没有什么区别。

还有一个不太为人知的事情：1707 年，德国的船夫行会袭击了最早发明蒸汽船的法国人丹尼斯·帕斯，将他制造的蒸汽船捣毁。世界上第一艘蒸汽船因此夭折，蒸汽船的出现被推后了一百多年。

如果说机器对纺织工人的影响仅仅是间接的，那么它对剪羊毛工人和梳羊毛工人的影响就是非常直接的。

梳羊毛工作本来是一种值得骄傲的技术职业，但卡特赖特的发明很快就结束了梳羊毛工人的自命不凡。他们的工资不久前还比纺织工高出一半以上，这时却降到了相同的水平。可笑的是，梳毛机的普遍使用其实还是很久以后的事情，但仅仅威吓要使用这种可怕的机器，就成为老板手中一种战无不胜的武器。

剪毛机的发明对于剪呢绒上长毛的技工，产生了同样立竿见影的结果。

对处于生存底线的工人们来说，既然机器有剥夺他们生计的危险，他们就认定必须破坏机器。

剪羊毛机出现以后，英格兰北部的剪羊毛工人马上坐卧不安，担心自己会沦落到像那些没有技术的普通工人的悲惨境地，成为机器的奴隶和牺牲品，因此将所有的愤怒都撒向了机器。他们不仅破坏机器，极度的焦虑还促使他们参加了 1812 年的流血暴动。

在哈格里夫斯之前十年，劳伦斯·厄恩肖就曾制造出了一架纺纱机，但刚一造好他就把它毁掉了。他说，他只是不忍心剥夺穷人的谋生手段。在现实中，这种高尚无私即使不是唯一的，至少也是十分罕见的。

向机器宣战

通过将人的身体视作机器，18 世纪践行着控制与支配；19 世纪则直接将机器本身作为控制的工具。相对于英国手工业者来说，机器比工人要好预测、好控制得多。工厂主们做梦都想要一个能全面控制的工作环境，最好是一个工人都没有。如果哪个步骤还需要工人，那最好是给他们安排完全被监测的任务，而且让他们被机器所控制。

工业布局与设计的存在，与其说是为了带来更大规模、更可预测的产量和利润，不如说是为了阻止不受欢迎、不可预测的发明的出现。如此一来，工人们对于机械化以及将机器引入他们自身工作过程之中的抵抗，就变得可以理解了。

按照麦克卢汉的媒介理论，无论工具还是机器，都是人类身体的延伸和拓展。比如，轮子是人双脚的延伸，弓箭是人双臂的延伸。按照芒福德的说法，人的身体本身就是一部精妙绝伦的机器：手臂是杠杆，肺是风箱，眼睛是透镜，心是泵，拳头是锤子，神经则是通信系统。

从这种角度来理解人对机器（工具）的关系，就会发现，机器及其逻辑导致传统的人与工具之间的关系发生了混乱。

工具一直象征着人类个体的外部化和延伸，由人类的节奏、技能和智慧来激活和控制，但机器突然侵入了传统的手工作坊，使工具失去了价值。精湛的手艺失去用武之地，机器逻辑和大工厂构成资本家“权力的化身”，彻底征服了身无长物的工人。

恩格斯非常同情工人的处境，他形容说：

> 几个月以后，一架机器造好了，它好像具备了一个熟练工人所具有的智慧、感觉和手指。这个铁人（工人是这样叫这架机器的）就这样按照密纳发[1]的命令从现代的普罗米修斯[2]的手中跳了出来。它是这样一个创造物，它的使命就是恢复各个工业阶级间的秩序并保证英国人在工业中的统治权。关于这个新的海格立斯式的功绩的消息在工会中引起了恐慌，这个奇妙的创造物还没有走出自己的摇篮就把无法无天的海德拉[3]扼杀了。[1]

实际上，棉纺织业从一开始就面临着各种社会阻力和官方禁令。按照传统的“重商主义”思想，商人不是通过商品的流通，而是通过限制商品的流通来获得利润的。为了维护毛纺业的利润，就必须限制棉纺织品的流通。

印度棉纺织品刚刚来到英国时，反对之声不绝于耳。为了反对棉织物的进口，英国斯皮塔菲尔德地区的 2000 名毛纺工人发起了大规模的抗议运动。1719 年 6 月 11 日，这场抗议转变为暴动，

1-［德］恩格斯：《英国工人阶级状况》，载《马克思恩格斯全集》第二卷，人民出版社 1957 年版，第 511 页。

声势一步步逼近伦敦。身穿棉织物的人在大街上经常受到侵扰，有的人甚至被扒得一丝不挂。更为严重的是，抗议者还擅闯民宅，毁坏房主家里的棉织物。

鉴于棉织物的使用给“王国的毛织物和绢织物工业带来巨大损失”，同时造成了以此为生的人们及他们家庭的破落和衰败，为解决这一问题，英国政府相继颁布了棉织物的《禁止进口法》和《禁止使用法》。

但在现实中，这些法律根本无法执行，最后都沦为一纸空文。在 1720 年之后，东印度公司对印度棉织物的进口不但没有减少，反而持续增长。

印度棉织物的失控甚至泛滥成“灾”，逼迫那些以前从事毛纺织的英国工匠们致力于技术革新，硬是在曼彻斯特催生出一个前所未有的英国棉纺织业，多少有点因祸得福。

其实从根源上说，不平等才是人类最大的愤怒。穷人们认为，历史没时间倾听弱者的哀鸣。

在机械化出现以前很久，工人们就常常破坏工具。

在英格兰中部，织袜工人为反抗工场主而砸碎织袜机。他们并不是恨织袜机本身，而是恨拥有织袜机的人。对愤怒的织袜工来说，织袜机是资本家的私人财产，贪婪的资本家用织袜机向这些家庭织工收取极其高昂的机器租金。除了机器，工人们也破坏生产的货物。有些织布工人曾因故意毁坏工场的织物而被多次定罪。

如果说这些行为的破坏对象还不只是机器的话，那么从 18 世纪后半叶的棉花革命时代开始，机器几乎成为所有破坏行动的唯一目标。

当时，棉纺织业虽然取得了长足的发展，但劳动者的地位却不断下滑，因为“飞梭”“珍妮机”“骡机”等机器的使用，大量代替了工人的手工艺。甚至有些机器就是专门为没有技术特长的人设计的，这样就可以让他们取代那些工资较高，且不听话的专业工匠。

传统时代的手工技艺一般都属于私密的东西，技术具有某种垄断性，即所谓的“独门技术”。相比之下，机器虽然有专利，但没有“秘密”。

虽然所有的机器都有一定的操作规程，但这些东西不是秘密，谁都可以从说明书上学到，而不会像技艺一样被个人独家私藏。

机器的广泛使用，使技术工人的地位一落千丈。以前只有那些没有技术专长的工人才是辅助工，如今有技术专长的工人也成了辅助工，甚至因为自尊而失去工作。

随着工业革命的到来，机器工业使工人成为资本与机器的奴隶。机器减轻了工人的劳动强度，但也降低了对工人的技术要求，从而降低了工人的劳动价值。蒸汽锻锤使铁匠失业，锯木机使锯木工失业。可以说，在机器越来越受欢迎时，工人们却陷入失业、贫困和绝望的深渊而不能自拔。

因此，在工业革命早期，机器被普遍视为工人的天敌，而对失业的恐惧也使工人运动常常以反机器运动的面目出现。

当社会精英和资本家们对机器充满无限崇拜和狂热的时候，社会底层的劳动者和大量手工业者为了自己的生存，被迫发起一场席卷整个欧洲的“战争”——向机器宣战。

对吊诡的历史来说，这是一场堂吉诃德向风车宣战的现实版。

1769 年，愤怒的人群冲进莱姆斯豪斯的机器锯木厂，将所有的锯木机捣毁。几乎与此同时，布莱克本的纺织工人把哈格里夫斯的多轴纺纱机砸烂，并将他赶走。罗伯特·皮尔在阿尔萨姆开设的印花织品厂也遭到了猛攻，机器被打碎并扔到了河里。

随着类似事件的迅速蔓延，英国政府出台了禁止破坏机器的法案：不论是个人还是“不法的叛乱的”群体，故意毁坏机器和厂房者，均将按重罪惩处。这项法律与其说承认了工人是危险的，不如说承认了“机器是危险的”。

人与机器的战争才刚刚开始。

机器吃掉工作

1779年，兰开夏的反机器运动几乎成为一场真正的战争。在这场浩劫中，英国最大的工厂——阿克赖特的伯卡克尔工厂——遭到了毁灭性的打击。

当时，阿克赖特从伊诺克和泰勒的工厂订购了一批剪布机，在运输途中遭到拦截，卢德派[4]分子用铁锤将剪布机砸成了一堆废铁。颇为讽刺的是，伊诺克和泰勒的机器制造厂不仅生产剪布机，也生产了大量的铁锤。

尽管阿克赖特将工厂修建得如同要塞般固若金汤，甚至还设有一架榴弹炮，但仍未幸免于难。

持续的骚乱使政府、资本家与艰难求生的劳动大军都陷入一种无法遏制的暴怒之中，技术催生了莫名的暴力情绪，整个社会都被焦虑控制。

传统手工业者和崭露头角的工人群体不约而同地将自己的贫困、失业、破产和沦落，归咎于机器的发明和应用。这并不是迁怒，而是真正的愤怒——人类前所未有地为自己创造出来的东西而愤怒。虽然这些发明是那么有力和聪明，但它们根本不懂得人类的劳累、厌倦和失落。

确实，机器的真正可怕之处就在于，它们没有任何情感，它们

描绘反机器斗争的漫画

只会干活。

传统时代，工匠们不仅靠手艺吃饭，做手艺本身也充满乐趣，给工匠本人带来极大的满足感和成就感。

机械动力代替了人力，机器代替了技术，生产分工越来越细致，这些都使工作越来越失去乐趣，工作唯一的动力只剩下金钱，而且所得的金钱还比以前少。对工作的厌倦和对身份的焦虑，成为机器工业带给人类最大的噩梦。

一般而言，厌倦产生于一种机械麻木生活的活动之后，但它同时也启发了意识的运动。对机器的厌倦，在深层次上是人相对于机器的卑微。

在传统手工业时代，大多数人子承父业，很小就确定了职业道路，人们的身份几乎是一成不变的，而工业时代的到来颠覆了一切。“现代工业已经把家长式的师傅的小作坊变成了工业资本家的大工厂。挤在工厂里的工人群众就像士兵一样被组织起来。”[1]

工人们对机器的不满也混杂着对工厂制度的怨恨，这种怨恨所引起的憎恶，其实是很容易理解的。

常言说，法不责众。在层出不穷的群体性破坏事件后，大多数人均免于任何惩罚。社会舆论对于他们虽然不能说是同情，但至少是宽容的。中产阶级或者因为思想守旧，或者因为害怕工资降低而要以救贫税的相应增加来弥补，所以对于机器几乎和工人阶级表示出了同样的敌视。

1779 年的骚乱之后，为了平息众怒和社会危机，英国政府一度打算改变对机器的保护，试图通过立法来禁止机器的使用，釜底抽薪，以此来杜绝破坏行为。这其实是有先例可循的。

早在 1552 年，就曾有一项法律禁止使用“刺果起绒”；1623 年，查理一世也曾颁布法令，禁止采用造针的机器；1684 年，法国政府为了保护手工编织者免于失业，禁止使用棉织袜机。但在实际效果上，这些禁令如同 12 世纪教皇对十字弓的禁令一样，并没有太大效果。

在城市陷于一片混乱之际，新式打谷机又将反机器的烈火引向了传统的乡村。廉价而高效的打谷机使依靠连枷谋生的农民失业。

1- [德] 马克思、恩格斯：《共产党宣言》，人民出版社 2014 年版，第 34 页。

在肯特郡的哈德累斯，愤怒的人们涌进农场，捣毁打谷机。这场针对打谷机的“温斯暴动”席卷英格兰南部16个郡，军队疲于奔命，无数农民被捕。[5]

很多年后，深陷现代化旋涡的东南亚农民也发起过一场抵制联合收割机的浪潮。农民们愤怒地抗议：“机器掳走了全部钱财。”“机器把工作吃了！”[1]

乡村里的农民，尤其是穷人强烈地感觉到，传统的经济关系和自然秩序被联合收割机搞得乱七八糟。工资的发放方向被逆转了：如同人们期望的那样，工资通常是从富人流向穷人；这时工资向相反方向流动了，因为种田人得给联合收割机的主人支付工资，而后者要比前者富得多。

更严重的是，富人更愿意把地租给有机器的富人，而不是没有机器的穷人。机器代表效率和速度，所有的工作都交给了机器，无事可做的穷人日渐被边缘化了。

早在工业革命之前的1378年，意大利佛罗伦萨共和国的梳羊毛工人就举行过武装暴动。

到了1786年，英国利兹毛纺厂的梳羊毛工人提出反对使用卡特赖特梳毛机的请愿书：

> 梳毛机已经剥夺了数千名请愿者的工作，使他们陷入了极度贫困当中，无法获得维持家庭的收入来源，并且剥夺了他们

1- 可参阅［美］詹姆斯·C. 斯科特：《弱者的武器》，郑广怀等译，译林出版社2011年版。

抚养孩子长大成人的机会。因此，我们要求先放下偏见和自私，关注以下事实：

在利兹西南方17英里的土地上，至少有170台梳毛机，数量多得令人难以置信。一台机器在12小时内完成的工作量，与10名工人全天夜以继日手工完成的工作量相当，一台机器一天的工作量相当于雇用20名工人。我们所说的都是事实。一台机器需要雇用4名工人操作，每天运行12小时，所完成的工作量需要8名工人24小时昼夜不停地工作才能完成。据此计算，每一台梳毛机器将导致12名工人失业。如果将所有其他地区的机器数量都计算在内，每个地区的机器数量都与利兹西南部相等，那么就有4000名工人被迫改行。

…………

我们希望出于人性考虑，当权者应当采取一切可能的手段，阻止机器的使用，遏制有损于同胞利益趋势的蔓延。机器的危害不止于此。它对衣料本身的危害更为严重，在正面起绒工序中，衣料上的绒毛几乎被机器磨损殆尽，只留下光秃秃的衬底。机器产生的罪恶不胜枚举。我们真诚希望人类的判断力不受狭隘利益的左右，发现继续使用机器将产生的危害，例如后代人口减少，贸易消失，地产利益得不到满足，以致最后被吞没等恶果……[1]

1- [美] 弗兰克·萨克雷、约翰·芬德林：《世界大历史：1689—1799》，史林译，新世界出版社 2015 年版，第 293 ~ 294 页。

面对工人们的抗议和指责，工厂主们马上针锋相对地提出，工业的最高利益与国家利益本身是一致的。

在纺织业逐渐成为英国支柱产业的情况下，禁止机器无疑是一种极大的反动，因而遭到了新兴资产阶级的强烈反对。他们认为，机器的发明是国家的幸福。在一个郡里消灭机器，仅仅是使机器转移到另一个郡。如在大不列颠全境内颁布一项反对机器的一般禁令，那就只会有利于加速它在外国被人采用，而大大损害英国的工业。

一些工厂主在议会展开游说："机器所造成的任何工业进步，刚开始都会给一些人带来一些麻烦。十年前，多轴纺纱机刚出现，老人、儿童和所有不易学会操纵新机器的人都痛苦了一段时间。印刷机发明后，最初不也是破坏抄写者的职业吗？这些向议会请求取消机器或对机器课税的请愿，无疑是让人把我们的手砍掉，把我们的咽喉割断。"

毫无疑问，在这场机器运动中，以广大工人为主的反对派失败了，老板们大获全胜。

1780 年，兰开夏地方法院做出了历史性的判决，支持新机器的使用：用于梳棉、粗纺、精纺和捻纱的机器的发明和推广是对这个国家最有价值的事情，它扩大和改善了棉纺工业，并且给从事工业的穷人提供了工作和收入……要限制这些从事工业进步的天才的力量是不可能的。[1]

1-［英］罗杰·奥斯本：《钢铁、蒸汽与资本：工业革命的起源》，曹磊译，电子工业出版社 2016 年版，第 305 页。

反机器主义

工具与机器的根本区别，在于前者要适应人，而后者却要人去适应它。这有点类似工作与劳动的区别。“劳动”是为自己干活，“工作”则是为了别人。好比一个人为自己做家务属于劳动，但一个家政服务者为别人做家务则是工作。

细究起来，“工作”这一概念在传统社会基本上是不存在的。对一个日出而作、日落而息的农民或猎人来说，无所谓工作，这与今天的诗人或思想家类似。只要全身心地投入，就无所谓工作不工作。“工作”的出现，应是始于职业分工和专门化，从手工业开始，到机器大工业时代变成主流。

用阿伦特的话来说，“机器要求劳动者为它们服务，劳动者被迫改变他身体的自然节律来适应机器的运动”，“即使最精巧的工具也始终是人手的奴仆，不能指挥或代替人手；即使最原始的机器也指挥着身体的劳动并最终取而代之”。[1]

在一个观念传统的人看来，手工匠人从身到心都是自由的，而现代工厂是一种“新的监狱”，时钟就像是一个“机器狱卒”。匠

1-［美］汉娜·阿伦特：《人的境况》，王寅丽译，上海人民出版社 2009 年版，第 113 页。

人是个体的、分散的，而工人则被集中起来，变成一个（无产）阶级。

机器大工厂与传统手工作坊最大的区别，是以非人力的动力驱动；无论是水车还是蒸汽机，对动力的依赖使得生产和生产者必须集中在一起。

工厂的生产需要严格的秩序。对习惯于家庭手工或者小作坊工作的传统手工业工匠来说，工厂的纪律简直是不能忍受的。以前的手艺人大多在自己家里“工作”，虽然收入也很微薄，甚至要长时间劳动，但他的工作或休息都是自愿和随意的，高兴的时候可以好几天不工作，不受时间地点的限制。因此，与严格的工厂相比，家庭劳动要自由得多。

同样是干活，从家庭作坊到大工厂，自由快乐的劳动没有了，枯燥乏味刻板的工作开始了。工厂意味着体制，机器意味着规训，人的体制化也是机器化，让人变成机器，或者机器的一部分，乃至一个微不足道的螺丝钉或小齿轮。

从某种程度上说，这些工厂多多少少都借鉴了海外种植园的经营和管理模式。

当时，欧洲殖民者在西印度群岛建立了大量的甘蔗种植园，以奴隶劳动和大机器来生产蔗糖，赚取了极高的利润。对这些种植园主来说，奴隶就是没有头脑的机器，只要机械地工作就行。同样，欧洲的工厂主雇用工人，也只是教会他们动作，而非思考，关键是驯服和听话。

如果说种植园主是占有奴隶的身体，那么工厂主则占有工人的

传统工匠的工作场景

时间。工人进入工厂，意味着要接受工厂的纪律约束，这种机器时代的“规训与惩罚”构成现代语境下的“权力技术”——

> 在17和18世纪，纪律变成了一般的支配方式。它们与奴隶制不同，因为它们不是基于对人身的占有关系上。纪律的高雅性在于，它不用这种昂贵而粗暴的关系就能获得很大的实际效果……纪律的历史环境是，当时产生了一种支配人体的技术，其目标不是增加人体的技能，也不是强化对人体的征服，而是要建立一种关系，要通过这种机制本身来使人体在变得更有用时也变得更顺从，或者因更顺从而变得更有用……人体正在进入一种探究它、打碎它和重新编排它的权力机制。

> 一种“政治解剖学”，也是一种“权力力学”正在诞生。它规定了人们如何控制其他人的肉体，通过所选择的技术，按照预定的速度和效果，使后者不仅在“做什么”方面，而且在“怎么做”方面都符合前者的愿望。这样，纪律就制造出驯服的、训练有素的肉体，“驯服的”肉体。[1]

早期的欧洲城市虽然不同于乡村，但它完全是手工业者的天下，这种基于家庭和行会的组织模式具有浓厚的传统和地域特色。

在曼彻斯特的机器革命风起云涌之际，西班牙的巴塞罗那依然保持着传统之美。这里直到18世纪末，人们所有的工作都是手工完成，并且所有的工作场所都很小。有时他们甚至会在街上工作。工人之间和谐一致的工作态度，形成了复杂而持久的巴塞罗那地方特色，正如中世纪的其他城市一样。

在这里，物以类聚，人以群分，许多工具都是大家一起共用的。如果你需要购买木板或丝带，那你最好和装饰商住得近一些。染坊设在水边，鞋匠就在皮革店隔壁。顾客都喜欢在一个地方找不同的店铺来比较同样的商品，这样就不用东奔西跑。甚至一个盲人都可以根据不同的气味和声音，在哥特区来去自如——木匠拉锯的声音、箍桶匠的敲打声、皮革的味道、铁匠的烟熏气息，等等。

但到了1835年，巴塞罗那也有了纺织厂，同样也有了反机器

1-［法］米歇尔·福柯:《规训与惩罚》，刘北成、杨远婴译，生活·读书·新知三联书店2012年版，第156页。

运动；人们谴责机器是“魔鬼的发明”，纺织厂很快便化为灰烬。当地的一份报纸警告工厂的雇主说：你们工厂里的技工和你们都是上帝用同样的泥土创造的，千万不要把他们看作是和你们工厂里的机器一样的东西。

1844年，在普鲁士的西里西亚爆发的织工抗议，最终演变成一场武装起义，工人们不仅捣毁工厂里的机器，还焚烧了仓库和工厂主的财物与账簿。诗人海涅为此写作了一首《西里西亚织工之歌》——

> 梭子在飞，织机在响，
> 我们织布，日夜匆忙——
> 老德意志，我们在织你的尸布，
> 我们织进去三重的诅咒
> 我们织，我们织！

机器时代将人聚集在一起，人因机器的巨大有力而显得渺小无力。相比之下，手工业时代是悠远的、缓慢的、温情的、确定的，而它的历史更是古老的。

在农业时代兴起以后，理性化的反机器思潮成为一种主流。“器”为用具或工具之意。从这一角度来说，传统中国不反对“器”而反对“机”，“根本之图，在人心不在技艺”（倭仁语），对人的重视叫作“器重”，“玉不琢，不成器”，等等。

在器用文化的影响下，机器被贬斥为奇技淫巧，反机器思想影响深远。“民多利器，国家滋昏；人多伎（技）巧，奇物滋起。”

（《道德经》第五十七章）

“抱瓮灌畦”常常被视为典型的东方式智慧。这一典故出自《庄子·天地篇》：

> 子贡南游于楚，反于晋，过汉阴，见一丈人方将为圃畦，凿隧而入井，抱瓮而出灌，搰搰然用力甚多而见功寡。子贡曰：“有械于此，一日浸百畦，用力甚寡而见功多，夫子不欲乎？”为圃者仰而视之曰：“奈何？”曰：“凿木为机，后重前轻，挈水若抽，数如泆汤，其名为槔。”为圃者忿然作色而笑曰：“吾闻之吾师，有机械者必有机事，有机事者必有机心。机心存于胸中，则纯白不备；纯白不备，则神生不定；神生不定者，道之所不载也。吾非不知，羞而不为也。”

桔槔作为农耕时代的典型机器，虽然功效甚高，“一日浸百畦，用力甚寡而见功多”，却在此遭到了严厉批判，认为“有机械者必有机事，有机事者必有机心”，从而“道之所不载”。然而，瓮作为一种简陋、低效的汲水工具，其实也是一种典型的“器”。

中国传统思想常说“机械，巧诈也”。“机械之心，藏于胸中，则纯白不粹，神德不全。”（《淮南子·原道训》）“故工人斫木而成器，然则器生于工人之伪，非故生于人之性也。”（《荀子·性恶》）

作为中国道家的始祖，老子崇尚复古，见素抱朴，少私寡欲。“不尚贤，使民不争；不贵难得之货，使民不为盗；不见可欲，使民心不乱”（《道德经》第三章）；他倡导的理想，即“小国寡民，使有什伯之器而不用，使民重死而不远徙。虽有舟舆，无所乘之；

桔槔

虽有甲兵，无所陈之；使人复结绳而用之。甘其食，美其服，安其居，乐其俗。邻国相望，鸡犬之声相闻，民至老死不相往来”（《道德经》第八十章）。

从历史现实来看，在农耕文化非常发达的中国，人口过剩常常构成对效率的挤压效应，勤劳比机智更接近于中国美德。“铁棒磨成针”被视为一种美谈，甚至很少有人对此质疑。在中国传统文化中，懒惰是不可饶恕的罪过。

如果对比英国 18 世纪纺织工人的处境，或许人们更有理由重新看待东方“守拙”“无为”的智慧。

但实际上，这种智慧即使在古典时代也并不见得为人所接受，老子不由发出如此感慨：“吾言甚易知，甚易行。天下莫能知，莫能行。言有宗，事有君。夫唯无知，是以不我知。知我者希，则我者贵。是以圣人被褐怀玉。”（《道德经》第七十章）[6]

如果老子活到现代，真不知他会作何感想。这至少让媒介学家麦克卢汉无限感慨——所谓“神生不定”，也许正是人们在现代危机中的精神状态，而技术和机器在全世界广泛应用的程度，却是古代圣贤远远无法想象的。

卢德运动

“自从蒸汽和新的工具机把旧的工场手工业变成大工业以后，在资产阶级领导下造成的生产力，就以前所未闻的速度和前所未闻的规模发展起来了。”[1]英国工业革命以来，整个人类社会都受到了彻底的冲击和改造。人类传统的生产和生活方式，从动摇一步步走向崩溃，人类根本的生存方式完全被改变了。

机器的采用成为工厂主粉碎工人反抗的撒手锏。几乎每一次新机器的发明和使用，都会使大批工人失业，从而遭到工人的反抗。反过来，每一次工人的反抗，都促使工厂主采用更多、更先进的机器，因为只有机器才不会罢工和反抗。用马克思的话来说，机器成为资本用来对付工人阶级的最有力的武器。

在某种程度上，正是罢工推动了机器的发展。“除非迫于罢工的压力，制造商一般不会主动采用最具有潜力的、自动化的工具和机器。自动走锭精纺机、梳毛机、龙门刨床、插床、内史密斯的蒸汽锤等无不如此，概莫能外。”[2]内史密斯的工厂雇用了不少工人，

1- [德] 恩格斯：《社会主义从空想到科学的发展》，载《马克思恩格斯全集》第十九卷，人民出版社1963年版，第229页。

2- [美] 刘易斯·芒福德：《技术与文明》，陈允明、王克仁、李华山译，中国建筑工业出版社2009年版，第161页。

工资提高后，酗酒的工人越来越多，这让内史密斯把希望都寄托在机器的自动化上，“机器不会喝酒，机械手也不存在因震动而损伤的问题，机器不需要休息，也决不会举行要求提高薪金的罢工”[1]。

正像那些英国工厂主所说，机器的发明确实是国家的福音；但另一方面，机器也成为工人们不幸的源泉。在资本的奴役下，工人沦为机器的奴隶。由于机器生产所带来的分工，工人的劳动成为枯燥的机器操作。

1832 年，霍乱大流行。这一年，一本名为《曼彻斯特棉厂工人阶层的道德和身体状况》的书出版，书中写道：“机器一开动，工人就得做工。无论男工、女工还是童工，都跟钢铁和蒸汽拴在了一起。这些动物机器（即工人）并非无坚不摧，事实上如果哪天坏掉了对他们来说可能是最好的结局。他们承受着各种各样的痛苦，并且被牢牢地与钢铁机器绑在一起，而钢铁机器是不知疲倦，也不会抱怨的……”[2]

资本主义机器大生产把工人彻底变为资本和机器的奴隶，那些旨在减轻人类劳动重担的机器，却日益使劳动者陷入贫困和绝望的境地。

意大利自由主义历史哲学家克罗齐认为，不分国别，人类历史都是自由的历史。如果说政治自由诞生于英国的话，那么社会平

1-［日］中山秀太郎：《技术史入门》，姜振寰译，山东教育出版社 2015 年版，第 131 页。
2-［英］萨利・杜根、戴维・杜根：《剧变：英国工业革命》，孟新译，中国科学技术出版社 2018 年版，第 19 页。

纺织厂里的女工和童工

等则起源于法国。当英国的反机器运动风起云涌时，法国正酝酿着一场工人革命。

在17世纪下半叶的法国，大型印刷厂淘汰了许多小印刷作坊，印刷厂师傅形成寡头团体，攫取了这个行业的控制权。一方面，师傅数量骤减；一方面，印刷厂的职工与机器剧增。普通工人的处境开始恶化。

从前都是职工和师傅在一起生活，充满温情，像是一家人；如今师傅和职工成为两个不同的阶级。对一无所有的普通工人来说，师傅属于资产阶级。“显然，资产阶级属于不一样的次文化，那个文化最重要的特性是不工作。”[1] 这种差别导致工人仇视师傅。“有个

1- [美] 罗伯特·达恩顿：《屠猫狂欢：法国文化史钩沉》，吕健忠译，新星出版社2006年版，第85页。

资产阶级养了 25 只猫，他请来画家为他的爱猫画肖像，喂它们吃烤禽肉”[1]，而工人们只能靠厨余垃圾果腹。师傅爱猫，工人恨猫。结果，引发了一场屠猫狂欢。

1744 年，沃康松把机器引入里昂，在当地激起极大的愤怒，结果他不得不化装出逃。1789 年，卡昂纺织工人反对从英国引进机器：“这些机器只雇佣十分之一的工人，剥夺了十分之九的工人的生计。穷人仅有的财产是当前的工作，剥夺它们而不保障性地每天给予补偿是野蛮的。”[2]

作为最早的工人阶级报纸，《手工业者》一直呼吁：“高贵的资产者们，不要再在内心当中拒斥我们吧，因为我们是人，并不是机器。”《无产阶级手册》中写道：“权贵与富人难道就比我们更有价值吗？”[3]

应当承认，在相当长时间内，工业革命为现存的贵族阶级增加了更多的财富，不仅没有革掉社会等级的命，甚至加强了这种阶级的不平等。

依照英国长久以来的惯例，所有的水力资源（河流的使用权）和原材料（例如煤炭和木头）都掌握在私人手中。每个行业都有

1- [美] 罗伯特·达恩顿：《屠猫狂欢：法国文化史钩沉》，吕健忠译，新星出版社 2006 年版，第 78 页。

2- [法] G. 勒纳尔、G. 乌勒西：《近代欧洲的生活与劳作（从 15 到 18 世纪）》，杨军译，上海三联书店 2008 年版，第 325 页。

3- [法] 皮埃尔·罗桑瓦龙：《公民的加冕礼：法国普选史》，吕一民译，上海人民出版社 2005 年版，第 206 页。

成千上万的工匠，他们从学徒做起，苦熬多年，才掌握了一门养家糊口的手艺。

工业革命开始后，英国人口猛增，原有的社会阶层并没有被彻底打破，就业压力越来越大，竞争更加激烈。一台新机器一出来，再老练的工匠也会变成与新手一样的廉价劳动力，甚至面临失业的危险。

自动化机器威胁到了很多工匠的生计，为了生存，他们不得不进行反抗，但结果往往是两败俱伤。这种情况下，很多发明家和身怀特殊技艺的匠人纷纷走出英伦，漂洋过海去美洲寻找机会。

这样一来，工人与资本家的冲突，逐渐发展成英国与美洲的矛盾。英国国会颁布了一系列禁止技术流出的法令。技术本身不会跑，其实还是想管制那些掌握技术的发明家和匠人。

1750 年，英国颁布的法令称：“在国王陛下的美洲殖民地……禁止修建任何磨坊或其他粉碎、加工铁矿的作坊，禁止建设炼钢炉。”独立战争以后，禁令又加上了“不得向美国输出钢铁行业相关的任何工具、机器和人员”。尽管如此，仍有无数技术人才通过各种手段跑到美洲。

美洲地广人稀，劳动力资源极其紧缺，机器更是有无限广阔的用武之地。在当时，英国工业经济已经渐成规模，而美洲明显落后，这种后发优势也意味着更大的发展机遇。

随着美洲殖民地走向独立，机器终于在地球上找到一片丰厚的沃土，在未来的日子里，美国人成为世界上对机器最为狂热的人群。依靠机器的力量，美国也成为现代世界最为强大的国家。

砸烂一切机器的卢德运动

在英国，工人与机器的斗争愈演愈烈。

1779 年，在莱斯特的一个工厂里，工人卢德一怒之下用铁锤砸碎了机器。这成为反机器运动的一个标志性事件。后来，人们便把反机器运动称为“卢德运动”。

虽然英国政府在 1799 年就颁布了《禁止结社法》，直到 1825 年才废止，但即使在种种限制的环境下，英国工人依然取得了前所未有的组织化成功。1811 年，英国爆发了席卷全国的反机器运动，诺定昂、兰开夏和约克等郡作为工业革命的发源地，在反机器浪潮中首当其冲，成为风暴的中心。特别是诺定昂郡的工人运动，引起当局极大震动，导致大规模的军事镇压。

1813年，英国通过了更为严厉的保护机器法令，即《捣毁机器惩治法》，宣称任何破坏机器的行为都将以死刑论处。拜伦勋爵在英国议会抨击该法案说：民不畏死，奈何以死惧之。

1812年1月1日，卢德派分子发表了《台机织工宣言》：

> 根据故王……查理二世颁赐的特许状，台机织工有权打碎和破坏用欺诈和作伪的方法假造各种物品的一切台机与蒸汽机，并有权破坏这样制造的任何台机编织物品。[1]

1- 蒋相泽：《世界通史资料选辑》近代部分—上册，商务印书馆1972年版，第40页。

人民宪章

在资本与权力的合谋下，工人与机器的战争从一开始就注定了堂吉诃德式的悲怆结局。英国政府对工人的镇压在1813年达到顶峰，17名工人被指控为卢德分子而处死。

这场持续数十年、蔓延到整个西欧新兴工业国家的反机器运动，不仅没有摧毁机器，反而使机器最终成为一个新时代的统治者。

在某种程度上，反机器运动与当时整个社会的政治经济状况有很大关系。1816年的英国，农业歉收，商业萧条，各地的暴力事件因此层出不穷。

事实上，参与骚乱的人基本上不是工厂里操作机器的工人，而是那些属于传统工业体系的手工业者，诸如约克郡的农民、诺丁汉的针织工，以及兰开夏使用手动织机的织布工。这些半失业且食不果腹的人把他们困苦的原因归结于机器，多少带有一些迁怒的意思。

应当说，机器并没有统治人类，统治人类的永远只能是人类。机器是人类的奴隶，而不是相反。与其说工人们被机器奴役，不如说是被资本家奴役，因为机器是物而不是人，它只是资本家的财产。

从某种意义上说，资本家奴役的并不是人（工人），而是机器，因为工人是自由的，他们不是奴隶。从这种角度来说，工业革命其实是机器奴隶制，工人之所以认为自己遭到奴役，只是因为机器还不够完善，还需要工人协助（操作）。奥斯卡·王尔德说的没错：机器奴隶制推动了人类的解放。"除非有奴隶来做那些丑陋、可怕、无趣的工作，否则，就无从发展文化，深入思考。人类奴隶制是错误的，不安全的，让人失望的。世界的未来，依靠的是机器奴隶制，也就是对机器施以奴役。"[1]

从历史角度来说，国家是人类创造的最典型和最巨大的机器。与那些钢铁机器相比，国家机器更具侵犯性。工人或许可以砸烂工厂里的机器，却无法对抗国家机器。经历过一次次挫败之后，人对机器的抗争最后必然转向国家，寻求成为国家机器的主人翁便成了每个人的理性诉求。

历史常常是一种纠正。相对于拥有财富和权力的资产阶级，一个勤劳而不富有的无产阶级，逐渐形成一种社会主流力量。思想家托马斯·希尔·格林发自良心地指出，一个社会不可能永远把工人阶级排除在公民的身份之外。

反机器运动最终使工人们认识到，在一个不可逆转的机器时代，最明智的办法是与机器合作，而不是与之对抗，因为他们的对手不是机器，而是机器的主人。经历理性启蒙的工人群体提出了

1- 转引自［白俄］叶夫根尼·莫罗佐夫：《技术至死：数字化生存的阴暗面》，张行舟、闾佳译，电子工业出版社 2014 年版，第 340 页。

一条走出困境的新途径：政治权力是我们的手段，社会幸福是我们的目的，“没有普选权，便是死路一条”。

在工人争取政治权利的同时，新兴的工业资产阶级也要求在政府中获得更大的发言权。

在社会压力下，英国议会终于在1832年通过了《改革法案》。下议院从此上升为有决定权的立法机构，国会席位结合北方工业城市的兴起得到重新分配。《改革法案》的结果之一是选民人数增加了50%，城里舒服安逸的工业资产阶级和乡下殷实的中小地主成为选举对象。

这样，英国国内的紧张局面成功得到了缓和，虽然这种缓和只是暂时的。英国人依靠和平手段完成了一项重大改革，没有革命，没有内战。

在资产阶级取得选举权之后，工人群体大受鼓舞。1837年6月，在细木匠威廉·洛维特的领导下，伦敦工人协会拟定了《人民宪章》：

> 我们要求普选权，因为这是我们的权利，不仅仅是因为它是我们的权利，也是因为我们相信它将会给我们的国家带来自由，给我们的家庭带来幸福。我们相信它将给我们带来面包、牛肉和啤酒。[7]

在风起云涌的宪章运动中，《全国请愿书》签名活动迅速展开。在1839年5月之前，签名人数已超过129万，签名册重达100公

宪章运动

斤，“这就是人民的力量，这就是国家的主人”。

但不久之后，国会以 235 票对 46 票否决了请愿书。

天下没有免费的午餐，公民权利从来不是廉价的施舍品，它是上天送给人类最珍贵的礼物，这件礼物需要每个人自己去努力争取。和平请愿失败后，流血起义与恐怖镇压一直持续了 12 年。

1846 年，《谷物法》的废除，成为英国实行变革的信号。

宪章运动虽然在即将成功之际解散了，但宪章运动纲领中的几乎所有条款后来都被写入了英国法律。

宪章运动结束后，一个“新模式工会”——工程师（机械师和技工）联合会宣布成立。这个工会代表劳动阶层中的“贵族”群体，以手工艺者为基础，只接纳和组织收入较高的技术工人，从而与非技术工人区别开来。刚开始，这个新模式工会谨慎地回避政治运动，仅以和平谈判和互帮互助来改善其成员的工作条件。后来，随着力量不断壮大，非技术工人也大量加入，到1900年，工会人数已经超过200万。

最终，劳工阶层获得了政治话语权，“我们竭尽自由人之义务，就应当享受自由人之权利”。领导工人斗争的工会逐渐转化为一种新兴政治力量——代表工人利益的工党，促使英国社会最终摆脱了暴力轮回的囚徒困境。

英国人一步一步通过议会政治的途径，没有采用暴力革命，而是经由立法创设了许多社会福利条款。

“文明是什么？”贵族出身的温斯顿·丘吉尔这样回答——

> 文明意味着基于民众舆论的社会。它意味着，暴力、武士和专制首领的统治，军营和战争，暴动和专制统治，所有这些都让位于制定法律的议会和长期维持这些法律独立的法庭。这就是文明——在文明的土地上，自由和文化会逐渐形成，生活日益改善。当文明在任何一个国家盛行时，广大人民的烦劳就会日益减少，并过上更丰富的生活。昔日的传统被珍视；往日英明、骁勇的人民留给我们的历史遗产，将成为最重要的财产，为我们所共同利用、享受。[1]

1- [英] 尼尔·弗格森:《文明》，曾贤明、唐颖华译，中信出版社2012年版，第84 ~ 85页。

托克维尔认为，民主是天意所向，不可阻挡。占英国社会主体的工人阶级以不屈不挠的决心，积极参与到议会民主政治中；1924 年，麦克唐纳成为英国第一个工党执政的政府首相。

1945 年，工党以社会改革为号召，战胜了丘吉尔赢得大选，开始执行“福利国家”政策。此后的英国，全体国民的基本生活需要得到保障，过去因贫穷、失业、疾病而造成的威胁均已减少到最低限度。在工业化起步后的 200 年，“福利国家”政策终于让每一个人都可以分享社会富裕的成果。[8]

普选的胜利

一切文明的发展都离不开特定的历史背景。

在18世纪后半叶，英国进行了一连串对外战争，这使得财政越来越窘迫，税收也越来越重，政府变得极其腐败，尤其是在军事采购和议会选举方面。

这种局面引发了来自民间广泛的抗议活动，人们要求制度必须改变。

对欧洲国家来说，议会并不是近代产物，它由来已久。一方面，罗马帝国在一定程度上保留了共和国时期的元老院和公民大会等机构，并因记录在古罗马文献中而传承下来；另一方面，早期日耳曼人多采取军事民主制，国王只是部落联盟的首领，大事还需要各个部落的首领与国王共同商定。当日耳曼人推翻西罗马帝国后，他们建立的各个王国也在一定程度上保存了军事民主制的基因，采取集会的方式商讨大事，后来就慢慢演化成了欧洲各国的议会。1215年，英格兰议会以《大宪章》来限制王权，走出了现代宪政民主的第一步。

1780年，英国民众强烈要求改革议会，以便更有效地监督政府。这些声音并不是随意和零星地出现，当时的请愿活动都是全国性的，有很强的组织性，他们印刷的小册子传播很广，人人争相签名支持。

正是这种从民间到政府的非暴力良性互动，以法治观念来解决政治难题，推动了英国民主的一步步落地，让英国从一个近代早期国家转变成一个现代政体。

这让恩格斯想到了法国大革命——“即使是在英国人这个最尊重法律的民族那里，人民遵守法律的首要条件也是其他权力机关不越出法律的范围；否则，按照英国的法律观念，起义就成为公民的首要义务。”[1]

从历史的角度来看，革命总是不可避免的，尤其是底层革命这种大洗牌，往往以社会秩序的彻底颠覆为代价。相对而言，上层革命能够将政治控制在政治范围内，整个社会付出的代价要小得多。现代转型作为一场巨大的社会革命，从上而下还是从下而上，选择不同，过程殊异，结果也截然相反。

政治常常意味着权力斗争，而政治变革常常伴随着血流成河，如何让政治远离阴谋与暴力，这是最能考验智慧的事情。

“绝对的非暴力消极地造成了奴役与它的暴力行为；而一贯的暴力又积极地毁灭了人类大家庭以及我们由它而获得的存在。这两个概念若要收到效果，应该找到它们的界限……革命走入歧途的原因首先在于，它不了解或者完全不承认与人的本性密不可分的

1-［德］恩格斯：《给“社会民主党人报”读者的告别信》，载《马克思恩格斯全集》第二十二卷，人民出版社 1965 年版，第 91 页。

英国中产阶级在工业革命中兴起

那个限度，而反抗恰恰正确地揭示出这种限度。”[1]

美国耶鲁大学的平克斯教授重温了所谓“不流血的光荣革命”，他认为，现代革命并非由政府的压迫而产生，不是“义民反抗昏君，推翻暴政”的故事，而是由于改革本身所触发的冲突所造成。

现代化改革并不一定就导致革命，其关键在于政府本身的健全程度和控制能力与社会自发性力量的强弱对比。像瑞典、丹麦、路易十四治下的法国，或明治时代的日本，它们都经历了现代化转

1- [法] 阿尔贝·加缪：《反抗者》，吕永真译，上海译文出版社 2013 年版，第 320 ~ 322 页。

型，但并没有发生革命。可以说，在现代化过程中虽然会有不同模式的冲突、竞争，革命却并不是必然的。社会学家曼恩曾指出了现代民主制度中可能出现的黑暗一面，即不以财产付出作为成本的政治决策是有可能不负责任的，甚至有可能出现多数人暴政的局面。

英国的民主历程是渐进的，也没有发生剧烈的革命，这与血流成河的法国革命形成鲜明的对比。

恩格斯称赞说："英国工人阶级有其历史悠久和力量强大的组织，长期以来享有政治自由，又有多年的政治活动经验，因此它比之大陆上任何一个国家的工人具有很多优越条件……的确，在英国，工人的选举权是受到限制的，然而工人阶级却占大城市和工业区人口的多数。因此只要愿意，这个潜在的多数就会变成国家中的现实力量，变成工人人口集中的一切地区中的力量。如果工人能在议会中、在市议会中、在地方济贫委员会中得到应有的席位，那末不久就会有工人出身的国家活动家，他们将给那些经常欺压人民群众的洋洋自得的愚蠢的官吏带来种种障碍。"[1]

1832年，英国的议会改革创造了一个中产阶级的选民阶层，而1867年和1884—1885年的改革和重新分配法案，将选举权进一步扩大到多数城市以及乡村的工人阶级。当时的人们感觉到，自己生活在一个政治进步的年代。在这个年代里，受过教育的人

1-［德］恩格斯：《两个模范地方议会》，载《马克思恩格斯全集》第十九卷，人民出版社1963年版，第294～295页。

们之间合理的争辩被证明是解决人类问题最完美的方法。

1872年，保守党领导人迪斯雷利在水晶宫对工人选民做了一场演讲。他说："英格兰的人民，特别是英格兰的工人阶级，对于属于一个伟大的国家而感到自豪，而且希望维持其伟大的地位——他们因为自己属于一个帝国的国家而感到自豪。"[1]

随着英国经济发展，工人们自发组织了全国性的工会，以保障工人群体的福利，而不必依靠国家来救助。

1858年，恩格斯在写给马克思的信中承认，"英国无产阶级实际上日益资产阶级化了"。工人在生活安定之后，特别是获得政治权利（公民选举权）以后，对暴力运动随即失去了兴趣，从而使《宣言》里所说的革命无以发生。

1883年3月14日，马克思在伦敦去世。一年后，恩格斯写出《家庭、私有制和国家的起源》，书中写道："有产阶级是直接通过普选制来统治的……普选制是测量工人阶级成熟性的标尺。在现今的国家中，普选制不能而且永远不会提供更多的东西；不过，这也就足够了。在普选制的温度计标示出工人的沸点的那一天，他们以及资本家同样都知道该怎么办了。"[2]

1800年时，英国有选举权的公民只占总人口的3.1%，选举权本质上是一种拥有财富的资格象征，而且仅限于男性。1867年的议会改革将选民人数增加到成年居民的15%。1885年，所

1- ［英］劳伦斯·詹姆斯：《大英帝国的崛起与衰落》，张子悦、解永春译，中国友谊出版公司2018年版，第210页。

2- ［德］恩格斯：《家庭、私有制和国家的起源》，人民出版社1999年版，第180页。

有成年男子都获得了普选权。1929 年，女权运动推动了妇女选举权的进步。至此，现代选举制度在英国才真正较为完整地确立起来。

公民梭罗

在古代中国，儒家伦理文化具有无与伦比的主流地位；在中世纪欧洲，宗教文化与之类似。现代世界是一个普遍世俗的社会，宗教和伦理走向边缘化，科学被抬举到“生命之树”“闪电之光”的地位。

人们对科学的狂热崇拜，说白了其实还是对技术的追求。用凡勃伦的说法，现代文明以及现代科学的特征是注重实际，是功利性、目的论的。但在现代以前，科学或者知识却并没有受到这样的重视。[1]

凡勃伦把人类历史分为四个阶段：蒙昧时代、野蛮时代、手工业时代和机器时代。只有到了机器时代，科学和技术才变成社会发展的根本，所谓知识就是第一生产力。人对知识的追求，并不见得是为了追求真理，而是为了通过更高效、更强大的机器，来获得更多的财富和权力。

启蒙运动的哲学家康德认为，虽然工作是使人的生活得到快乐

1- 可参阅［美］托尔斯坦·凡勃伦：《科学在现代文明中的地位》，张林、张天龙译，商务印书馆 2012 年版。

的最好方法，但每个人都应该“是目的而不是工具”。

事实上，兴起于康德那个时代的机械工业，正是依靠将工人当作工具来提高生产效率的。资本家对工人的生活和健康的责任，仅限于支付当天的工资。工厂体系用细致的分工阉割了人的能力，然后用饥饿威胁来维持这种秩序；工人沦为机器体系的一个齿轮或者螺丝钉，一旦离开机器就变得一无是处。机器的发展越来越先进，工人只是机器的服务员。

从某种意义上来说，启蒙运动也是一场反机器、反奴役的人文思潮。作为启蒙运动的旗手，卢梭后来成为启蒙运动的坚决反对者。在他看来，启蒙运动虽然给人光明，却不能给人温暖，虽然驱走黑暗，却不能关照人心。他在《论科学与艺术的道德影响》中宣布：人们的期望都是错的，文明开化的过程通向的终点不是解放，而是奴役；文明用“花束掩盖了拖累我们的枷锁”，而“艺术与科学进步了多少，我们的心智就退化了多少”。

根据卢梭的观察，所有的自然科学都源自一种恶：天文学源于迷信，数学源于贪婪算计，机械源于野心，物理学源于愚蠢的好奇。甚至绘画也不是什么良师益友，因为绘画辅助了一些伤害道德的言论的传播。“在我们的风尚中流行着一种邪恶而虚伪的一致性，好像人人都是同一个模子中铸造出来的。”[1] 卢梭最后预言，人最终会彻底地疏离于现代世界，以至于他们将祈求上帝让他们回到从前“无知、天真、贫瘠的状态，只给他们留下那些令人快乐、值

1-［法］卢梭：《论科学与艺术的复兴是否有助于使风俗日趋纯朴》，李平沤译，商务印书馆 2011 年版，第 3 页。

得珍重的东西”[1]。

卢梭宣扬农民的自由智慧与朴素健康的田园生活，开创了19世纪浪漫主义先河。他在《爱弥儿》中写道：出自自然造物主之手的东西都是好的，而一到了人的手里，就全变坏了。

卢梭的思想影响了整整一个时代。很多年以后，机器已经征服了所有的土地，一个叫梭罗的青年逃到了瓦尔登湖，他在那里居住了两年零两个月又两天，劳动，思考，晒太阳。

“许多人钓了一辈子的鱼，却不知道他们钓鱼的目的并不是鱼。”梭罗在尝试一种简单的、没有机器的新生活方式。他相信自己既不懒惰，也不任性，应当做些与他性情相近的体力劳动来谋生，比如造一只小船，或是扎一道篱笆，种植，测量，或是其他短期工作，而不必忍受长期枯燥的机器奴役。

梭罗认为，他在世界上任何地方都可以生存，因为他需要的并不多。他只用很少的时间去劳动，以供养自己的生活，然后留下大量的闲暇时间，来读书、思考、旅行、享受自然。“最富有的人，并不是拥有最多物质财富的人，而是拥有最多自由时间的人。”

梭罗灵魂的最大特征，就是独立和个性。他如空谷之幽兰，将自己在瓦尔登湖森林中的生活和思考，写成著名的《瓦尔登湖》：

1845年3月末，我借来一柄斧子，走进瓦尔登湖的森林，

1- [英] 蒂莫斯·C. W. 布莱宁：《浪漫主义革命：缔造现代世界的人文运动》，袁子奇译，中信出版社2017年版，第6页。

OR,

LIFE IN THE WOODS.

By HENRY D. THOREAU,

AUTHOR OF "A WEEK ON THE CONCORD AND MERRIMACK RIVERS."

I do not propose to write an ode to dejection, but to brag as lustily as chanticleer in the morning, standing on his roost, if only to wake my neighbors up. — Page 92.

BOSTON:

TICKNOR AND FIELDS.

M DCCC LIV.

《瓦尔登湖》首版封面，据说出自梭罗的姐姐手绘

开始砍伐一些箭似的白松，准备造一所房子。那是愉快的春月，人们感到难挨的冬日正跟冻土一般地消融，而蛰居的生命开始舒展起来……

梭罗提醒人们，舒适和奢侈正成为现代人的负担，机器正在使生活变得越来越复杂，最终会导致生命的衰落。“我们接通了越洋的电缆，却用它询问阿德莱德王妃是否得了咳喘，并未用它交流人

类的思想；我们建成了铁路，却坐着它去城里消磨时光。”

梭罗在少年时就曾说，他要将圣经中关于一周工作六天、休息一天的教义，改为工作一天、休息六天。他在瓦尔登湖实践了这种生活方式：仅花了 28 美元就建起栖身的小木屋；花 27 美分就足以维持一个星期的生活；只需工作 6 个星期，就足以维持一年这样俭朴的生活；一年中，他可以用 46 个星期去做自己喜欢做的事情。

梭罗追求闲暇，但反对机器，而实际上发明机器的初衷其实也是为了节约劳动时间，让人得到更多的闲暇。比如有了洗衣机，人就可以将洗衣服的时间变成自己的闲暇。但在梭罗看来，洗衣机会让他失去俭朴的美德。

马克思是与梭罗同时代的人，马克思赞赏机器，但反对机器对人的异化。马克思曾经设想共产主义的生活是上午打猎，下午捕鱼，傍晚从事畜牧，晚饭后从事批判。这样人们就不至于被一种职业束缚，成为一个单纯的猎人、渔夫、牧人或批判者。

“一个人一生只能看到一个世界。”梭罗最重要的贡献，是他对“国家机器”的批判。如同冲向风车的堂吉诃德，他以《论公民的不服从权利》，提醒人们警惕国家主义的扩张和政府权力的机器化，“当镇压和抢劫成为它的内容时，我说，让我们再也不要这样的机器了”。

梭罗希望国家能够公正地对待每一个公民：他乐于想象的国家的最终形式是，它将公正地对待所有的人，尊重个人就像尊重邻居一样。

中国人读《瓦尔登湖》，很容易想到陶渊明或竹林七贤。其实，梭罗的思想与孟子更为相似。孟子尝言："民为贵，社稷次之，君为轻。"同时，孟子也崇尚节制、简朴，甚至苦修的生活。

"孟子曰：'说大人则藐之，勿视其巍巍然。堂高数仞，榱题数尺，我得志，弗为也；食前方丈，侍妾数百人，我得志，弗为也；般乐饮酒，驱骋田猎，后车千乘，我得志，弗为也。在彼者，皆我所不为也；在我者，皆古之制也。吾何畏彼哉？'"（《孟子·尽心下》）[9]

在反机器浪潮中，革命家付诸暴力，思想家成为隐士，艺术家则掀起一场艺术复古运动。

工业化机器产品的粗制滥造，引发了新古典主义和浪漫主义思潮的激烈批判。一大批艺术家和思想家以一种天然的道德力量和想象美学，来抗衡当时的机器物质社会。在他们看来，技术属于机器，而艺术属于人类。因此，文学、诗歌、音乐、绘画、舞蹈、雕塑、设计等创作活动被奉上神坛，受到全社会的热捧。

唯美主义者王尔德尤其醉心于艺术形式美的追寻，并坚信只有风格才能使艺术不朽。据说王尔德从英国初次到美国，进关的时候傲然地对海关官员说："我没有什么可以申报的，除了我的才华。"

中世纪留下大量优美的建筑，它们都是无名工匠的杰作。在现代建筑中，工匠变成了工人。当工作由机器控制，人无法直接掌握原材料时，人的创造空间便被压缩了，工艺风格从多样变得单调。哥特时代的教堂被称为"穷人的圣经"，人们在这里接受宗教、道德和美的教育，石头赋予人们对历史的深刻印象。在玻璃和钢筋水泥时代，这种历史感彻底失去了。

1851 年，建筑师佩斯敦设计的水晶宫开创了预制装配的先河。工艺美术运动先驱拉斯金对此批评道：“这些喧嚣的东西（指机器），无论其制作多么精良，只能以一种鲁莽的方式干些粗活……人类并不倾向于用工具的准确性来工作，也不倾向于在其所有的活动中做到精确与完美，如果使用那种精确性来要求他们，并使他们的指头像齿轮一样去度量角度，使他们的手臂像圆规一样去画弧，那你就没有赋予他们以人的属性。”[1]

批判者们认为，只有幸福和道德高尚的人，才能创造出真正美的东西，而工业化生产和劳动分工剥夺了人的创造性；机器不仅不可能产生好的作品，而且还会制造众多的社会问题。只有回归到中世纪的社会生活和手工艺劳动，才能重构美与道德的平衡。

颇为嘲讽的是，英雄主义和浪漫主义的工艺美术运动，完全被资本主义“商业暴虐机器”所吞噬，最终衍变为一种庸俗的商业流行文化，从此风靡整个世界，将人类带入一个“娱乐至死”的时代。

1- 转引自何人可：《工业设计史》，高等教育出版社 2010 年版，第 52 页。

以工业资本主义和民族国家为主轴的现代化是西方世界的产物。它们在西方的兴起是一个很长的历史过程，这背后有着西方社会的特殊性，同时也是前现代西方社会各个精英群体长期争斗而产生的非期然性结果。除了西欧，欧亚大陆的其他文明在近代完全没有自发产生工业资本主义和民族国家的可能性。

——赵鼎新

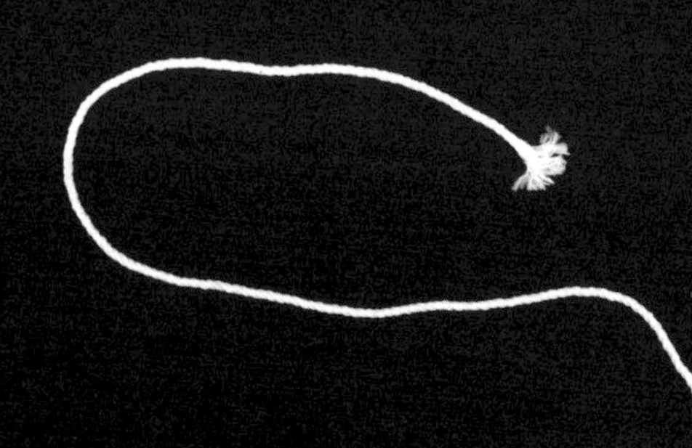

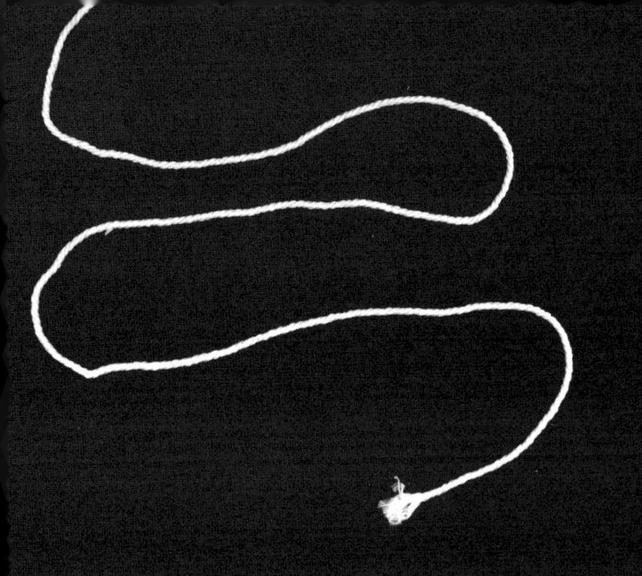

第十二章　资本主义

帝国的崛起

文艺复兴时代的达·芬奇以绘画名垂千古，其实他作为机械工程师的才华，远远胜过他在美术上的表现。他最早设计出了减少摩擦的滚柱轴承、万向节、皮带传动、扁节链、伞齿轮、螺旋齿轮、飞轮、连续运动车床等；他甚至还设计了直升机、降落伞、潜水艇和坦克等。

他在1496年1月2日的日记中写道：

> 明天一早我就制造皮带传送带，并开始试运行……每次运行能够生产400根缝衣针，一小时运行100次就能够生产40000根缝衣针，12小时就能够生产480000根。如果按照1000根卖5个金币的话，那么40万根就可以卖2000个金币。一天的工资是1000里拉；如果每个月工作20天，那么一年可以挣到6万达克特（ducats）。[1]

达·芬奇的这段话足可以证明，一台成功的机器怎样成为一个

1- [美] 刘易斯·芒福德：《技术与文明》，陈允明、王克仁、李华山译，中国建筑工业出版社2009年版，第128页。

可怕的经济倍增器。

从这里也可以理解，美国经济学家乔尔·莫基尔何以将技术革新称为“富裕的杠杆”。他认为，西方崛起的真正根源就是技术革新——“像所有的革新一样，技术革新也是一种反抗行为，如果没有技术革新，我们人类仍将过着恶劣而短暂的一生，累死累活，却生活得极不舒服。”[1]

达·芬奇为后人留下了5000多页未出版的笔记，其中许多都与机械有关。不过在当时的手工技术条件下，这些设计大都无法变成现实。达·芬奇的很多设计仅仅停留在构想层面，并没有对当时的社会产生多大影响。

相对而言，18世纪的发明家们知行合一，他们将自己的构想变成了轰轰烈烈的生产力。

在工业革命期间，英国涌现出一大批影响世界历史的发明家：哈里森、纽科门、瓦特、阿克赖特、哈格里夫斯、克隆普顿、卡特赖特、达比、科特、韦奇伍德和斯密顿等，他们大多是工匠出身，没有上过大学。这些天才般的“巨匠”分别在钟表、蒸汽机、棉纺织机械、冶铁技术、陶瓷烧制和民用工程等领域取得了关键性的技术突破，英国正是凭借这些革命性的技术优势，而成为现代世界的领导者。

没有这些发明和发明家，手工业经济向工业经济的转化可能永远不会发生，英国可能仍然在利用本地仅有的自然资源，而永远不

1- 可参阅［美］乔尔·莫基尔：《富裕的杠杠：技术革新与经济进步》，陈小白译，华夏出版社2008年版。

会成为工业经济体。

从工业革命开始，欧洲人越来越认识到，技术创新正为人类的福祉提供无限的可能性。在这一过程中，英国的经济思路从传统的重商主义转向自由贸易，这是英国得以超越西班牙和荷兰等老牌强国的重要原因。

一位当时的英国经济学家如是说：在过去的五十年里，我们从葡萄牙人的手里，至少赚取了五亿美元。葡萄牙在大海上劫掠和榨取来的真金白银，在他们的手里还没有焐热，就心甘情愿、恭恭敬敬地献给了我们大英帝国。在葡萄牙最为贫困的时候，这个国家所有的财富，只是价值两千五百万美元的香料。[1]

作为重商主义的代表人物和东印度公司的董事，托马斯·孟指出："对外贸易是增加我们的财富和现金的通常手段，在这一点上我们必须时时谨守这一原则：在价值上，每年卖给外国人的货物，必须比我们消费他们的为多。"[2]1825 年，英国废除了禁止机器出口的法令；依靠生产机器的机器，英国开始走向世界工厂。1846 年废除谷物条例，标志着英国工业界已经取得支配地位。

亚当·斯密在《国富论》中首次提出"自由贸易"原则——贸易导致国家财富的增长。1849 年，英国废除航海条例。自由贸易正式取代重商主义，成为大英帝国新的"意识形态咒语"。世界也由此进入了自由贸易时代。

1-［美］马汉：《制海权》，李剑译，海潮出版社 2014 年版，第 36 页。

2-［英］托马斯·孟：《英国得自对外贸易的财富》，袁南宇译，商务印书馆 1965 年版，第 4 页。

对当时很多西方思想家来说，自由贸易是一种文明力量。正是自由贸易，将西方文明的“甘露”撒向全世界。

英国经济学家约翰·鲍林有句名言：耶稣基督就是自由贸易，自由贸易就是耶稣基督。对那些老大帝国来说，你可以拒绝耶稣基督，但你不能拒绝自由贸易，一个选择贸易壁垒的国家只好等着挨揍。“所有的专制者都害怕自由贸易，因为贸易自由就是实现政治自由的有力手段。”[1]

但实际上，自由贸易对那些技术落后的后发国家来说是不公平的，因为它根本无法与发达国家的产品进行竞争，除非已经建立起相应的关税保护制度。在自由贸易的旗帜下，先进国家长驱直入，可以从商业上彻底击败落后国家，然后将其变成商品倾销地。因此，在落后国家看来，西方的自由贸易无异于一场殖民战争。实际也确实是一场战争，比如发生在中国的鸦片战争。

然而，自由贸易的鼓吹者常常无视这种经济差距。当时的《泰晤士报》充满自信地宣称：“我们很少用火和剑、石笼和榴弹炮来战斗，而更多地使用棉布和剪刀、煤和铁……贸易如今不仅仅是利润的获得，还是重要的政治引擎。”[2]

由此可见，自由贸易在某种程度上已经成为帝国主义的一面旗帜。

面对滚滚而来的英国工业品，美国在1861年推出《莫里尔关税法》，这个保护性关税法有利于北方工业，却不利于南方棉花出

1- [英]本·威尔森：《黄金时代：英国与现代世界的诞生》，聂永光译，社会科学文献出版社2018年版，第23页。

2- 同上书，第22页。

口，因此成为南北战争的导火索。战争期间，美国关税平均税率从18.8%逐步提高到47%。这种关税保护直接带来了美国钢铁业的崛起；借助第二次工业革命，美国一举超过了英国这个老牌工业国家。

三十年河东，三十年河西。对人类历史来说，200年弹指一挥，但它常常带来沧海桑田的巨变。印度曾经是一个传统的世界纺织大国，但遭遇所谓的“自由贸易”之后，很快就成为英国工业革命的受害者。

> 不列颠侵略者打碎了印度的手织机，毁掉了它的手纺车。英国起先是把印度的棉织品挤出了欧洲市场，然后是向印度斯坦输入棉纱，最后就使这个棉织品的祖国充满了英国的棉织品。从1818年到1836年，大不列颠向印度输出的棉纱增长的比例是1 ：5200。在1824年，输入印度的英国细棉布不过100万码，而到1837年就超过了6400万码。但是在同一时期内，达卡的人口却从15万人减少到2万人。然而，曾以制造业闻名于世的印度城市遭到这样的衰落决不是英国统治的最坏的结果。不列颠的蒸汽和不列颠的科学在印度斯坦全境把农业和手工业的结合彻底摧毁了。[1]

17世纪的英国还是印度纺织品的净进口国；到19世纪中期，

1- ［德］马克思：《不列颠在印度的统治》，载《马克思恩格斯全集》第九卷，人民出版社1961年版，第146～147页。

曾经向英国出口棉纺织品的印度，已经变成了兰开夏郡工厂的棉花原材料供应者；英国反过来将棉纺织品出口到印度。

英国工业革命的结果是作为英国殖民地的印度“去工业化”。这就是所谓帝国主义。

早在英国刚占领印度之时，亚当·斯密就提醒说，维持殖民地得不偿失，太多的殖民地不会给英国带来任何实惠和利益。1833年，身为历史学家的托马斯·巴宾顿·麦考莱在议会演讲中，表达出对印度殖民地未来命运的深思远虑：

> 把欧洲文明传播到庞大的东方人口中去，我们从中获得的好处不计其数。从利己的角度看，一个独立自主且治理有方的印度，远比一个隶属于英国但治理糟糕的印度对我们更有利。如果他们由自己的国王领导，但是穿着我们的精细棉布，使用和我们一样的餐具，这远好过他们面对英国税官和地方长官时仍然使用当地的礼仪，以及或是太过愚昧而不懂欣赏或是太穷而买不起英国商品。和文明人做贸易远比管理野蛮人更加有利可图。后者会让印度变成一个无用但花费巨大的附属国，上亿的印度人口最终不再是我们的顾客，而是我们的奴隶。由于资源有限，我们不可能自己完成教育整个印度国民的大任。因此必须赶快在英国和印度人之间建立一个中间阶级，一个流着印度人的血有着印度人肤色却有着英国人的品位、观念、道德观和思维能力的阶级。[1]

1-［英］斯蒂芬·韦尔：《权力的任性：人类历史上最糟糕的决策》(1)，夏建兰译，党建读物出版社2015年版，第83页。

日不落帝国

1793 年，也就是清乾隆五十八年，英王特使马戛尔尼率领一个 500 人的庞大代表团访问中国，要求开放更多的港口进行贸易。

作为见面礼，马戛尔尼带来了许多当时最尖端的技术产品，如蒸汽机、棉纺机、梳理机、织布机等。英国人想把这些最新的发明介绍给中国，并猜想中国人一定会非常惊喜。

英王还特意赠送了当时英国规模最大、装备有 110 门大口径火炮的“君主号”战舰模型。在礼单中还有许多先进的武器，如榴弹炮、铜炮以及毛瑟枪、连珠枪等各类手提武器。

这些礼物中，最有代表性的是一些精美的仪器，如：天体运行仪，结合了当时最先进的天文学和机械学的知识；地球仪，不仅注明了全球各大洲、海洋和岛屿，还可以看到各国的疆域分布和地形，并且有精确的航海路线。

让英国人没有想到的是，清朝人对这些稀奇古怪的玩意儿根本不感兴趣。

如果说 18 世纪末的英国还是一个农业国家的话，那么半个世纪后，英国已经成为世界上第一个工业国家。1851 年开幕的首届世界博览会，不仅向全世界展示了机器的神奇，也展现了英国的繁荣，同时也宣告了一个用“机器生产机器”的时代即将来临。

1851 年，英国人口 2800 万，纺织工人就达到 210 万。经过工业革命的洗礼，英国工业资本异军突起，成为世界经济的旗舰。英国生产的蒸汽机和纺织机及其创造的工厂模式输出到世界各国。法国、美国和德国紧随其后，西欧为世界经济装上了发动机。

1790 年的法国只有 900 架珍妮纺机，15 年后就发展到 12500 架；拿破仑的第一帝国一时独步欧陆，直到 1815 年在滑铁卢被反法同盟军制服。在这场战争中，法国军队和他们的对手一样，都穿着用英国棉布制成的军服。

其实不只是军服，在战争中，英国还为参战国提供了枪炮和其他产品，而整个欧洲都是这些产品的消费者。因此，战争结束后，英国成为当时世界上无可比拟的产业大国。

到 1830 年，英国实际上垄断了世界钢铁、蒸汽机及纺织机的工业生产，并用武力将自己的产品销往世界各地，建立起一个日不落的世界帝国——从英伦三岛到冈比亚、纽芬兰、加拿大、新西兰、澳大利亚、马来亚、新加坡、缅甸、印度、乌干达、肯尼亚、南非、尼日利亚、马耳他以及无数岛屿，地球上的 24 个时区均有大英帝国的领土。

在 18 世纪中期，英国的商船数量达到 6000 艘左右，有 10 万人在船上工作，这个数量是法国的两倍，而法国人口其实是英国的数倍。进入维多利亚女王时代（1837—1901），英国政府废除了斯密长期批判的《谷物法》以及《航海条例》，成为世界上第一个真正意义上的自由贸易国家。

在英国有史以来的所有国王中，维多利亚享有广泛盛誉，这不是因为她做了什么，而是因为她什么都不做。恰恰是这种自由放任的“无为而治”成就了英国的辉煌与繁荣，尤其是19世纪50年代，被英国历史学家称为“黄金时代”。

当时，《伦敦新闻画报》的一篇评论称，衡量英国全球影响力的标准，“是我们广泛分布的商业、无休无止的活动和散布世界的财富，是我们航行于四大洋的蒸汽船和抵达地球最偏僻角落的通信线路，是我们的资本、我们的技术，更是我们机器和科学的伟大胜利”[1]。

从哥伦布时代开始，直到瓦特时代，全球化走过了一个筚路蓝缕的历史过程，工业革命将生产力提升到一个新的水平线上。

大工业的出现，使商品交换迅速扩大；商品交换扩展到世界范围时，就形成了一个世界市场。在自由贸易的旗帜下，全球化的世界市场使各个国家、民族连为一体；这种国家与民族之间的剧烈碰撞，形成近代以来的世界历史。

历史学家霍布斯鲍姆将18世纪称为“革命的年代”，将19世纪称为“帝国的年代”。列宁认为：帝国主义是资本主义的最高形式，是垄断的资本主义，它的特点是市场垄断化、政治寡头化；帝国政府的目的是维持自身的统治，而不是公民的自由；少数富人剥削多数穷人。

1688年到1815年间，英国政府实际收入增长了14倍，而英

1-［英］本·威尔逊：《黄金时代：英国与现代世界的诞生》，聂永光译，社会科学文献出版社2018年版，序言第4～5页。

英国工业革命时期的城市一景

国国民收入只增长了 3 倍。进入 19 世纪以后，先发的西方资本主义列强不遗余力地在全球范围内建立殖民地，大英帝国则是 19 世纪全球政治的象征。

大英帝国的建立，既是殖民化的过程，也是全球化的过程。在《帝国》一书中，尼尔·弗格森把由英国主导的全球化概括为商品市场，劳动力市场，文化、政体、资本市场和战争的全球化；或者说，武力、经济和文化是大英帝国建立并维持的三大支柱。

弗格森批评说：英国与大英帝国其实是两个不同的政治实体，帝国仅仅是英国营利的机器，英国对帝国臣民并没有多少关爱，自然也没有太多的道德和政治责任；除了经济利益，就只剩下亚当·斯密在《道德情操论》中所说的同情和怜悯。

欧文与斯密一样，始终将贫富悬殊的社会矛盾归咎于人的贪婪与道德败坏；另一方面，他也同后来的马克思一样，认为私有制乃罪恶之源。

欧文对资本主义的批判，达到了空想社会主义的最高峰。他宣称："私有制使人变成魔鬼，使全世界变成地狱。"唯利是图的资本家都是"衣冠禽兽"，"在现存的制度下，财富变成了奴役大众的根源和人人角逐的对象"，工人成了"工资制的奴隶"，"国家的财富和民族的威力天天在增长，而民众的贫困、屈辱和痛苦也日益深重"。

天下没有免费的午餐，革命必然会有代价。

中国历代王朝重视秩序胜过一切。正是出于对社会稳定的过分追求，对许多技术变革和社会变革都采取压制和抵制的态度，导致相对的"停滞"和"落后"。但在18世纪中叶，英国社会经过了一系列社会剧变、失序和重新整合，这些是人类历史上前所未有的。

城市的兴起，形成了一个全新的陌生人社会。工业经济的发展，带来乡村的崩溃和城市的失控。技术的剧烈变革导致的"创造性破坏"，让资本家与工人对抗，整个社会陷入动乱的边缘。

在英国，很早就存在迈向工业化的推动力。思想家贝洛克认为："在工业体系出现之前，资本主义就已经在英国出现了……在一连串重大发现之前，英国这个工业制度的发源地就已经被置于一种富人的寡头政治掌控之下了。"面对"从头到脚，每个毛孔都滴着血和肮脏的东西"的资本主义，马克思嘲讽道："国民财富和人民贫困本来就是一回事。"[1]

1-［德］马克思：《资本论》第一卷，《马克思恩格斯全集》第二十三卷，人民出版社1972年版，第829、841页。

资本主义的起源

跟“工业革命”一样，“资本主义”一词的出现也是很晚的事情。1821年，政治经济学家詹姆斯·密尔将这种新兴的工业制度称为“资本主义”。

历史学家黄仁宇对资本主义的定义是：“一种经济的组织与制度，内中物品之生产与分配，以私人资本出面主持。大凡一个国家采取这种制度以扩充国民资本为当前主要任务之一，所以私人资本也在其政治生活中占有特殊的比重。”[1]

按照一些经济史学家的说法，资本主义作为一种社会经济现象，早在宗教改革时期就已经出现了，比如犹太共同体或意大利天主教共同体中就已经有资本主义了。

“资本主义”这个词尽管不是马克思发明的，但却是他让这个词广泛传播。在《共产党宣言》中，马克思和恩格斯使用的是“现代资产阶级社会”这个词；所谓“现代”，就是“我们的时代，资产阶级的时代”。

1-［美］黄仁宇：《资本主义与二十一世纪》，生活·读书·新知三联书店1997年版，第191页。

马克思明确指出，自己写作《资本论》的“最终目的，就是揭示现代社会的经济运动规律”。[1]马克思对资本主义的态度，一方面不吝赞美，另一方面又大加挞伐。他认为“原始聚积资本的秘密”，即征服、奴役、抢劫和谋杀，简单地说，就是以武力获得。[2]听起来，这有点像是思想家贝洛克所说的“奴隶国家”，它如同一台运行稳定的“机器”，完全没有“人类和有机体的复杂性”。

人类的文明史大部分时候是不平等的历史。事实上，少数人的富有与多数人的贫困并不是工业革命的发明。

就资本主义本身而言，它虽有冷酷的一面，但它最大的特点并不是强制和剥削，而是自由和交换。资本主义的关键之处，不仅在于人们是否从事了商品和服务的交换，而且在于这种交换行为是否符合严格的市场交换逻辑。

对一个资本主义者来说，经济目的是最大规则，积累资本是最大目标。每个人都为获得利润而工作，赚钱不是为了满足生活和消费，而是为了作为资本进行投资。用资本获得更大的利润，周而复始，使资本不断增加。

资本主义的核心价值，是资本决定一切。因此，积累资本的原则是现代工业制度获得成功的重要前提。让人们为一种自身需求之外的目的去殚精竭虑，这是西方资本主义崛起的秘密。相对而言，中国古代商人一般将获得的利润用来消费。

马克斯·韦伯因此将资本主义与禁欲主义的新教伦理联系起来——

田园牧歌的场景，在激烈的竞争苦斗展开下，全面崩解；巨额的财富赚了来，但并不放贷取息，而是不断投资到事业上；昔日安逸舒适的生活态度，让位给刻苦的清醒冷静；迎头跟进的人就出人头地，因为他们不愿消费，只想赚钱。[1]

光荣革命之后，英国社会充满活力，因为它比其他国家有更多的自由。

如果仔细研究英国工业革命早期的资本家，就会发现他们大多来自社会普通阶层，特别是“非国教徒”（如贵格教徒和清教徒）。非国教徒具有强烈的理性主义精神，因为他们受到政府和大学的排斥，便自发建校，使大量的非国教徒“构成受过良好教育的中产阶级”。

在工业革命以前和工业革命期间，英国独特的社会环境非常有利于人力资本的形成。到1750年，英国已经拥有一个由各色人等组成的“中产阶级”，他们有文化，营养充足，具有商业或技工背景。这个阶层为英国提供了许多工业创始人，很多有创造性的发明家也往往来自这个阶层。

自由是资本主义诞生的重要前提，但英国的工业化有其复杂的社会原因。英国很早便解除了人口流动的限制，这导致城镇开始兴起，以雇佣和工资为主的劳资关系随之普遍起来。如此一来，当时的社会也给来自底层的人提供了改变命运的机会。

1- ［德］马克斯·韦伯：《新教伦理与资本主义精神》，康乐、简惠美译，广西师范大学出版社2007年版，第42～43页。

虽然很多企业家出身贫贱，比如阿克赖特只是个理发师，而韦奇伍德是个陶工，但这些人往往既是理想主义者，又是实践主义者，勇于创造。[3]

韦奇伍德充分利用能得到的各种科学资料，来探索改良陶瓷。他也是一位不屈不挠、不知疲倦的实验狂人，对高岭土、瓷石、燧石和骨灰等材料一一进行实验，以确定其不同用途。韦奇伍德发明的测温计甚至可以测量 1000℃以上的高温。人们评论说："他将陶瓷制造从原来凭推测和经验估计操作，提高到了根据科学测量和计算生产的水平。"[1]

随着科学发展和以商业赢利为动机的发明激增，科学与技术之间的关系也被拉近。当技术创新成为经济的重要增长要素时，最先意识到的是一批敏锐的企业家。

从组织管理学来说，工业革命与其说是一场技术革命，不如说是一场产业组织革命，企业家日益成为工厂中组织生产活动的核心人物，他需要处理工厂的管理、财会、融资、销售和劳资关系等一系列问题。同样，让具有不同技能、不同工作节奏、不同动机、不同态度、不同生活方式的工匠和农业劳动者转化为工厂工人，也不是一件容易的事情。

在资本家群体崛起的同时，一个近代化的专业官僚组织诞生了，他们共同构成西方现代国家和现代经济必不可少的基石。

1-［英］查尔斯·辛格、E. J. 霍姆亚德、A. R. 霍尔：《技术史》第四卷，辛元欧、刘兵等译，中国工人出版社 2021 年版，第 408 页。

对英国而言，东印度公司成为公务员制度的最早试验田。

在传统皇权时代，不乏官吏这种古老的统治工具，但现代官僚——公务员——的专业性与职业性，决定了他们已经不同于传统官吏。正如韦伯所宣称的，“没有任何时代、任何国家，有如近代西方那样，让生活上的政治、技术与经济等基础条件，也就是我们的整个生存，如此绝对而无可避免地落入受过训练的专家所构成的官僚组织的网络下：技术性的、工商业的，尤其是法律上具有专业训练的国家公务员，成为社会生活中最重要的日常机能的担纲者”[1]。

1-［德］马克斯·韦伯：《新教伦理与资本主义精神》，康乐、简惠美译，广西师范大学出版社2007年版，第3页。

艰难时世

在棉花革命之前，圈地运动产生的英国毛纺工业孕育了近代工业。

当时仍然是家庭手工业时期，一个织工同时身兼工匠和老板，一架祖传的破旧织机就是作坊的全部。用恩格斯的话说，“在使用机器以前，纺纱织布是在工人家里进行的。妻子和女儿纺纱，作为一家之主的父亲把纱织成布；如果他自己不加工，就把纱卖掉。……他们的耕作是马马虎虎的，也没有很多的收入；但是，至少他们还不是无产者”[1]。

随着“布业家”包买商人的出现，英国进入商业资本主义，从事生产的织工便成为只能出卖劳动力的工人。接下来，商业资本家转变成为工业资本家，工厂时代就这样开始了。

工业资本主义的获利方式不同于商业资本主义，前者无法通过后者的贱买贵卖方式获利，而是通过低廉生产、高价出售获利。特别是巨额投资于生产资料时，雇主往往喜欢雇用完全听话的劳动力。这样他们就可以通过最大限度地变革生产方式，实现最富效

1-［德］恩格斯：《英国工人阶级状况》，载《马克思恩格斯全集》第二卷，人民出版社 1957 年版，第 281 ~ 282 页。

率的劳动力分工。

恩格斯在《英国工人阶级状况》开头写道："英国工人阶级的历史是从18世纪后半期，从蒸汽机和棉花加工机的发明开始的。"[1] 由于蒸汽机和纺织机器的广泛使用，纱厂的工作不仅很容易学会，而且只需要很少的体力，于是工场主大批雇用薪资更低的妇女，甚至是儿童。

"在机器上工作，无论是纺或者是织，主要就是接断头，而其余的一切都由机器去做了；做这种工作并不需要什么力气，但手指却必须高度地灵活。所以男人对这种工作不仅不必要，而且由于他们手部的肌肉和骨骼比较发达，甚至还不如女人和小孩子适合，因此，他们几乎完全从这个劳动部门中被排挤出去了。这样，随着机器的使用，手的活动和肌肉的紧张逐渐被水力和蒸气力所代替，于是就愈来愈没有必要使用男人了。"[2]

1789年，在德比郡的阿克赖特三家工厂中，总共1150名工人，其中三分之二是儿童。根据1788年的一份统计，当时英国142个纱厂使用童工共计25000人，女工31000人，而男工只有26000人。

18世纪中后期，由妇女和儿童构成的纺纱工的工资只有每天4到6便士，不及短工工资的三分之一。[4]

1805年，煤气灯被装进英国的工厂。这种远比鲸油和蜡烛更

1- [德] 恩格斯：《英国工人阶级状况》，载《马克思恩格斯全集》第二卷，人民出版社1957年版，第281页。

2- 同上书，第427页。

英国的棉纺织工厂大量使用童工

加明亮且廉价的照明方式的出现，意味着工作时间的长短从此完全由人控制，而不再受日出日落的限制。

这场人工照明的革命使得工人的劳动时间被延伸到极限。马克思说：“（机器的资本主义应用）使那些被机器排挤的工人失业，制造了过剩的劳动人口，这些人不得不听命于资本强加给他们的规律。由此产生了近代工业史上一种值得注意的现象，即机器消灭了工作日的一切道德界限和自然界限。由此产生了一种经济上的反常现象，即缩短劳动时间的最有力的手段，竟成为把工人及其家属的全部生活时间变成受资本支配的增值资本价值的劳动时间的最可靠的手段。”[1]

1-［德］马克思：《资本论》第一卷，载《马克思恩格斯全集》第二十三卷，人民出版社1972年版，第447页。

“羊吃人”的圈地运动发生在16世纪和17世纪的英国，进城务工的失地农民占到英国农民的三分之一以上；其中一些流浪者身无分文，找不到工作，无处栖身，难免病饿而死。

像马尔萨斯这样的贵族认为，贫穷是因为懒惰，而懒惰是一种罪恶，因此贫穷就是犯罪。英国政府颁布的《济贫法》禁止失地农民流浪，任何流浪者都将被警察逮捕后送往工场进行强制劳动。

1843年，英国有200万名技术工人沦为《济贫法》认定的囚犯。安置乞丐的地方被称作“恐怖之家”：乞丐在那里被迫每天劳动14个小时，而饮食仅够果腹。

工人阶级之所以贫穷的一个原因，当然也是他们工资低的一个原因在于，本应是他们的收入，却被转移给了新兴的商业阶层，他们用这笔钱来投资新机器和新工厂。工业革命没有创造第一批资本家，但是它确实造就了一个数量和力量的规模上前所未有的商业阶级。这些“烟囱贵族”不仅控制着一国的经济，还控制着国内的政治。

在1854年的小说《艰难时世》中，狄更斯这样描写当时的工业城镇：

> 到处都是机器和高耸的烟囱，上面冒着长长的黑烟；运河被染得又黑又臭，密集的厂房里整日轰鸣，蒸汽机的活塞来回运动，如同暴怒的巨象。大街小巷都一个样子，里面住的人也都差不多，他们在同一个时间上班下班，做同样的工作。对他们来说，今天跟昨天、明天没有什么不同，今年也和去年一样。

自从工业革命以来，城市化的速度不断在加快。到 1851 年，英国的城镇人口第一次超过了农村人口，英国成为世界首个“城市主导型社会”。

1750 年，英国只有两座城市的人口超过 5 万——伦敦和爱丁堡。至 1801 年，人口超过 5 万的城市增至 8 座，1851 年增至 29 座，其中 9 座城市的人口超过 10 万，这些新兴城市几乎都是工业城市。

19 世纪前 30 年内，伦敦的人口几乎翻了一番，达到 150 万。接下来的 20 年内，人口又增长了 100 万。从 1800 年到 1850 年，伯明翰的人口翻了三番，从 7.1 万人增长到 23 万人，曼彻斯特的人口从 8.1 万人增长到 40.4 万人；港口城市利物浦的人口数量更是从 7.6 万攀升到 42.2 万。

这些城市功能非常单一，只有工人和工厂与日俱增，却没有相应配套的基础设施。尤其是曼彻斯特，因其肮脏、喧闹和恶臭而声名狼藉，被批评家们讽为“将文明人变成野蛮人的机器”。

客观来说，工业城市化是人类从未经历过的事情，当时的城市跟今天不可同日而语，人们无法预见到这种剧变，所以建设大大滞后于发展的步伐。短时期内人口剧增，必然带来居住环境的恶化，城市里到处都是贫民窟。当时的城市街道狭窄，路面没有任何铺设，到处是污泥和排泄物，散发着恶臭。肮脏的环境也让传染病迅速散布，霍乱等瘟疫一次又一次地爆发。[5]

有一种统计认为，城市劳工和机械工的死亡率比乡村地区高出一倍；出生在曼彻斯特的儿童有一半以上活不到 5 岁。

但一些经济史学家对此并不认同。历史总离不开时代背景，有人指出，工业革命前几个世纪，普通家庭的生存环境更加恶劣，相比之下，工厂给这些穷人带来新的机遇——

> 说工厂把家庭主妇从婴儿房、从厨房拉了出来，说工厂让孩子失去了玩耍，这完全是歪曲事实。这些妇女根本没有东西来烹饪，也没有东西来喂养自己的孩子。这些孩子也缺衣少食，饥肠辘辘。工厂是他们唯一的庇护所。工厂拯救了他们，严格地说，把他们从快要饿死的边缘上救了出来。[1]

19世纪上半叶，日益资本主义的、工业化的英国迎来了欧陆大规模移民潮。从1780年到1830年的半个世纪中，英国人口增加了一倍，达到1400万，新增加的人口几乎都流入城市，进入工厂。在这50年中，每个劳动力的产量增加了25%，而工资仅仅上涨了5%。

从1830年开始，工人的骚乱形式开始发生变化，最终产生了工会组织。工会拥有的终极武器就是大罢工。大罢工也被称为“圣月”，这并不完全是讽刺。

大罢工是很多工厂工人的集体行动。能将这么多素不相识的陌生人团结在一起的，与其说是工会，不如说是人们普遍不满的情绪。他们都认为，自己在一个富裕的社会里忍受饥饿，在一个自由的国家沦为奴隶，原本追求的是面包和希望，最后得到的却是石

1-［英］路德维希·冯·米塞斯：《对流行的有关“工业革命”的种种说法的评论》，载［英］F. A. 哈耶克：《资本主义与历史学家》，秋风译，吉林人民出版社2010年版，第154页。

头和绝望。

在19世纪40年代这个"饥饿的40年代"，英国经济大幅下跌，棉纺业陷入困境，资本家破产，失业率一度高达18.6%。1845年，一个路过曼彻斯特的美国人叹息："人类躺在遍布整个社会的流血碎片中，悲惨、被欺骗、被压迫、被粉碎……活着的每一天，我都感谢上天，我不是一个生活在英国、需要养家糊口的穷人。"[1]

当时，恩格斯正在曼彻斯特棉织厂工作（他在此认识了欧文）。他将自己看到的情况写成《英国工人阶级状况》，用绝望的笔调详细描绘了成千上万人生活的"绝对悲惨和物质上的脏乱"。这本书出版后，深深打动了马克思。

一些公共知识分子也对此忧心忡忡，因为无论在哪里，人们看到的都是各种匮乏，沉疴遍地，工作环境也极不人道，资本家把人当机器或奴隶一样驱使。他们担心，人类的生理和心理都在走向崩溃，直至毁灭。

19世纪40年代确实是一个悲惨的年代，疾病流行、经济萧条、食物短缺、农业歉收、饥荒和失败的革命充斥各处。

正是在这种不幸的时代背景下，20多岁的马克思和恩格斯预言：随着资本主义的发展，工人的工资还会继续下降。1848年，这一思想构成了《共产党宣言》——

一个幽灵，共产主义的幽灵，在欧洲游荡……

1-［英］彼得·沃森：《思想史：从火到弗洛伊德》，胡翠娥译，译林出版社2018年版，第801页。

普罗克鲁斯特铁床

在古希腊神话中，有一个关于普罗克鲁斯特的传说。这个凶恶的强盗有一只大铁床，每次他捉到俘虏，总要将其绑在铁床上。如果这个俘虏的身体比铁床长，就要被剁掉超出的部分，比如双脚；如果这个俘虏比铁床短，就要被活活地拉伸到与铁床一般长。

对工人来说，工厂就是普罗克鲁斯特的大铁床。工厂主试图把工人们改变成为血肉机器，这种机器要同那些木制和铁制的机器在行动上保持一致，在动作上一样准确，在功能上精确配合。正如马克思所说："机器劳动极度地损害了神经系统，同时它又压抑肌肉的多方面运动，侵吞身体和精神上的一切自由活动。甚至减轻劳动也成了折磨人的手段，因为机器不是使工人摆脱劳动，而是使工人的劳动毫无内容。"[1]

从手工工场到机器大工厂，传统的自由放任，被极其严格的规则所代替：工人进厂、出厂和饮食，都必须按照钟表的安排，有条不紊地进行；每个人在工厂都有严格的位置限定和任务指标；工头

1-［德］马克思：《资本论》第一卷，载《马克思恩格斯全集》第二十三卷，人民出版社 1972 年版，第 463 页。

工厂中的机器与人

通过监视、罚款或解雇，甚至更残酷的强制措施管理工人。

虽然在此之前一些手工场也有相似的纪律，但只有到了机器时代才使之普遍化。“在现代工厂工作，就是在等级制下工作：这其中有一条权威的脉络，因此自下观之，就存在一条服从的脉络。大量的工作是准例行化的，这意味着为了提高产出，每一位工人的操作都是条块细分，模式固定。如果我们把工厂结构的等级制性质和大部分工作的准例行化特征这两桩事实结合起来，就会清楚看到，现代工厂中的工作包含着纪律：迅速地、相当模式化地服从权威。”[1]

1- [美] 赖特·米尔斯:《社会学的想象力》，李康译，北京师范大学出版社 2017 年版，第 130 页。

在18世纪的英国大工业家中，阿克赖特无疑是一个榜样。在工厂制度方面，他有许多独特的发明。这个理发匠出身的老板冷酷而又勤奋，他唯一的仁慈之处，就是将工人每天工作时间定为12小时；而在他以后的工厂里，平均工作时间都在14小时以上。

韦奇伍德的座右铭是“不能闲下来”，他最爱说的话是“一切都让位于实验”，他最大的目标就是将他的工人训练成完完全全“不犯错误的机器”，而将工人们集中在工厂，非常有助于实现这一“伟大”目标。

其实，早在进入机器时代之前，西方的军团体制就已经可以将人转化为一种杀戮机器——马其顿方阵使人成为机器的一部分。从炮兵学校毕业的拿破仑对他的军队予以严格的训练，使其成为一部运行准确、所向无敌的战争机器。

进入机器时代以后，西方世界终于彻底地军团化，会计、律师、军人和官僚们都将按部就班、争分夺秒视为最重要的美德。

在一段极短的时间里，大机器打破了工人技能所搭建的劳动过程壁垒，机器代替了传统的技术和人工。大量生产的工厂体制消灭了传统的家庭作坊，工业如同军事，工厂如同营房。无情的机械化可以最大限度地征服工人，保证工厂车间里的纪律。家庭手工业者沦为机器的俘虏和奴隶，他们的技术和个性遭到彻底剥夺。一个真正的工人是不需要技巧的，他需要的只是对机器的绝对服从。

按照马克思的理论，资本家只需要占有机器，即可获得生产过程的控制权，而工人则成为机器手臂的延伸，“无产阶级”成为资本家控制的劳动过程中的奴隶。在一个工厂主看来，机器意味着工业运转的纪律，“如果一台蒸汽机已在每个星期一早上六点钟开动，工人们本来会养成正规的和持续勤奋的习惯”[1]。

工业革命彻底颠覆了人类传统的劳动模式，劳动者被赶出他们的家庭和村庄，来到陌生的城市，被编入工厂，然后在机器的统治下，成为国家财富永不枯竭的源泉。

欧文在《论工业体系的影响》一文中，不无忧虑地批评道：

> 工业体系对不列颠帝国的影响已经广泛到使人民群众的一般性格发生根本变化的程度。这种变化目前还在迅速发展中。不久以后，农民那种比较可喜的纯朴性格就将从我们当中完全消失。
>
> ……雇主和雇工之间的关系弄得支离破碎，只考虑个人眼前直接能从对方取得哪些利益为止。雇主把雇工只看成获利的工具，而雇工的性格则变得非常凶暴。[2]

在19世纪40年代，英国的成年男性劳动力中，有47.3%在各种大小工厂中工作。人们将工厂（factory）定义为这样一个场所，“在那里，人们借助于由水力、蒸汽力或任何其他机械动力发

1-［英］E. P. 汤普森：《共有的习惯：18世纪英国的平民文化》，沈汉、王加丰译，上海人民出版社2020年版，第458页。

2-［英］罗伯特·欧文：《欧文选集》第一卷，柯象峰、何光来、秦果显译，商务印书馆1979年版，第135、139页。

动的机器来工作，把棉花、羊毛、鬃、丝、亚麻、大麻、黄麻或麻屑等进行准备、制造、加工或改变为某种形状”[1]。

机器的使用是区别现代机器工厂和传统手工工场的主要标志。

机器奠定了资本主义崛起的基础。复杂的机器代替了比较简单的工具之后，大大地增加了企业的固定资本。由于促使生产大大加速，机器便使流动资本进一步增大。

机器是昂贵的，没有资本的工人根本无法经营工业，因而造就了现代资本主义社会制度中最不平等的一面；甚至可以说，这也成为其他所有不平等的根源。

在工业革命时期，新机器的发明持续不断。人们发明机器绝不是出于道德良心，而纯粹是为了有利可图。由此带来的结果是，几乎每一种新机器都给资本家带来了经济利益。与此同时，却有可能使普通工人的劳动条件变得糟糕，甚至造成一些工伤事故。

实际上，机器先行与制度滞后是现代社会发展的一种普遍规律，许多灾难性后果并不是因为人们缺德和违法，而是对机器的社会效应缺乏足够的预见。比如汽车和飞机对人类生活和国际关系所造成的巨大影响，是经历很长时间之后才为人们所了解的。

在工业革命时期出现了很多工厂，这些工厂在很多方面类似于传统的修道院、军事要塞或中世纪城堡。

工厂的出现，构成一个单一专制的权力社会。管理一个工厂，

1-［法］保尔·芒图：《十八世纪产业革命》，陈希泰等译，商务印书馆 1983 年版，导言第 23 页。

实际上就是行使统治权，资本家如同一个君王，甚至像一个无所不能的上帝。

阿克赖特曾经抱怨说："训练人类'放弃散漫的工作习惯，并且让他们与复杂的自动机械一成不变的规律相协调'相当困难。若要有效地运转这个复杂的自动机械，就要持续有人看管；而很少有乡下的男女喜欢一天花上十几个小时，关在工厂里看管机器。"[1]

虽然博尔顿看不惯"暴发户"阿克赖特，说"在这个国家里，光是凭借着专制独裁和滥权是行不通的"，但在伯明翰的索霍工厂，博尔顿同样将他的工人们训练得整齐划一，以致当齿轮和铁锤的声音不一致时，他马上命令停工检修。有人将博尔顿称作"一个在自己队伍中间的铁将军"。

另一位"将军"——陶器制造商韦奇伍德则毫不留情地镇压了工人们的反抗，然后按照自己的计划实行了严格精确的分工。他经常说的一句话是"使人成为不犯错误的机器"，他在工厂建立了一整套惩罚体系，用来维持纪律和保证工作时间。[6]

1835年，托克维尔访问曼彻斯特，对这里所谓的"工业殿堂"提出严厉批评。"这些巨大的建筑物，"他写道，"高耸于人们的住所之上，隔绝了空气和阳光；它们像不散的浓雾一样包裹着人们。城市的这一边住的是奴隶，那一边住的是老爷；那一边属于富裕的少数人，这一边属于贫穷的绝大多数人……这里人性获得最为充分也

1-［英］齐格蒙特·鲍曼：《工作、消费、新穷人》，仇子明、李兰译，吉林出版集团有限责任公司2010年版，第42～43页。

最为残忍的发展；这里创造了文明的奇迹，文明之人却几乎沦落回野蛮人的境地。”他发现“男人、女人和儿童都被绑在永不疲倦的机器之上”，但是“从这里肮脏的下水道里却淌出了足赤的黄金”。[1]

1- 转引自［美］菲利普·费尔南德兹－阿迈斯托：《世界：一部历史》，叶建军、庆学光、宋立宏等译，北京大学出版社 2010 年版，第 924 页。

西西弗斯神话

在人类历史上，农业革命与工业革命是两道醒目的分水岭。自从冰河期结束后，这两次革命让人类获取的能量得到了爆炸性增长。在某种意义上，现代工业革命与古代农业革命有一定的相似性。

在农业革命中，人类驯化动物（家畜）和植物（庄稼），生活方式从狩猎采集走向定居农耕。其实，人在驯化动植物的同时，动植物也驯化了人，人从此必须小心翼翼、寸步不离地“伺候”好庄稼和家畜。这与工业革命中人们“伺候”机器类似，农民守着土地，工人守着工厂，都是为了生存。

原始采集者是真正的无产阶级，而且绝无贫富不均的现象，所以采集狩猎的原始社会也被称为“原始共产主义”。在原始社会中，采集觅食通常需要人不断迁移。如此一来，积累物质财富不仅困难，而且没必要。农业革命和工业革命一样，本质上都是一次财富革命。与原始采集生活相比，农耕社会无疑提高了整个社会的财富水平，但就人类自身营养健康来说，这种进步并非那么完美。

现代考古学者通过对发掘出土的原始人骨研究发现，古代农耕者受到的重复性应力损伤往往比自由觅食者更多；他们的牙齿常常很糟糕，这是其饮食范围受限，摄入碳水化合物过多所致。另外，他们的身高从农耕时代开始便稍有下降，直到20世纪前都没有明显增高。这是揭示整体营养水平的一个相当准确的指标。

农耕社会也并非旱涝保收，常常需要非常艰辛的劳作和运气才能果腹。

在各种自然灾难和战争的影响下，人口增长与消亡总是周期性出现。遇到增长期，人相对比较幸运，否则命运就极其悲惨。对一个农民来说，只能听天由命。正因为如此，有人将农业革命称为“史上最大的骗局”，以及“人类历史上最糟糕的错误”。

在古希腊神话中，格林多之王西西弗斯（Sisyphus）因为触怒了天神，被惩罚将巨大的石头推上山顶；当石头好不容易被推到山顶时，石头又从山的另一边滚落下去。西西弗斯就这样一次又一次地向山上推石头，推上去，然后滚下去，再推上去，日复一日，年复一年，没有尽头。

无论是农业时代还是工业时代，人类其实都无法摆脱这种西西弗斯式的惩罚。

农业时代的辛劳自不必说，在工业时代，任何人一进入机器化的工厂，就如同进入了兵营或监狱。在唯利是图的资本家眼中，你只是一台机器，而不是一个人。他付给你工资，你就必须干活；如同他购买机器，机器必须运转一样。

在资本和权力面前，人类成为机器的附庸和奴仆。

越来越复杂的机器使人类的智力越来越遭到压制，人的劳动越来越枯燥和无趣。机器越来越像人，而人却越来越像机器。机器从事着复杂的工作，而人的工作却越来越机械和单调。这种精神

西西弗斯

上的奴役，使劳动成为一种西西弗斯式的惩罚。

在一些传统绅士看来，机器时代的成功者大都是社会达尔文主义的信奉者。他们重视机器更胜过尊重人，他们支配别人，就像使用一件工具或者机器。这类人都是反社会的精英，具有冷酷、野蛮、顽强、自私等特点，他们既缺乏智力和道德，也丧失了想象力和同情心，但他们都是腰缠万贯的“成功人士”。

在资本主义时代，金钱是衡量一切的唯一尺度，物质上的成功可以弥补智识与情感的不足，这对传统道德来说完全是颠覆性的。凡勃伦批评说，企业家所谓的进取精神，只不过是人类掠夺本能的体现。

在现代早期，英国不仅有无数发明家和资本家，也涌现出一大批自由主义思想家，他们以批评现实为己任，承担其社会良心的角色。马修·阿诺德为英国社会的贫富对立感到担忧，同时他警告说："对机械工具的信仰乃是纠缠我们的一大危险。"[1]

新保守主义思想家骚塞非常支持欧文的公益行动，他严肃地指出，工业革命最大的弊端是穷人的处境——那些大资本家变成了池塘里的狗鱼，吞噬掉那些弱鱼小虾。工厂在创造财富的同时，也诞生着身体和道德上的邪恶，一部分人的贫困随着另一部分人财富的增加而恶化。这种弱肉强食的处境如果不及早改善，迟早会爆发战争。

其实，马克思和恩格斯也始终持此观点，并充分体现在他们联合起草的《共产党宣言》中。

实际上，这种对立和剥削的范围已经远远超出了大不列颠，大英帝国将这种盘剥延伸到了世界的每一个角落。马克思曾说过："欧洲的隐蔽的雇佣工人奴隶制，需要以新大陆的赤裸裸的奴隶制作为基础。"[2] 当然，与工业革命时期的英国工人（包括童工）相比，美洲殖民地的奴隶处境更加悲惨。

作为一种工业化的早熟案例，在种植园经济模式下，仅仅 430 平方公里的巴巴多斯岛就有 25 万黑奴，牙买加的黑奴更是多达 66 万。这些身处异乡并遭受奴役的非洲人，既无法拥有自己的身体，更不能拥有自己的劳动。

殖民地的奴隶与强制劳工不像英国本土的自由工人，他们没

1- [英] 马修·阿诺德：《文化与无政府状态：政治与社会批评》，韩敏中译，生活·读书·新知三联书店 2008 年版，第 12 页。

2- [德] 马克思：《资本论》第一卷，载《马克思恩格斯全集》第二十三卷，人民出版社 1972 年版，第 828 页。

有任何东西可以用来出卖，甚至包括他们的劳动力；相反，他们本身就是买卖和交易的对象。用一位历史学家的说法，种植园体系“混合了封建主义和资本主义的罪恶，却没有两者任何美德”[1]。

无论是殖民地还是工业城市，其实都被资本权力牢牢控制着。殖民地的奴隶自不必说，就是那些契约劳工和工厂工人，也必须忍受垄断公司的盘剥。当一座城市中只有一家工厂或所有工厂主都联合起来时，工人就失去了讨价还价的能力。单一的种植园经济尤其如此。

从葡萄牙、西班牙到荷兰、英国，当宗主国的买家们大赚特赚时，殖民定居者却入不敷出。无论采取何种方式，宗主国都会把所有的贸易收益纳入自己囊中，把亏损留给殖民地。通过榨取贸易利润，宗主国的力量变得更为强大，但殖民地却处于勉强维持温饱状态。

在殖民时期，市场垄断和寡头经营是最主流的经济形式。美洲殖民地为了打破东印度公司的茶叶专营而爆发了倾茶事件，最终演变成为独立运动。

从经济学角度来说，垄断虽然可以在短时间内带来暴利，但也埋下灭亡的祸根，这种失衡根本不可能持久。随着殖民地纷纷独立，西班牙和英国这两个“日不落帝国”先后衰落，新兴的中产阶级成为世界主流。

1-［美］西敏司：《甜与权力：糖在近代历史上的地位》，王超、朱健刚译，商务印书馆 2010 年版，第 68 页。

一个世纪之后，经济学家熊彼特将资本主义引发的这一历史变局称为“创造性破坏”；他继而指出，这一“破坏”的最大受益者正是最大范围的公众，或者说是“穷人”：无疑有一些现代工厂可以得到的物品，是路易十四本人极欲得到但无法得到的东西——比如现代牙科技术。从总体上说，那种高收入水平的人从资本主义成就中得到真正想要得到的东西是极少的，甚至快速旅行对于一个高贵的绅士来说也不是很值得重视的事情。电灯对于有钱买足够蜡烛和雇人照料蜡烛的任何人来说，不是巨大的恩惠。便宜的衣服、便宜的棉织品和人造丝织品、皮靴、汽车等，是资本主义生产的典型成就，但一般来说，这些并不是对富人生活有多么了不起的改进。伊丽莎白女王有丝袜。资本主义的典型成就，并不在于为女王们提供更多的丝袜，而在于使丝袜的价格低到工厂女工也买得起，作为稳步减少劳动量的回报。[1]

1-［美］约瑟夫·熊彼特：《资本主义、社会主义和民主》，杨中秋译，电子工业出版社2013年版，第65页。

奴隶制种植园

和谐新村

美国历史学家乔伊斯·阿普尔比将“资本主义的历史”称为“无情的革命”，无疑是比较贴切的。菲利普·艾里斯则将这一时期称为“童年的世纪”，他认为所谓“童年”，其实是一个相当“现代”的概念。

现代早期的人们习惯于将儿童视为“年幼的成年人”，这至少代表了很多工厂主对待“童工”的态度。儿童之所以成为产业工人的一部分，与极其低廉的薪酬有关；与那些需要养家的成年人相比，童工所需的只是一丁点食物。

在早期工业革命时期，无论是当时的经济理论，还是经济实践，都听命于劳动者的购买力。通常认为，当时劳动者的薪酬仅够维持基本生存。

霍布斯鲍姆指出，高薪酬对经济的好处，无论是作为带来更高生产率的动机，或作为对购买力的增加，都直到19世纪中期以后才被发现，而且只是被少数有进步和启蒙思想的雇主所发现。

作为成功的工厂主和实业家，欧文是一位理想主义者，也是一位国际主义者。1812年，他的工厂改革成就引起社会广泛关注。此后，欧文多次呼吁通过立法来改善工人的劳动条件。数年之后，英国议会终于通过了限制女工和童工的法案。

在接下来的很长一段时间，欧文致力于改善劳工的“新工业社会”实践。1833 年，他亲自主持成立了英国工运史上第一个全国总工会——全国大统一工会，并担任联盟主席。

欧文虽然对资本主义多有批判，但他反对阶级对立和暴力革命。因此，他被马克思批为“空想社会主义”。

所谓“空想社会主义”，一般认为始于托马斯·莫尔的拉丁文作品《乌托邦》[7]，而“乌托邦”明显受到了柏拉图的《理想国》的影响。莫尔的写作背景是文艺复兴和地理大发现时代，正如柏拉图杜撰了“亚特兰蒂斯”，莫尔杜撰了“乌有之乡”。

实际上，这些西方知识分子的理想国与陶渊明的“世外桃源”和孔子的“大同世界”并没有太大不同。[8]

在工业刚刚出现的时候，企业管理还算不得一门学问，资本家对工人的“管理”，招致了包括马克思、恩格斯在内的很多知识分子的批判。很多年后，企业管理已经成为显学，一些这方面的专家将欧文称为“人力资源管理的先驱”。

早在 200 多年前，欧文就坚信，关注员工本身，与维护厂房、保证机器的正常运转同样重要。“很多人都有丰富的生产操控经验，我们都知道，机器若是设计精良、操控得当，就能发挥很大的效用。这些无生命的机器尚且如此，如果我们花同样的心思，照顾好最重要的，也是设计最精良的‘机器’——人，岂非效果更好？”[1]

1- [英] 理查德·唐金：《工作的历史》，谢仲伟译，电子工业出版社 2011 年版，第 94 页。

1799年，欧文在他的新拉纳克纱厂进行了一些具有探索性和开创性的社会实验，并取得了成功。他把工人的工作时间缩短为10小时，禁止不满12岁的童工劳动，提高工人工资。

欧文发现，他的2500名工人每天生产出来的社会财富，如果在仅仅50年前，就需要60万名劳动者才能生产出来。欧文的质疑是，如果2500名工人与50年前那60万名工人生活水平相同，或者提高不多，那么生产力提高所产生的巨大社会财富有何价值？资本家不仅应懂得创造利润，也应懂得分享财富。

1824年，欧文用15万美元买下美国印第安纳州的3万英亩土地，建设了一个共产主义色彩的“和谐新村”。在《新和谐公社组织法》中，他设想了一个财产公有、平等、自由的新王国；这里的一切都实行按需供应的配给制，教育和医疗都实行免费。

“和谐新村”制定的生活标准超过当时美国的大多数社区，因此一度被称为“西方的奇迹”。但最终，因为无法从制度层面解决私有制与人的道德问题，欧文和他的和谐公社一起破产。

对欧文来说，发财致富并不是他的最高理想；谋求全社会的幸福才是一种终极意义上的追求。与梭罗不同，欧文是另一种类型的“地球公民”，也可能是最早的社会企业家。

在人类现代史上，欧文和他的“和谐新村”不是第一个，也不是最后一个。在100多年后，一种多少具有社会主义色彩的乌托邦思想，在几乎所有的欧美资本主义国家得到一定程度的实现：提倡人权、保护和扶持弱者、维护国际道义，所有公民都享有自由平等的政治权利，以及教育、医疗等免费福利。[9]

从这里或许可以说明，所谓社会主义或资本主义，其实并不是一种意识形态——“资本主义和社会主义都是18世纪的空虚理性的产物，其目的不过是对经济的外表进行一种物质的分析，随后再加以综合而已。”[1]

工业化引起了一个庞大的、同质的、自觉的工人阶级的诞生。对于马克思来说，和西方资产阶级是全球资本主义的“选民”一样，西方无产阶级是人类的“选民”。“至今一切社会的历史都是阶级斗争的历史……每一次斗争的结局都是整个社会受到革命改造或者斗争的各阶级同归于尽。”[2]

在马克思理论中，工人与资本家是完全对立的，贫穷的工人因为不充足的工资而造成不充足的购买力，他们不能以自己的工资购买自己生产的东西，最终将导致生产过剩和消费不足，结果导致工厂倒闭、工人失业，购买力继续下降和最后的全面萧条。失业的无产阶级在绝望中被迫进行革命，以取消财产权的共产主义，取代贫富不均的资本主义。

人性是复杂的，既有善的一面，也有恶的一面，如何让一个人、一个社会扬善抑恶，不是仅靠理想就可以实现的。在人类历史上，无数智者和圣贤都在思考这个问题，为此创建了各种宗教、哲学、法律、制度和国家，但结果却是——播下的是龙种，收获

1- [德] 奥斯瓦尔德·斯宾格勒：《西方的没落》，张兰平译，陕西师范大学出版社2008年版，第312页。

2- [德] 马克思、恩格斯：《共产党宣言》，人民出版社2014年版，第27页。

欧文在美国印第安纳州计划建造的和谐新村

的是跳蚤，宗教引发了宗教战争，国家制造了灾难。

作为两个伟大的理想主义者，欧文悲悯而大度，马克思睿智而深刻。但无论欧文还是马克思，都无法在很短的时间内使每个人都变成大公无私的天使。

斯密遇见马克思

人类社会自古就追求平等，反对贫富不均，尤其憎恨阶层固化，不认为穷人的儿子永远是穷人，富人的儿子永远是富人。

工业革命引发的社会动荡，一方面制造了一大批白手起家的新富阶层，另一方面也加剧了贫富悬殊。对此，马克思认为，穷人之所以穷，是因为资本家的残酷剥削。斯密则认为，如果不是因为懒惰和缺乏生产条件，那么穷人无法翻身只有一个原因，就是身份卑贱，法律剥夺权利，让他无法保有自己的财产，更无法投资。

每个人的天赋不同，家庭出身不同，所以人类社会没有绝对的平等。一味地追求绝对平等，难免将社会变成普罗克鲁斯特的大铁床，这必然导致一场大悲剧。其实，人们想要的并不是一切平等，而是机会平等，或者说是公正，即程序正义。

在一个缺乏公正的社会，资本的原始积累就免不了原罪，所谓“为富不仁，为仁不富”。一个社会是以恶制善，还是以善制恶，这是两种不同的选择。一旦国家机器沦为少数人的私器，就有可能激发人性中的恶，公正则荡然无存。

斯密在《道德情操论》中，强调了人性善的一面，即每个人都

亚当·斯密（1723—1790）

卡尔·马克思（1818—1883）

有利人、助人的原始美德。

孟子说："得志，泽加于民；不得志，修身见于世。穷则独善其身，达则兼善天下。""杨子取为我，拔一毛而利天下，不为也；墨子兼爱，摩顶放踵利天下，为之。"（《孟子·尽心上》）在现实中，有得志的，有不得志的，有穷的，有达的，但像杨朱、墨子这样的人终归属于少数，并非常人。

古往今来，人类一直在想办法解决个人的善恶与社会的兴衰问题。启蒙运动以来，很多人已经意识到，在世俗层面如何弘扬人性中的善，同时抑制人性中的恶，这已经超越了道德层面，完全取决于制度设计——准确地说是法律。这其实也是《国富论》的一个重要主题。

亚当·斯密创立了经济学，马克思创立了政治经济学。

在某种意义上，亚当·斯密试图以经济的方式解决政治问题。他为了保证司法独立，甚至专门提到审判费用和法官薪资的管理方法。相对而言，马克思则试图用政治的方式来解决经济问题。

从马克思对鸦片战争的态度来看，他也是一位自由贸易主义者，并对专制制度充满憎恶。

马克思一生贫寒，但才华横溢，笔耕不辍，写下了大量作品，很多作品到他去世时依然没有完稿，恩格斯对他的遗稿做了大量的整理和修改工作。亚当·斯密则相对生活优渥，一生只写了两部书：《道德情操论》和《国富论》。他用大半生的时间反复修改这两本书，以保证尽量客观、准确。

马克思虽然独守书斋，但对社会现状始终保持着热切的关注。斯密则对人性中的善与恶明察秋毫，他相信：只要保持国家和法律的公正、文明，其他的事情都交给市场和人性去解决。他对世道人心始终抱有希望。

《国富论》的全名为《关于国家财富性质和原因的调查》，人们常常忽视了马克思《资本论》的副标题——“对政治经济学的批判”。

也许是在马克思理论和受其影响爆发的社会运动的警醒之下，也许是受到市场的驱动，雇主们开始提高工资，改善工人的工作状况。廉价的食品、上涨的工资以及疾病的减少，闷熄了或至少减弱了资本主义社会下工人阶级发动革命的倾向。经济繁荣平息了工人的怒火，正如英国19世纪早期最重要的社会改革家之一的威廉·科贝特所言："你不可能煽动一个衣食无忧之人闹事。"[1]

当然，企业和政府的行为并非纯粹出于仁慈。国家想要征召大批有战斗力的人参军，雇主们意识到有吸引力的工资可以招募到身体健康的劳动力，能够提高产出和增加消费需求。在许多国家，甚至教会也为工人仗义执言，因此减弱了革命的吸引力，使工人不再选择铤而走险，发动暴力革命。

马克思有一句名言："哲学家们只是用不同的方式解释世界，问题在于改变世界。"[2]马克思是一个既能解释世界，又能改变世界的历史伟人，他把革命设想为一种进步的历史事件。或许连马克思自己都没有想到，20世纪的历史会被已经不在人间的他所改写。

在马克思之前和之后，虽然也有不少社会主义思想家，但没有人能像马克思那样，对工业革命和资本主义进行如此深刻的分析和批判，并以"科学"的姿态，论证无产阶级必将取得最终胜利。

马克思并没有改变英国，也没有改变法国，但却改变了古老的中国。"从马克思笔下涌现出一个世俗的意识形态，在列宁和毛泽东等领袖的手中，取代宗教，成功动员数百万人，实质上改变了历

1-［美］菲利普·费尔南德兹-阿迈斯托：《世界：一部历史》，叶建军、庆学光、宋立宏等译，北京大学出版社2010年版，第925页。

2-［德］马克思：《关于费尔巴哈的提纲》，载《马克思恩格斯全集》第三卷，人民出版社1960年版，第8页。

史进程。”[1]

用弗洛姆的说法，19 世纪的社会性格是倾向剥削和囤积，被 20 世纪的接受和市场倾向所取代。一种不断增长的“协作”趋势取代了竞争性，一种获得稳定和可靠收入的愿望取代了追求无止境的利润；一种共享并扩大财富，控制他人和自身的倾向取代了一味地剥削。[2]

1- [美] 弗朗西斯·福山:《政治秩序与政治衰败：从工业革命到民主全球化》，毛俊杰译，广西师范大学出版社 2015 年版，第 37 页。

2- [美] 弗洛姆:《健全的社会》，蒋重跃等译，国际文化出版公司 2003 年版，第 89 页。

资产阶级在它的不到一百年的阶级统治中所创造的生产力，比过去一切世代创造的全部生产力还要多，还要大。自然力的征服，机器的采用，化学在工业和农业中的应用，轮船的行驶，铁路的通行，电报的使用，整个整个大陆的开垦，河川的通航，仿佛用法术从地下呼唤出来的大量人口，——过去哪一个世纪料想到在社会劳动里蕴藏有这样的生产力呢？

——《共产党宣言》

第十三章　公司的力量

东印度公司

用一句中国俗话说，历史属于“事后诸葛亮”。历史只记录发生过的事情，而不记录未发生的事情。过去没有的，并不意味着将来没有，未来不是历史的再现，技术进步的本质正在于其不可预知性。

回顾工业革命以来的历史就会发现，革命来自创新。这种创新不仅包括技术发明，也包括制度创造。如果没有专利法，就不会有那么多发明；如果没有公司制度，这些发明也不会创造那么大的价值，当然工业也就无法诞生。

工业革命无疑是由个人技术创新引发的，但是将它们转化为产品，并影响社会的却是公司。

公司是一种政治上很重要的创造物；或者说，除了国家，公司是现代社会最重要的组织体制。从某种程度上说，公司的出现丝毫不逊色于文字、货币、火药、蒸汽机的发明。中国人发明了造纸术、印刷、火药和指南针，但使其改变世界的却是公司。作为一种最特别的“机器”，公司制度是技术的放大器，使技术创新变成真正的财富。

公司这种现代机构，最早可以追溯到古罗马时期。中世纪后期的教会企业，可以视为独立法人有限公司的原始雏形。

中世纪末期，位于欧亚非三大洲之间的地中海地区商业极其繁荣，巨额国际贸易催生了一些民间性质的企业组织，这种独立经营的商业组织构成了公司的雏形。

1600 年，英国东印度公司（EIC）成立；两年之后，荷兰东印度公司（VOC）成立。这或许是现代意义上的公司最早的起源。

作为西方殖民工具，无论荷兰东印度公司还是英国东印度公司，它们都拥有国家特别授权，除了一般的生产和贸易，还可以对外征服、统治、宣战、媾和，包括组建军队和发行货币。从某种程度上来说，它们名为公司，实则与国家无异。在其建立后的很长时间里，英国与荷兰的竞争其实就是这两家公司之间的竞争。

从商业结构来说，这两个东印度公司作为股份制法人公司，已经与传统的合伙企业大相径庭：它们都实行无记名制，也就是合伙人以陌生人为主；所有权与管理权分离，决策权交给董事会，如果投资人不同意，可以转让或出卖自己持有的股份；与传统经营者不同，股份公司经营者即使失败，他也不需要承担债务，更不会倾家荡产，他唯一的“资本”就是创造力和才干。

另外，公司是长久存在的实体，具有独立于股东之外的法律地位。

股份公司是建立在章程之上的，体现的是一种民主精神和契约精神。作为公司投资者，股东虽然不参与公司经营，但公司的所有权仍属于全体股东，股东大会拥有公司的最高权力。在股东大会上，每个股东都有自己的席位和投票权（表决权）；每一份股份都代表等量（平等）的权力，拥有股份越多，话语权越大。管理和监督公司的董事会、监事会，都由股东大会选举产生。

以荷兰东印度公司为例，其董事会成员有 70 多人，一个由 17

人组成的代表机构掌握决策权；这 17 人分别来自阿姆斯特丹、泽兰省和其他地区。

值得关注的是，荷兰东印度公司的成立与荷兰共和国的独立，基本发生在同一时期。一个是公司，一个是国家，二者从组织、运营、管理等方面具有同构性。

从这一点也就不难理解，英国东印度公司对印度的行政管理后来何以成为英国公务员制度的原型——公司职员对全体股东向来以“公仆”自称。

英国法律史学家梅因在《古代法》一书中，将现代社会的本质特征总结为六个字：从身份到契约——人与人、人与经济组织、个人与国家等，无不建立在契约而非依附或者强制的基础之上。亚当·斯密曾说，法律和政府的形成是人类审慎与智慧的最高成就。其实公司也是如此。从公司构建过程中的章程、权力制衡、风险评估等环节，足以说明现代公司的基础必然包括民主、共和以及契约等现代精神。

现代公司与现代国家一样，都属于由陌生人自愿组建的社会公共机构，而不是基于血缘的一人一家的私产。梅因指出：“所有进步社会的运动，到此处为止，是一个‘从身份到契约’的运动。”[1]

事实上，股份制这种民主管理模式不仅仅限于公司，大量的银行、协会、社团等社会组织往往也采用股份制。用斯密的话说，一个拥有地产的人必然是国家公民，但一个拥有股票的人就可以是

1-［英］亨利·萨姆纳·梅因：《古代法》，沈景一译，商务印书馆 1959 年版，第 97 页。

世界公民；因为他的财产是无形的，他不需要依附于国家。

股份公司具有强烈的社会性，充分发挥了“集腋成裘”的社会力量。

荷兰东印度公司初始资金为650万荷兰盾，英国东印度公司仅为7.2万英镑，几乎只有前者的十分之一。对投资人来说，资本属于永久性投入；虽然可能会获得分红，但却不能指望这笔投入会被很快返还。

在荷兰东印度公司成立的最初80年间，分出去的红利共达到原有资本的1482%。对于那些股东来说，“这是一个多么出色的投资啊”。到1669年，荷兰东印度公司成为世界上最富有的私人公司，拥有超过150艘商船、40艘战舰、5万名员工和1万人的军队，股息高达40%。可以说，荷兰的兴衰与荷兰东印度公司有很大关系。

不能不提的是，1624年（明天启四年），荷兰东印度公司占领中国台湾；1740年（清乾隆五年），荷兰东印度公司在雅加达屠杀华侨万余，史称“红溪惨案”。

英国东印度公司比荷兰东印度公司“成功”得多，甚至征服和统治了比英国大好几倍的印度。

从1500年到1800年，欧洲殖民掠夺的总值约为10亿英镑金币，其中英国东印度公司在1750年到1800年间，就从印度掠夺了1亿~1.5亿英镑金币。

这批资本的流入，即便不是英国工业革命的全部资本，至少也促进了英国对工业革命的投资，尤其是在蒸汽机和纺织技术方面的投资。一位英国工业史学家嘲讽道：“如果瓦特早生五十年，他和

英国东印度公司

他的发明一定都同时死亡了。自有世界以来，可能没有一个投资的收获超过像掠夺印度一样的利润。”[1]

在传统社会，人们都相信劳动创造财富，现代社会则树立起资本这个重要概念，将资本视为财富的重要源泉。

法国经济学家皮凯蒂通过研究比较发现，在整个人类发展历史中，一个无可撼动的事实是，资本收益率至少是产出及收入增长率的 10 ~ 20 倍。实际上，这一事实很大程度上恰恰是社会发展的动力之一：正是基于这一点，有产阶层才可致力于发展除谋生以外的各种事务。[2]

1- 李乾亨：《资本原始积累史话》，中国青年出版社 1979 年版，第 102 页。

2-[法]托马斯·皮凯蒂：《21 世纪资本论》，巴曙松、陈剑、余江等译，中信出版社 2014 年版，第 363 页。

茶叶与鸦片

在世界史上，工业革命是一道分水岭。伴随着工业革命，资本主义也在英国成为一种组织与运动，在17—18世纪落地生根。跟荷兰东印度公司一样，英国东印度公司也深深地介入中国历史中。

英国东印度公司来到中国时正值清朝。1715年（清康熙五十四年），东印度公司在中国粤海关设立商馆。

在此后的一个世纪中，东印度公司不仅垄断了英国与中国的贸易，还在1792年促成了英国对中国的首次外交访问；马戛尔尼一行的全部费用共计8万英镑，都由东印度公司承担。

工业革命推动了英国城市化的同时，中国茶叶在英国也风靡一时。从1760年到1800年，英国与中国的贸易额增加了10倍以上；从1775年到1799年，东印度公司每年从中国进口的茶叶，从22574担猛增到157526担。

重商主义追求的是垄断。英国东印度公司除在印度拥有政治垄断权外，还拥有茶叶贸易、同中国的贸易和对欧洲往来货运的垄断权。但是，进口中国茶叶对英国造成了巨大的贸易逆差，以1834年为例，英国的茶叶消费量达到了5300万磅。[1]对此，英国东印度公司遂以鸦片取代棉花，从印度向中国输入鸦片以谋取暴利。在19世纪的前40年，中国的鸦片贸易量增长了10倍。到1839年达到3万多箱，其中英国占据了300万英镑交易额的80%。

鸦片远比茶叶更易成瘾，而且中国市场比英国更大。鸦片贸易的利润更是高达900%，这比贩奴贸易更有暴利，英国东印度公司因此获得了极大的贸易出超。

英国东印度公司的“成功”引发了中国的不安，一是持续的贸易入超，二是鸦片走私造成大量关税损失。这场贸易争端最后以一场战争结束。虽然战争之前，英国东印度公司就已经被取消了贸易垄断权，但其实这仍是一场英国东印度公司的“代理人”战争，它为此投入了44艘战舰。著名的蒸汽铁甲战舰“复仇女神号”也是由英国东印度公司出资修建的。

1757年，由英国东印度公司发动的普拉西战役开启了英国对印度的殖民统治，之后印度便沦为英国棉纺工业这个新生儿的“奶妈”，不仅提供原料，也提供市场。接下来，英国用印度的茶叶取代了中国的茶叶，还用印度的鸦片从中国抽取大量的白银，《南京条约》标志着这种侵略的成功。

英国就这样崛起了，而印度和中国这两个世界最大的农业国家，则先后沦为牺牲品。

在1688—1695年间，英国股份公司的数量已经从22个增加到150个。这些公司有的昙花一现，有的则发展壮大，成为百年老店。英国东印度公司存在了274年，而成立于1670年的哈得孙湾公司至今依然存在。

甚至可以说，马萨诸塞公司和弗吉尼亚公司作为北美殖民地的

英国东印度公司在印度殖民地种植鸦片，然后向中国输入鸦片谋取暴利

开拓者，孕育了后来的美国。

从经济学角度来说，英国最具独创性的贡献，是构建了大纳税人参与决策的公共财政体制。公共财政体制的本质就是商人出钱，政府打仗。在商人和政府之间有一个共赢机制，这个机制叫议会。议会讨论的主要议题就是预算，就是公共产品的价格。事实上，正是这个公共财政体制导致了英国在100多年时间里在全世界战无不胜，并最终获得了产业革命的成功。

1720年，英国南海公司脱离常轨的投资狂潮，引发了股价的暴涨暴跌和随后的大混乱。大科学家牛顿事后也不得不感叹："我能计算出天体的运行轨迹，却难以预料到人们如此疯狂。"

"南海公司"事件（又称南海泡沫事件）使英国议会通过了《泡沫法案》，规定未经议会直接授权不得成立股份制公司；这使得工业革命时期的创业者只能采取合伙制或单一业主制，直到1825年该法案才被废止。

经济学家诺斯在《西方世界的兴起》一书结束语中写道："所有权结构在尼德兰和英格兰业已发展，从而为持续的经济增长提供了必需的刺激。它们包括鼓励创新和随后工业化所需要的种种诱因。产业革命不是现代经济增长的原因。它是提高发展新技术和将它应用于生产过程的私人收益率的结果。"[1]

有限责任公司堪称现代社会的伟大发明之一，如果没有它，蒸汽机和电力的重要性必然会大打折扣。有经济学家说，没有工业革命，就可能没有现代公司存在的必要性；但换一个角度来讲，如果没有现代公司的存在和发展，工业革命的快速进程也可能不容易出现。

1-［美］道格拉斯·诺斯、罗伯斯·托马斯：《西方世界的兴起》，厉以平、蔡磊译，华夏出版社2009年版，第223页。

银行的诞生

在近代初期，也就是在英国崛起之前，荷兰才是欧洲经济的领袖。

荷兰的诞生堪称一个传奇。这个低地国家最早只是一个由许多小公国组成的联盟，但他们勇敢地反抗西班牙帝国的统治，于1581年建立尼德兰共和国（荷兰共和国），最后于1648年正式独立出来，世界上第一个资本主义国家由此诞生。随后，新生的荷兰共和国在短短50年里迅速崛起，成为欧洲的经济中心；繁荣的阿姆斯特丹成立了第一家现代银行和股票交易所，建立了现代金融体系，成为世界金融中心。

从某种意义上说，荷兰共和国算得上是第一个“现代经济体”，交易所、联合东印度公司和阿姆斯特丹银行构成了现代商业制度的雏形，西方工业家通过股份制资本，推动了最早的资本主义工业革命。

银行与公司之间的关系密不可分；或者说，银行就是公司的一种。

17世纪后半叶，摆脱西班牙统治的荷兰，已经建立了一个利率只有4%的长期资本市场，资本成本被大大降低；相比之下，当时英国的借贷利息最低也要10%。按照经济学原理，国家变得更

航行中的荷兰船队

穷或更富，完全与他们支付的利息程度一致；一家支付 4% 利息的荷兰公司，可以借到比一家支付 10% 利息的英国公司多两倍半的钱。因此也就不难理解，为何英国东印度公司的初始融资，只有荷兰东印度公司的十分之一。

在整个 17 世纪，荷兰先是击败西班牙获得独立，之后击败法国和英国，联合省总督威廉三世在 1688 年登上英国王位。颇为讽刺的是，威廉三世的成功为以后英国最终取代荷兰，成为世界经济和军事大国铺平了道路。

对英国来说，荷兰虽然只是个弹丸小国，却因富庶而令人羡慕。光荣革命和威廉三世的到来，“象征着英国在本质上变成一个现代国家”[1]。

1694 年，为了发动对法国的战争，威廉国王与苏格兰富豪威廉·佩特森合伙创建了世界上第一个国家银行——英格兰银行。该银行在发行纸币英镑的同时，还创立了国债的概念。

英格兰银行成立时有股东 1267 人，除了威廉国王，其余都是伦敦商人，而且他们都是新教徒。英格兰银行的初始资本只有 120 万英镑，但在未来的日子里迅速扩充。值得一提的是，担任英国商业督办的洛克也是原始股东之一，他在《政府论》中提出了三权分立的概念。

英格兰银行的建立，对于资本的原始积累具有重要的作用。正如马克思在《资本论》中所说：“巨额财产象雨后春笋般地增长起来，原始积累在不预付一个先令的情况下进行。”[2]

六年之后，威廉国王入股的 120 万英镑已经翻了 10 番，变成了 1200 万英镑。一个多世纪后的拿破仑战争中，这笔钱膨胀到不可思议的 8.5 亿英镑，以英国于 1821 年施行的金本位制（1 英镑含 7.32238 克纯金）换算，约相当于 2023 年的 3200 亿英镑或者 4000 亿美元。

对于英国在 18 世纪的经济奇迹，伏尔泰感到匪夷所思——

1- [美] 黄仁宇:《资本主义与二十一世纪》，生活·读书·新知三联书店 1997 年版，第 206 页。
2- [德] 马克思:《资本论》第一卷，载《马克思恩格斯全集》第二十三卷，人民出版社 1972 年版，第 821 页。

子孙后代很可能会惊奇地听说，一个岛屿，仅有的出产物是一点点铅、锡、漂白土和粗羊毛，由于其商业发展得非常强大，1723 年，它能同时派遣三支舰队到世界上三个遥远的不同地方。[1]

在当时的法国，法律并不能保护私人财产，特权随时可以剥夺个人的一切，任何不满之声都会被认为是谋反。虽然法国国王承诺的贷款利率比英国高一倍，可即使在战争最关键时刻，权贵们依然偷偷将资本投向英国；因为他们也知道，经过宪章运动等，英国的人民意志足以约束国王的权力，钱交给他们是安全的。

法国国王路易十八曾派著名经济学家萨伊去英国考察，以探寻英国优势的根本。萨伊在后来的报告中直言不讳："英国的优势主要不是因为军事力量，而是在于其财富和信用。"[2]

从这段历史来看，银行从一开始就与国家、战争有着密切的关系。金钱不会推动世界运转，"相反，是政治事件——尤其是战争——塑造了现代经济生活的体制：税收官僚机构、中央银行、证券市场和股票交易所"[3]。

银行对国家是如此重要，1781 年的英国首相诺斯甚至认为，银行已经成为宪法的一部分。

1- 转引自［美］沃尔特·拉塞尔·米德：《上帝与黄金：英国、美国与现代世界的形成》，涂怡超、罗怡清译，社会科学文献出版社 2016 年版，第 177 页。

2- 同上书，第 172 页。

3- ［英］尼亚尔·弗格逊：《金钱关系：现代世界中的金钱与权力》，蒋显璟译，东方出版社 2007 年版，第 14 页。

1750年，伦敦有20家银行，20年后发展到50家，1793年英国的银行数量已经超过400家；到1810年，伦敦以外开设的“乡村银行”也发展到将近800家。与此同时，新出现的纸币更助长了经济的繁荣。[2]

英格兰银行成立后，英国的贷款利率从之前的12%迅速下降到8%，到1752年又下降到3%，从而使英国在国际金融市场上获得了优势。

英格兰银行的成立，大开“赤字财政”之门；资本家通过国债成为国家的债权人，从而掌控了国家权力。因此布罗代尔说：“资本主义之成功端在它与国家互为一体，它本身即成为国家。”[1]

19世纪初，犹太人内森·罗斯柴尔德在英国创建了罗斯柴尔德银行，从此借助大英帝国的殖民扩张大发战争财，甚至一度将全世界近一半的财富收入囊中。

如果说滑铁卢战争只有一个赢家，那就是作为英国最大债权人的罗斯柴尔德。他曾说：“我不管坐在日不落帝国宝座上的傀儡是谁，控制英国货币流通的人才是实际控制英国的人，而我控制着英国的货币流通。”一位普鲁士驻英国的外交官毫不夸张地说：“当内森发怒时，英格兰银行都在颤抖。”

1- 转引自［美］黄仁宇：《资本主义与二十一世纪》，生活·读书·新知三联书店1997年版，第13～15页。

金钱的统治

在道德家看来，金钱是人类所有发明中最近似恶魔的一种。但从经济学和社会学角度来说，金钱则是人类最伟大的发明之一，因为它可以缩短人与人的差距。

金钱意味着自由，它让人依靠自己的劳动和创造就可以实现自己的目标，而不用去抢劫和偷盗。钱不是金属，而是信任的结晶。金钱是有史以来最普遍也最有效的互信系统。在这种信任的背后，有着非常复杂而长期的政治、社会和经济网络。

用历史学家赫拉利的说法，钱是人类最能接受的东西，比起语言、法律、文化、宗教和社会习俗，钱的心胸更加开阔。所有人类创造的信念系统之中，只有金钱能够跨越几乎所有文化鸿沟，使陌生人之间可以携手合作。[1]

金钱几乎与文字出现在同一时期，它无疑是人类文明的产物。当人们愿意用一个可以长期保存，而不是即时使用的东西来做支付工具时，货币就诞生了。货币的使用会强化其货币功能，同时会促进陌生人之间的信任。

1-［以］尤瓦尔·赫拉利：《人类简史：从动物到上帝》，林俊宏译，中信出版社 2014 年版，第 181 页。

1694 年，英格兰银行成立

货币作为一种公共媒介，它只有被人们普遍接受，才能成为法定货币。一种物品要成为货币，必须具有易保存、不变质、易识别、可携带的特性，以及必不可少的珍稀性，这是其价值的根本。纸币的珍稀性是由国家对印钞权的垄断人为造成的。

现代银行的出现，使“钱能生钱”，这在传统时代被视为剥削和罪恶；因为人们认为只有努力耕作才是正当的生财之道。

货币本身所具有的自我增值法则一旦被利用，财富不再仅仅以实物的形式存在，而开始以几何级数膨胀起来。银行借钱给人们，并收取利息，不仅改变了财富的积累方式，也改变了人们对欲望的态度。

大部分宗教教义都是禁欲的，而银行的出现则将欲望这个魔鬼放出潘多拉魔盒。从此以后，金钱摆脱时间的限制，债务成为理所应当；人们不仅拥有今天，也获得了明天。欲望的洪水一旦泛滥，被淹没的不仅仅是个人，还有古老的生活方式。借贷这个幽灵，不仅仅改变了整个欧洲的经济格局、政治格局，甚至还包括了整个文化信仰。

对于银行时代的新人类来说，现代社会的一切规则都由此演化而来。

现代银行的诞生，很大程度上得益于复式记账、支票和纸币的发明。

孟德斯鸠在《论法的精神》中，关于“欧洲的商业如何从原始落后状态中产生出来”的问题，给出的答案是——不断遭受国王和贵族们敲诈勒索的犹太人发明了汇票。就商业史而言，汇票的发明确实是“一个堪与罗盘和美洲的发现相媲美的事件”，资本从此能够自由地流动。

1494 年发明的复式记账对资本主义的发展也极其重要。这种数字图表可以精确地计算出赢利情况，从而使追求利润的公司成为真正独立自主的单位；公司的财产不再与家庭、庄园和其他财产混杂在一起。

“复式簿记与伽利略和牛顿的学说是由同样一种精神所产生的……它用它们所用的相同的方法，把现象整理成一个精美的体系，它可以说是建立在一种机械思维的基础上的第一份秩序。正如以后星宿世界的秩序被自然哲学的卓越研究所揭露一样，复式簿记用同样的方法把经济世界的秩序揭示给我们……复式簿记的基础是把一切现象全部理解为数量的、逻辑地得出的基本原则。”[1] 在西方经济学家看来，复式记账法的发明丝毫不逊色于哥伦布发现新大陆。黄仁宇常说，没有“数目字管理”[3]，是古代中国无法进入现代的根本原因。

具有存款、贷款、汇兑、储蓄及信用中介功能的现代银行，是随着资本主义一起出现的。

用布罗代尔的话说，现代国家并未创立资本主义，而是继承了这一遗产。银行的拉丁文 banca 的原意为长凳，代指早期意大利的货币兑换商。美第奇银行成立于 1397 年，威尼斯银行成立于 1580 年，这些早期的银行都服务于罗马教廷。

西欧应被视为现代银行的发源地。工业革命之后，银行随着欧洲的殖民扩张遍布全世界，成为现代商业文化的典型象征。

在 15、16 世纪，为了支持远程贸易，一种新的金融经济——保险业——出现了。

银行与交易机构的完善，使越来越复杂的交换方式成为可能。英国保险业略晚于银行。1710 年，太阳火险公司开始营业；10 年之后，伦敦保险公司和皇家交换保险公司成立。至此，英国的金融财政体系基本完善。

牛顿不仅确立了宇宙万有引力定律，还为英国率先确立了金本

1-［德］奥斯瓦尔德·斯宾格勒：《西方的没落》，张兰平译，陕西师范大学出版社 2008 年版，第 323 页。

位的货币体系。他将黄金的价格定为每盎司（纯度0.9）3英镑17先令10.5便士；这个基准如同格林尼治时间一样，成为货币的价值标准。

在此后200年中，英镑在世界范围内维持了不可思议的稳定和信誉。货币本位是一种政府认定的货币标准，这是进入现代经济的基本前提。[4]

货币和信用制度的运行，同语言和道德规则一样。如果说语言和文字的发明是为了表达感情和思想，那么货币和银行的发明则是为了体现欲望和权力。

自由主义者哈耶克对金钱化的现代社会给予热情的欢呼，他说："如果我们力求获得金钱，那是因为金钱能提供给我们最广泛的选择机会，去享受我们努力的成果。因为在现代社会里，我们是通过货币收入的限制，才感到那种由于相对的贫困而仍然强加在我们身上的束缚，许多人因此憎恨作为束缚象征的货币。但这是错把人们感到一种力量存在的媒介当作原因了。更正确地说，钱是人们所发明的最伟大的自由工具之一。在现存社会中，只有钱才向穷人开放一个惊人的选择范围——这个范围比在以前向富人开放的范围还要大。"[1]

1-［美］哈耶克：《通往奴役之路》，王明毅、冯兴元等译，中国社会科学出版社1997年版，第88页。

白银帝国

货币的历史要比银行的历史悠久得多。在某种意义上，现代银行的出现与纸币的发明有一定关系。

中国人不仅发明了纸和印刷术，也最早使用纸币。在北宋时期，朝廷正式发行“交子”这种纸币，但在缺乏一个完整的银行体系的情况下，单纯的纸币并不足以支撑起当时的经济发展。

宋朝时，中国的商业和海外贸易也比较繁荣，王安石以金融管制进行变法，试图以信用借贷来刺激经济增长，最后却流于失败。

黄仁宇指出，现代金融经济是一种无所不至的全能性组织力量。国家财政要想商业化，金融管制和方式就必须到位，有关汇票、提货单、保险单、共同海损、以船作抵押之借款、冒险借款、股份、打捞权利等等，都要经过立法才能执行无碍。更重要的是，法律上有关遗产继承、破产、丧失赎取权、假冒、欺骗、监守自盗等规定，也要与商业社会里的流动状态相符，且一切都用金钱统治。[1]

在纸币发明之前，人类社会常常以贵金属作为货币。因为在

1-［美］黄仁宇：《中国大历史》，生活·读书·新知三联书店1997年版，第141～142页。

古代社会，金属天然就具有珍稀性，尤其是金银这样的贵金属。用马克思的说法，它们天生就是货币。

为了寻找黄金，哥伦布于1492年发现新大陆，欧洲从此走上历史的中央舞台。在接下来的几个世纪中，西欧各国群雄争霸，轮番登场，除了传统的奴隶贸易，来自美洲的金银成为欧洲得以兴起的最大原始资本。

从世界经济的角度看，从1500年到1800年，也就是工业革命之前，欧洲所能生产和出口的最重要的商品，实际上是唯一的商品，就是从新大陆获取的金银，美洲殖民地成为工业革命的重要铺垫。

据一些西方经济史学家统计，自从张居正实施“一条鞭法”之后的百年间，由欧亚贸易流入中国的白银在7000吨到10000吨左右，占当时世界白银总产量的三分之一至二分之一。[5] 按照东印度公司统计，从康熙三十九年到道光十年（1700—1830），至少有5亿银元流入中国，这些外国银元价值约合1亿英镑。

明清时期的中国依靠出口高附加值的商品，如丝、瓷、茶，以换取大量贵重金属，这种白银逆差难免引起欧洲重商主义政府的不满和愤怒。

1811—1826年间，作为白银最大产地的西属美洲爆发独立运动，造成世界范围内白银短缺，英国以鸦片贸易来冲兑巨额茶叶贸易，输华的白银随之骤减，甚至出现白银倒流。鸦片战争与其说是因为鸦片，不如说是因为白银。鸦片贸易使清政府国库储备的白银从1793年的7000万两，骤减到1820年的1000万两。

当初大量白银的流入使中国的货币体系得以完善，后来白银的流出则使之濒临崩溃，从而动摇了整个经济体系，可谓成也萧何败也萧何。[6]

鸦片战争之后，价值低、重量大、品种杂的铜钱作为货币已经被边缘化。“番银自嘉庆时入中国，其初每钱值六七百文，道光间盛行，公私出入，非此不济，值亦渐长至千二三百文。”[1] 晚清时期的鸦片贸易和对外赔款使白银大量外流，造成“钱贱银昂，商民交困”。1782—1832 年间，人均税赋翻了一番。1851 年，南方爆发了大规模的太平天国起义。

早在后母戊鼎时代，中国在铸造技术上就已经达到很高的水平。此后的三千年间，大量生产的铸钱一直是中国铸造业的代表作。据历代正史中的《食货志》记载，汉武帝元狩五年（前118）至汉平帝元始（1—5）中，就铸五铢钱 280 多亿枚；清顺治（1644—1661）时每年的铸钱量有 200 万缗，即将近 20 亿枚。

虽然传统的铸币过程从生产组织到分工协作都极其严密，但始终都停留在手工场的水平，铸币质量也参差不齐。在西方人看来，中国币制的紊乱情形，实为西方各国所未有。

中国的金属货币基本都是以重量代表其价值，特别是金银类贵金属，块状、饼状，还是条状并不重要。

中国古代铸币主要采用钱范或母钱翻砂铸造，是浇铸而不是冲压的，所以每一枚都需要以手工修边。

1- 清·李慈铭：《越缦堂日记》，转引自魏建猷：《秘密结社与社会经济》，上海书店出版社 2007 年版，第 423 页。

西方传统上采用机械冲压铸币，可以压铸出非常精细标准的钱币，后来发明了辊轧机和螺旋式冲床，基本实现了标准化的大批量生产。1660年，英王查理二世颁布法令："所有铸币应当尽可能地以机器铸造，其边缘应饰以纹理和文字。"牛顿担任皇家铸币厂厂长期间，对铸币的标准化进行了多项改进，使生产效率提高了八倍。

一个世纪后，瓦特为伯明翰的皇家造币厂专门设计了蒸汽动力冲床，可直接用新图案替换原图案。在后来的日子里，这种新式铸币机所到之处，便会迅速改写其货币体系。

机器压铸的外国银币，无论成色还是重量都非常统一，而中国银锭每次交易都需要称重和鉴定成色，因此后者逐渐被前者淘汰。特别是墨西哥制造的西班牙银元（"鹰洋"）最受欢迎。

道光时期，西方银元已经成为中国官方认可的货币，被各省用来缴纳赋税。

清政府虽然提供地方使用的通货，也规定了银锭的形式和重量，但是它对前朝货币的放任流通，对国内或国外私币以及私人发行的银、钱票未予管制，这都说明在当时的中国不存在货币主权的概念。

1887年（光绪十三年），两广总督张之洞从英国伯明翰引进冲床和技术人员，设立广东造币厂，开始铸造法定银元"龙洋"。1893年，张之洞又开办湖北银元局。在铸造银币的同时，他还发行了与银两等价的纸币。考虑到印刷质量和防伪，这100万元纸币全部委托日本大藏省印制。

墨西哥鹰洋一度成为清朝的主流货币

虽然林则徐最早提出铸造银元，但对中国近现代史来说，张之洞无疑是最具有开创精神的政治家。“机器铸钱，制精工速”，各省纷纷效仿，引进制币机器；一时银元供应过剩，且品种杂乱，导致“龙洋”反不如“鹰洋”通用。1911年时，在中国流通的“鹰洋”有将近5亿元。

这种混乱直到1914年被标准的“袁头币”统一。根据《国币条例》，“一元银币，总重七钱二分，银九铜一”。与此同时，标准化的机铸铜元也取代了古老的铜钱。

随着西方金本位货币制度的推行，国际市场白银价格大跌。从1890年到1911年，中国白银兑美元的比价下跌了一半，白银贬值引起的通货膨胀成为压垮清王朝的最后一根稻草。

末日商帮

在世界史上，阿拉伯人以善于经商而声名远播，他们占据欧亚大陆的中央枢纽，左右逢源。但即使如此，阿拉伯人也没有创建起一家现代公司。

中国的情况与之类似。不同于西方的长子继承制，中国传统上将继承权在家族成员之间均分，从而导致资本难以持续积累。当然除此之外，还有政治制度方面的深层因素，比如“法人”概念。

美国汉学家魏斐德在《中华帝制的衰落》中说：“中国拥有世界上最好的商人，但是他们不能被看做大资本家。”[1]无论从组织架构、资本来源、运营管理还是商业环境，明清商帮都与现代企业存在着明显的差距，随着中国现代化的进程，也都已成明日黄花。

口岸开放后，显赫一时的“十三行”（清代专做对外贸易的牙行）便日落西山；当中国茶叶失去国际市场后，晋商和徽商也黯然退场。

黄仁宇指出，商帮“不能与现代资本主义国家以民法及公司法

1-［美］魏斐德：《中华帝制的衰落》，邓军译，黄山书社2010年版，第43页。

之作保障者相提并论”，“商人之互相合作，共同经营之情形已屡见不鲜，但始终无发展为股份公司取得财团法人地位之趋向”[1]。

事实上，作为资本密集与人才密集的金融业，山西票号在管理上不乏创新。比如创办日升昌的雷履泰发明了汉字密码，此外还有“以股分俸”的股份制。山西票号的股本分为银股和身股，银股（财股）是东家的本钱，身股则是职业经理人的人力股；有的票号甚至身股数量大于银股。大德票号银股占 20 股，身股占 24 股；1908 年每股分红 2 万两，这是一个极其可观的数字。

与晋商类似，陕商实行所有权与经营权分离的“东西体制”，资本所有者为“财东”，实际经营者为“掌柜”。商号成立时制定“万金账”，包括序言、各项权利义务条款和股份资本数额。掌柜由东家聘用，可按“财六人四”参加分红。

除了票号，投资较大的煤矿和盐矿开采也普遍采用了股份制，虽然这与现代股份公司仍不可同日而语。

以北京门头沟煤窑为例，当时开一座中等规模的煤窑，需 1000 多两官银作为本金；虽然这些煤矿不需要蒸汽机，但购置各种开采工具仍需数百两银子；出煤之前的人工开支也需 800 两银子左右。这些加起来，至少一次性要投资两三千两，如果同时开数座窑，投资则更大，因此一般都是采取分股合伙的制度。

盐矿开采也是如此。采盐是系统工程，它涉及土地租赁、卤

1- [美] 黄仁宇：《放宽历史的视界》，生活·读书·新知三联书店 2005 年版，第 28、22 页。

日升昌记票号

水开采、卤水运送、成品加工、食盐销售等诸多方面。一口盐井钻探几年后方能“见功”，如果中途资金链断裂，势必前功尽弃，而出卤后能否赢利，也还要靠老天保佑，毕竟有的井高产，有的井贫瘠。因此，陕商为防范风险，设计出复杂的金融工具，既平衡了各方利益，又保证了持续投入。这与美国资本家进行早期石油开采时的做法类似。而且这些盐业大亨大都是白手起家，依靠的是高度成熟的专业经理人制度。

尤为令人震惊的是，在清末，自贡的盐井开采完全自发地实现了产业升级：自贡初期靠吸卤炼盐，随着卤水井越来越少，人们找到了储量更丰富的岩盐资源，将水打入地下，充分溶解矿盐后再吸出来。由此，自贡商人迅速完成了从发现，到实验，再到量产的全部环节，不经意间他们创造出了当时世界上最先进的采盐方式，将产能提升至现代企业的水准。

经济学家梁小民在分析晋商成败时指出，中国传统文化的人治、保守和排外是最大病根，“股份制是现代企业制度，在这种企业中起关键作用的是制度而不是人。财股与身股并不是现代意义的股份制，而是协调内部关系、激励员工的一种手段”[1]。

在一定程度上，公司这种现代机构完全是法治的产物。晚清时期出使英伦的刘锡鸿在考察报告中写道：

> 洋人每有创建，皆商民合凑股份，谓之曰公司。虽数千万金，不难克期而办。凡凿山开河，穷天究地，制造奇器，创置新埠，罔不恃此，所谓众擎易举也。中朝兴建大事，辄须动用国帑，夫安得不自阻？然使欲效其公司所为，则又有不可强致者。欺诈之风，流行日甚矣。数人合伴，以业商贾，资本或仅千百缗。苟非身亲注睇其间，犹辄为同伙攘窃以去。况数千万金之重，谁则信之，而肯通力以合作哉？[2]

庄子曰：“丘山积卑而为高，江河合水而为大，大人合并而为

1- 梁小民：《探求晋商衰败之谜》，《读书》2002年第5期，第114页。

2- 清·刘锡鸿：《英轺日记》，载郭嵩焘等：《郭嵩焘等使西记六种》，中西书局2012年版，第221页。

轮船招商局旧址

公。”（《庄子·则阳》）按照中国文字的含义来说，公为众人之事，司有运转之意。

魏源在《海国图志》中最早提到公司：“西洋互市广东者十余国，皆散商，无公司，惟英吉利有之。公司者，数十商辏资营运，出则通力合作，归则计本均分，其局大而联。”这里所说的公司，其实特指“英国东印度公司”，其他外国公司一般都叫“洋行”。

鸦片战争前后，英国东印度公司和大清十三行的垄断专营权均被废止，各种各样的股份有限责任公司、股票市场交易等现代公司制度和金融制度纷纷进入中国。

1872 年，中国第一个股份有限公司——轮船招商局开始筹办，标志中国股票市场的开始。轮船招商局的章程中称："轮船之有商局，有（犹）外国之有公司也，原系仿照西商贸易章程，集股办理。"10 年之后，轮船招商局分支机构已遍及海内外，年利润达 160 万两白银，股票从原值 100 两升至 253 两。

就现代文明而言，经济与政治之间、国家与公司之间存在着密切的联系。黄仁宇对清朝在甲午战争中的失败原因，就说得颇有深意："一个国家之现代化，主要是以商业组织之原理加于国事之上，因之公众事务之分工合作也和私人生活之分工合作异途而同归，所增加之效率，使这国家的功能提高……日本……与中国无法分类的大多数人相比，显然效率要高，此中差异也在战场上表现无余。"[1]

梁启超或许是传统中国的第一个现代人，他认为，法治是中国走向现代化的最大考验。"股份有限公司必在强有力之法治国之下乃能生存，中国则不知法治为何物也……中国法律，颁布自颁布，违反自违反，上下恬然，不以为怪……夫有法而不行，则等于无法。今中国者，无法之国也。"[2]

1883 年，轮船招商局上书朝廷要求官股到期退出，完全实行民营，但最终被迫撤股的却是私人股东，盛宣怀以官方督办兼商方总办身份入主公司。这成为 10 多年后"铁路风潮"的预演。

1-［美］黄仁宇：《中国大历史》，生活·读书·新知三联书店 2008 年版，第 321 ~ 322 页。
2-梁启超：《敬告国中之谈实业者》，载《梁启超文集》，线装书局 2009 年版，第 189 ~ 190 页。

公司法

西方世界从 16 世纪开辟全球贸易，17 世纪出现科学革命，到了 18 世纪，工业革命进一步引发了社会的全面转型。不过新制度经济学大师诺斯从社会秩序角度观察认为，西方真正意义上转型的关键时期是 19 世纪。[1]

进入 19 世纪后，英国走向现代和自由的步伐明显加快。

1824 年放宽《劳工结社法》；1846 年废除《谷物法》；1849 年废除《航海条例》；尤其是 1862 年颁布新的《公司法》之后，创立股份公司从一项精英特权变成一种公民权利，不再需要政府的特许，而只需要七个人共同签一份组织章程即可。

《公司法》的历史意义在于，它第一次允许人们在国家和政府之外，在一定的框架之下自由自愿地组建一家企业。支持着现代公司的正式和非正式的机制，使陌生人之间建立起一种现代性的信任关系，这使公司完全不同于传统的家族企业。

股份制公司的兴起模糊了资本家与工人阶级之间的表层界限，工人可以用他的储蓄来购买股票，从而也变成公司资本的拥有者之

1- 可参阅［美］道格拉斯 · C. 诺思等：《暴力与社会秩序：诠释有文字记载的人类历史的一个概念性框架》，杭行、王亮译，格致出版社 2013 年版，第 325 页。

一，即使其股份占比微小。

对英国来说，股份公司制度是一场社会层面的“光荣革命”，避免了残酷的暴力和流血，将工人阶级变成了企业的股民和国家的公民。就这样，股份有限公司终于作为一项制度被法律固定下来，其典型特征是有限责任、投资权益的自由转让和公司的法人地位。

所谓法人，就是由一些人联合建立的、具有权利能力的组织。这个组织有它独立的生命。这个虚构的实体拥有永久时限、有限责任以及类似过去封建主一般近乎完整的主权；其享有的权益可以分割为更小的股份用来交易，而这部分股份也构成资产的组成部分。

公司是一种伟大的发明，或者说是一种现代财富机器。经济学家科斯认为，公司之所以存在，是因为公司在内化市场交易过程中节省了交易费用。

公司由特许变为自由的注册，由特权变为平等的权利，与之相随的是由垄断到竞争，由封闭到开放的市场的形成。自由竞争与自由贸易大大解放了生产力，英国因此真正成为引领世界经济的火车头。

公司不仅是经济的放大器，也是技术的催化剂，在社会各个层面引发了一系列连锁反应。从18世纪中期到19世纪中期，欧洲的变化迅速而剧烈，人们完全有理由把这一时期当作世界历史的一个分水岭。

那些经历过这一时期的人，清楚地认识到自己生活在一个激动人心的时代。他们不断用“革命”一词来抒发这种感情，于是就有了“美国革命”“法国革命”“工业革命”，此外还有“农业革命”“商业革命”“通信革命”“消费革命”等。

这场变革的步伐之快、种类之多样、涉及面之深广，不仅让历史学家们津津乐道，也让当时的整整几代人都感叹不已。有人说，他一生所经历的世界剧变之多，几乎超过了之前所有人类历史的总和。

有其器必有其道，有其果必有其因。变化只是一种表象，历史的作用就在于揭示表象之下的深层原因。从他者的眼光来看，这场由西方世界主导的“现代革命”不过是一场殖民运动，但很多人只看到了船坚炮利和物质文明，而忽略了背后的法治精神——

> 西方国家征服世界凭的是两手，一手是武器，一手是法律（道理）。如此，野蛮的军事实力就能借助于国际法的道义和法律权威，把征服世界变成为某种殖民教化工程（oeuvre civilitrice）。有了合法性话语，欧洲人在全球范围展开的所有杀戮和掠夺行为，就都变成了高尚的事业。[1]

“文明社会的真正奠基人是这样一个人，他第一个圈起一块地，并想到说：这是我的！而且他居然能找到一群头脑简单的人相信他。”[2] 卢梭的这段话用来解释公司的诞生，是颇为形象的。

在公司体制下，收入在很大程度上与个人的努力或工作无关，

1- 刘禾：《帝国的话语政治：从近代中西冲突看现代世界秩序的形成》，杨立华等译，生活·读书·新知三联书店 2014 年版，第 163 页。

2-［法］卢梭：《论人类不平等的起源》，高修娟译，上海三联书店 2009 年版，第 49 页。

资产所有者可以不劳而获。在一种无形的力量操纵下，他人的劳动可以使资产持续升值。允许人们不亲自参加工作和从事生产而获得利润，这或许是资本主义的最大特点。

企业比公司的历史悠久得多。中世纪欧洲其实也有很多企业家，比如各种店铺和手工场。进入工业时代后，拥有技术专利和巨大资金的现代企业依靠公司制度控制了越来越多的人员，以及越来越大的市场，直至实现彻底垄断。

19 世纪之后，为股东共有而且雇用职业经理和管理人员的现代公司，逐渐取代了自己拥有和管理的传统家族公司。

无论钢铁、通信、电力还是其他重工业，庞大的公司规模远远超出了单个企业家的管理能力，因此必须进行一场公司革命。在全新的管理结构中，职业经理人成为一个新兴阶层。

在公司体制下，机构的理性总是要高于个人的理性。正如经济学家加尔布雷斯所说，合作和自利两者结合最成功的例子就是公司。

19 世纪的兰开夏纺织企业还无法形成规模经济，进入 20 世纪，世界范围的交通和通信网络的建立，意味着这时的公司能够在全球范围内运营。

在美国，许多新兴工业企业通过不断兼并购买、扩张与垄断，逐渐向巨型公司迈进。1870 年，31 岁的约翰·洛克菲勒创建了美孚石油公司，之后他一口气吞并了 22 个竞争对手，甚至在 48 小时内连续买下 6 家炼油厂。

公司诞生于欧洲，成熟于英国，发展壮大则是在美国。

在美国这个新兴国家，平等主义和反特权的态度比欧洲更强烈。从某种意义上说，美国其实就像一个股份公司。它实际上是 50 个“州”（state）组成的联盟（合众国）。“state”的意思更接近于“国家”而不是中国传统的“州”“县”。每个独立自治的“州”都有自己的“国名”“国旗”和法律，如夏威夷“国旗”继承了英国米字旗。美国真正的政权实体，是州政府而不是联邦。

按照美国宪政体制，人民向“州政府”授权，“州”向“联邦”授权，国会类似董事会，国会议员由各州公民选举的代表出任。[7] 如果说“州”是股东，那么“总统”和“联邦”则是职业经理人团队。

美国建国伊始，最高法院就颁布法令，允许自由开展跨州商业活动，并颁布了联邦专利法，确立了公司这一商业组织形式。这些法规减少了公司责任，成立公司不需要特别许可，为项目融资提供了便利。特别是在铁路和运河这一类大型工程中，往往需要大量资金，股份公司无疑提供了一种最理想的融资方式。到 1800 年，美国已经有 335 家商业公司。

到 19 世纪中期，有 8 个州颁布了普通股份公司法。

普通股份公司法律的实施是政治问题的一个经济解决方案。普通股份公司法律允许任何人成立这种有价值的组织，而不是只有一部分群体才有创建股份公司的特权。权利开放消除了与股份公司有关的腐败和租金创造[8]。19 世纪 50 年代初期以前，在美国，政治和经济组织的权利开放已经制度化了。[1]

1- [美] 道格拉斯 · C. 诺思、约翰 · 约瑟夫 · 瓦利斯、巴里 · R. 温格斯特：《暴力与社会秩序：诠释有文字记载的人类历史的一个概念性框架》，杭行、王亮译，格致出版社 2013 年版，第 321 页。

铁路热潮

工业革命固然离不开工人阶级的辛苦劳动，还有许多天才的工匠和科学家的发明创造，但真正的领导者，无疑是那些没有受过多少正规教育，眼睛紧盯着利润的企业家。

1769 年，瓦特获得了蒸汽机的第一个专利；到 1800 年专利期满，已经有 500 台瓦特蒸汽机在工作。瓦特的成功不仅在于他个人成为富翁，更重要的是为现代工业奠定了长远的基础。要是没有与博尔顿的合伙公司，瓦特可能与发明飞梭和骡机的那些发明家一样陷入困境。

1776 年，博尔顿 - 瓦特公司开始蒸汽机的商业化生产。博尔顿承认，如果只为三个国家去进行生产是不值得的，但如果为全世界去生产，就非常值得了。

尽管瓦特时代的公司规模都不大，但已经不同于传统重商主义时代，大量生产性的工业公司逐步取代传统的商业贸易公司，成为现代经济的主导者。但在工业革命早期，因为工厂投资较低，所以大多数企业仍然是合伙或家族性质。随着运河和铁路建设的兴起，公司才迎来了真正的春天。

早在古埃及法老时代，就有开凿苏伊士运河的梦想，但只有到了“公司”时代，才将其变成现实。

苏伊士运河完全是靠商民合凑股份的运河公司而开凿成功的。公司创办时发行股份40万股，每股500法郎，合20英镑，共筹集资金800万英镑。苏伊士运河的利润取自过往船只交纳的过境费，每吨货物或每名旅客收费20法郎，合8先令。各股主均分其利，每年不下数百万镑。到1890年，其股价已经涨到每股3000法郎。神奇的是，开凿苏伊士运河和巴拿马运河的发起者都是法国人莱赛普斯。

没有什么比这两条运河更能体现现代文明的精髓，它们依靠蒸汽挖泥船和国际资本，天堑变通途，让世界距离转眼间缩短了上万公里。

铁路不只是现代化企业的催生者，也是最早的现代化企业的产物。

发明火车和铁路的是英国人史蒂芬森。史蒂芬森出生于1781年，当时瓦特蒸汽机已经开始应用，但主要仍是用于煤矿抽水。史蒂芬森很小就在煤矿做童工，后来成为一名出色的机械工。但因为出身贫苦，他连字都不认识；为了学习，他自费上了几年夜校，终于学会了读写。

史蒂芬森的第一个发明是安全矿灯。英国采煤业很发达，煤矿的矿井中经常有瓦斯气泄漏，在电灯出现之前，采用明火照明极易引发爆炸。史蒂芬森发明的矿灯一下子解决了这个难题，但因为当时担任英国皇家学会会长的戴维也声称自己发明了安全矿灯，所以史蒂芬森没有得到专利权。此后，他将主要精力放在火车上。

准确地说，火车运行靠的是铁路和机车。铁路在煤矿的应用很早，在史蒂芬森时代，煤矿企业已经采用固定在矿井口的蒸汽机牵引矿车来运煤。矿井的长度毕竟有限，只需要一根长长的钢丝绳就可以来回运输，蒸汽机被固定在地上，起着卷扬机的作用。如果将蒸汽机直接安装在车辆上，就可以摆脱钢丝绳，从而能行驶很远的距离，这就是火车。

史蒂芬森巧妙地解决了蒸汽机车车轮与铁轨咬合的问题。在一些投资人的支持下，史蒂芬森成立了以他儿子的名字命名的“罗伯特·史蒂芬森公司”，很快就制造出了第一批火车头，它们分别被命名为“运动号”“希望号”“勤奋号”和“黑钻石号”。与此同时，他们修建了世界上第一条蒸汽机车驱动的实验铁路——达灵顿铁路。1825 年 9 月 27 日，火车终于正式上路了。

1830 年，曼彻斯特到利物浦的铁路建成通车，史蒂芬森公司声名鹊起，由此带动了铁路公司的投资热潮。英国首富赫德森借助史蒂芬森的名气，很快就成为英国的铁路大王，他甚至为自己的家修建了一座火车站和一条 3 公里长的专线。

史蒂芬森的开创加上赫德森的推波助澜，使英国的铁路热很快就进入了高潮。

1844 年，英国批准修建 800 公里铁路，第二年又批准了 2800 公里，第三年再次新增 4600 公里，而英国南北长度才不过 1000 多公里。在最高潮时期，英国有 20 家铁路公司开业，其资本总额高达 1350 万英镑。到 1846 年，投机者和投资者拿出 1.32 亿英镑来购买铁路股票和铁路债券。只要开辟一条新的铁路线，一个精明

斯托克顿－达灵顿铁路

的企业创办人就可以轻而易举地搞到几百万英镑。

铁路热潮使股票市场呈现井喷状态。利兹的三家竞争性证券交易所，共有3000名股票经纪人，每天的交易额近50万英镑。

同一时期，在大洋彼岸的美国，仅纽约州就新成立了60多家铁路公司；整个19世纪，华尔街几乎一直围着铁路公司打转。卡内基就因为投资了一家铁路公司而赚到了第一桶金。可以说，铁路公司就是资本家们的财富列车。

“不久以前在英国报纸上公布的统计资料表明，美国的资本积聚是以多么惊人的速度在进行。根据这项统计资料，纽约的万德比尔特先生是富翁中最大的富翁。这位铁路、土地、工厂等等的大王的财产约有3亿美元（1美元等于4马克25分尼）。按美国人的说法，他‘值’3亿。他握有美国公债券（bonds）6500万美元，纽约中央铁路—哈德逊河运公司股票5000万美元，以及其他铁路公司股票5000万美元。此外，他在纽约和国内其他地方还有很多地产。英国报纸还十分赞赏地说，万德比尔特先生能够买下任何路特希尔德这样的家族的产业，而仍旧不失为世界上最富的人。万德比尔特一家积攒这份巨大产业……大约才花了三十年！”[1]

铁路时代的到来，使理性管理与金融资本走到了一起，铁路公司也成为最早大量雇用职业经理人的公司。

经济学家钱德勒发现，铁路引发了技术和组织的重大变革，铁路企业组织代表了现代企业的最佳行为边界。可以说，铁路行业对资本的无尽渴求，催生了现代化的纽约证券交易所。

从1840年开始，铁路建设成为西欧工业增长独一无二的刺激因素。到了1890年，铁路累计投资比所有非农产业投资的总额还要大，超过当时非居民资本的40%。那时建成的新运输和通信系统，成为第二次工业革命的基础。

铁路的引入开创了机械化、销售与生产规模扩张的新时代，创造了资本、信贷市场和新的职能形式，发展了国民经济一体化的新区域模式。用一句话来说，就是“一个新世界诞生了”。

马克思在《资本论》里写道，在铁路“通过时间消灭空间”的

1-［德］恩格斯：《论美国资本的积聚》，载《马克思恩格斯全集》第十九卷，人民出版社1963年版，第337页。

铁路建设一度带来了全球资本的疯狂扩张

背后，是资本的增殖现象。

“创造交换的物质条件”对于资本而言相当必要，因为资本“就其本质而言，就是要跨越所有空间障碍”。产品只有在进入市场时才会成为商品，而进入市场，就需要在空间中移动，需要一种“位置性的时刻”。工业体系也需要把资源（比如煤炭）从矿井转移到工厂。

因此，铁路满足了资本的内在需求。仅铁路一项，就促进了资本在19世纪不受阻碍地发展。

对最早完成原始积累的英国来说，拉丁美洲是重要的投资热点地区。1826年，英国在拉丁美洲的投资额还只有2500万英镑，至1895年已经增长到5.5亿英镑，1913年达到11.8亿英镑，不到100年增长了近50倍。这其中铁路是投资重点，可以说，拉丁美洲的铁路是靠英国发展起来的。依靠英国的铁路和轮船，拉丁美洲的牛肉、玉米、小麦、橡胶等源源不断地出口到英国。

随着与宗主国西班牙之间的经济联系越来越小，这些原本隶属于西班牙的殖民地不可避免地走向独立。

1870年，哥斯达黎加政府让美国人承包铁路建设计划，几年以后铁路建成，开始向北美运送香蕉。这家铁路最终发展成为财大气粗的联合果品公司，完全垄断了铁路运输和果品贸易行业。到20世纪初，这家公司的实力已经超过了包括哥斯达黎加在内的中美洲任何一个政府。

1903年11月，清廷商部颁布《铁路简明章程》，准许各省官商自筹股本建造铁路，设立铁路公司。此后，全国很快掀起了铁路公司的成立热潮，三年间成立了18家铁路公司，其中13家为民间商办。

随着1904年《公司律》的颁布，全国再次掀起股票热潮，“倡优乞丐亦相率入股”。1911年，刚刚担任邮传部尚书的盛宣怀推动铁路国有化，引发了公司和股民的抗议。在镇压与暴动中，大清帝国走向了覆灭。

纳斯达克

关于欧洲的崛起，除了工业革命这个主要因素，现代学者还有一个普遍的提法，那就是民族国家的兴起，甚至说后者比前者更重要。成立民族国家常常成为实现工业革命的重大前提，这尤其体现在现代德国身上。

18 世纪的德国四分五裂，严重落后于英国、法国、荷兰和比利时等国。这种落后不仅体现在政治自由、商业贸易、文化艺术和科学进步方面，更体现在工业创新方面。这一点在拿破仑的迅速攻势下显得尤其明显。

当时，经历三十年战争之后的大约 2000 个自治德语国家已减少到大约 300 个。拿破仑的征服使德意志人感到屈辱，亲法的普鲁士大臣洪堡发起了一系列改革，柏林大学（后来改为洪堡大学）成为这场改革的思想源泉。

从 1810 年开始，普鲁士以国家取代教会，成为大学的资助者。柏林大学的出现，标志着现代大学的滥觞。作为学者和知识分子的共同体，研究新事物，发现新规律，增长新知识成为大学的最高使命。大学由此成为对世界进行新解释的中心，不但人文科学摆脱了神学的束缚，物理、化学、生物等自然科学的新体系也获得了真正的独立地位，哲学、历史学、化学和生理学等学科由此形成、发展和壮大。

当德意志人在普鲁士的领导下最终击败拿破仑后，他们学会了秩序和尊重规则等美德，这在某种程度上塑造了后来的新德国。在整个19世纪，从国家到社会，从政治到文化，德意志一步步迈向现代。

可以说，教育与科学推动了现代德国的崛起，最直接的结果就是赢得了普法战争的胜利。1871年，普法战争结束，德国取代法国成为欧洲大陆的新霸主。在俾斯麦的主导下，德意志帝国在法国的凡尔赛宫宣布成立，普鲁士国王威廉一世为皇帝，德意志实现了统一。

法国政治家米拉波有一个论断：在人类史上，文字、货币和经济表，这三个发明为人类社会带来文明和秩序；相比之下，其他大多数发明都只起到补充和装饰作用。他说，文字的发明，使人类能把其法律、契约、历史和发明等，原封不动地传承下去；货币的发明使各文明社会联结起来；经济表作为前二者的结果，使一切更加完善。

实际上，在这三个发明之外，应当再加上大学和公司。

许多经济史学家认为，500年前出现的股份有限责任公司以及与其相配的股票这一金融形式，为后来的工业革命和美国式资本主义奠定了根本性的基础。没有它，就没有现代企业制度；没有现代企业制度，就没有现代科学技术的发展。换言之，没有制度上的保障，科技本身也就不会产生多大的价值。

工业革命的辉煌历史证明，只要智力和资本走到一起，人类社会就会呈现几何级数的发展。

公司出现之后，创新不再是特例，而成为一种常见的经济现象；从此以后的很多新知识、新发明和新创意，都有了明确的创造者和拥有者。据统计，从 17 世纪到 20 世纪 70 年代，被经济学家认为改变了人类生活的 160 种主要创新中，有 80% 以上都是由公司主持完成的。

无论国家还是公司，通常都是从家庭和家族开始的。随着全球化的到来，传统帝国分崩离析，跨国公司如鱼得水。一方面，国家在不停地独立和分裂；另一方面，公司在不停地兼并和合作。

1800 年，著名合伙人马修·博尔顿和詹姆斯·瓦特一起退休，将博尔顿－瓦特公司交给他们的儿子马修·罗宾逊和小詹姆斯·瓦特。

时至今日，美国 90% 的注册公司仍然是家族企业，尽管其余的 10% 在经营活动中占有更大比例。这也说明一个问题，家族企业很少发展成为大型企业。在美国，拥有 100 名以上雇员的公司在所有注册公司中只占 0.5%，但他们却雇用了 60% 以上的劳动力，占据了 70% 的市场份额。

就经济和影响力而言，公司与国家这两种现代组织难分伯仲。2009 年，公司为全球 81% 的人口解决工作机会，构成了全球经济力量的 90%，制造了全球生产总值的 94%。

说没有公司就没有美国，这或许有些夸张，但是美国的综合实力显然离不开它所拥有的 550 万家公司。200 多年间，勇于冒险、创新和自我奋斗的企业家精神，已经成为美国精神最不可分割的一部分。无论从哪一方面来说，那些灿若群星的公司领袖一点儿也不比政治领袖逊色。

以股票市场为代表的快速财富兑现机器，激发更多人投身于科学研究，并催生了创新文化。

美国拥有全世界最发达、交易量最大的股票市场。从 19 世纪中期开始，美国掀起一轮又一轮的铁路、电话、汽车、电脑等股市高潮。要是没有股票市场，一个创业者想要获得成功，可能需要付出更长时间的努力。股票将可预期的财富提前实现，使创业周期大大缩短。

与此同时，美国许多大公司将利润投入新产品的研发，由此带来越来越多的技术创新。包括金属、机械、电器、药物、食品、汽车、火车、舰船、飞机、武器、塑料、橡胶、化学品、纺织品、合成材料等领域，先进的机器和成套设备、大规模生产的商品与原材料，都以越来越高的效率生产出来，这大大增强了美国和西方（包括西方化的日本）的财富与实力。

1947 年，乔治斯·多里奥特创立了世界上第一家风险资本投资公司——美国研究和发展公司（ARD），并在纽约股票交易市场上市；ARD 为许多“纸飞机”装上了“引擎”，它们包括苹果电脑、联邦快递、宝丽来、康柏电脑、基因工程技术公司等。

作为全球首家电子化的股票市场，建立于 1971 年的“纳斯达克（NASDAQ）”，几乎涵盖了所有高新技术行业，使很多年轻创业者在一夜之间就成为亿万富翁——这在传统经济市场绝对是不可思议的。

1976 年，从大学辍学的史蒂夫·乔布斯在他家的车库里成立了苹果电脑公司。他所谓的创业资本，来自卖掉一辆二手的大众小面包车和两台惠普计算器的收入。四年后，他就实现了自福特汽车在 1956 年上市之后最大规模的首次公开募股。几乎一夜之间，乔布斯和其他 300 名投资者都成为百万富翁。

正如耶稣诞生于马槽，许多大公司最初都是在车库中成立，苹果公司只是其中一个代表而已。事实上，整个互联网革命就是由那些资本不足但却极具创造力的一小撮天才发动的，他们中的一些人甚至连大学都没有上完。

这些互联网公司之所以能够在短时期内迅速发展壮大，是因为整个社会都为其把薪助火，众人拾柴火焰高。

公司的出现无疑是人类历史上最伟大的组织革命之一。从一定程度上来说，与其说政党、国家、宗教是现代西方社会的缔造者，不如说是股份有限公司缔造了现代西方社会。

中国的现代之路历经坎坷，早期的洋务运动一味强调“坚船利炮”，到五四运动时期大学兴起，人文社科类学科成为主流。但在后来的工业化过程中，理工科完全压倒文科，成为高等教育的主体。这多少带给很多人一种印象，那就是文科没有用，比如促进工业革命的各种发明创造几乎都出自理工科。这其实是一种典型的无知，若是没有专利制度，没有公司制度，哪怕有更多的发明创造，都不可能造就工业革命，也不可能推动整个社会的发展。[9]

法律和政治制度构成一个社会良好运行的基础，而这恰恰属于文科范畴。技术发明固然重要，但法治才是文明的基础；换句话说，所有理工科都离不开文科作为前提，所谓“皮之不存，毛将焉附”。

美国的企业发展史说明，如果没有国家的赋权，企业自身及其所代表的经济权力的集中也就根本不会存在，是联邦政府赋予了公司存在的合法权利。这正如一位美国记者在1937年所说：“现代工业管理的集中，不是由技术变革引起的，而是由国家通过其法律创造出来的。”[1]

公司深深影响了现代社会的根本秩序和文明观念。可用纪录片《公司的力量》中的一句话来作结：公司的一个重要影响，就是带来了某种平等，它打破了某些观念，比如特定的生活方式只有贵族或富人才有权享有，比如有些人生来就高人一等。

1-［美］威廉·利奇：《欲望之地：美国消费主义文化的兴起》，孙路平、付爱玲译，北京大学出版社2020年版，第171页。

注 释

第六章

[1] 元代王祯《农书》卷十五曰："昔圣人教民杵臼而粒食……杵臼，舂也。易系辞曰：黄帝尧舜氏作。断木为杵，掘地为臼。杵臼之利，万民以济。"

[2] 中国早期农业以粟类作物为主，耐旱，高产，成熟快。包括粟类在内，都是人类驯化禾本科野草的结果。其祖本在与其他植物竞争中形成其独特的土地适应能力。水肥充足的地方很容易被木本植物（乔木和灌木）占据，只有土地干旱的台地，树木无法生长，野草才能扎根。农业诞生的契机就在于此。可参阅［美］马立博：《中国环境史：从史前到现代》，关永强、高丽洁译，中国人民大学出版社 2015 年版。

[3] 车轮包括车轮中心的轮毂、托盘、由风干得很好的榆木（偶尔也用橡木）做成的轮轴、从轮轴向四周发散的偶数个橡木劈制成的轮辐。轮辋——形成轮缘的弯曲木材，常用梣树制成，有时也用山毛榉或榆木。所有用于车轮生产的木材必须是经过良好风干的，这一过程长至 10 年。对于轮毂来说，要用厚度适中的笔直的光滑榆木，把它砍成 36 或 38 厘米长，在中心钻螺旋孔以利于风干，仍旧带有树皮的部分要储存到完全风干为止。风干过程完成后，把干燥的木头放在车床里，旋出所需要的形状和直径，大致为一个圆柱体，一般是直径 30 厘米。（［英］查尔斯·辛格、E. J. 霍姆亚德、A. R. 霍尔等：《技术史》，辛元欧、刘兵等译，中国工人出版社 2021 年版）

[4] 无独有偶，中国古代也有一位木匠皇帝——明天启帝朱由校，他对"斧斤之类，皆躬自操之，虽巧匠不能过也"。《明史》说："帝性机巧，好亲斧锯髹漆之事，积岁不倦。每引绳削墨时，（魏）忠贤辈辄奏事。"据当时太监刘若愚《酌中志余》所记："当斫削得意之时，或有急切章疏，奏请定夺，识字女官朗诵职衔姓名毕，玉音辄谕王体乾辈曰：'朕已悉矣！汝辈好为之。'诸奸于是恣其爱憎，批红施行。"

[5] 榫卯是在两个木构件上采用的一种凹凸结合的连接方式，凸出部分叫榫（或榫

头、榫舌)；凹进去部分叫卯（或榫眼、榫槽）。将榫插入卯中，两个构件就能够连接并固定。

[6] 原文为：前任宣州旌德县县尹时，方撰《农书》，因字数甚多，难于刊印，故用己意命匠创活字，二年而工毕。试印本县志书，计六万余字，不一日而百部齐成，一如刊板，始知其可用。后二年予迁任信州永丰县，挈而之官。是时《农书》方成，欲以活字嵌印；今知江西见行命工刊板，故且收贮，以待别用。然古今此法未见所传，故编录于此，以待世之好事者，为印书省便之法，传于永久。本为《农书》而作，因附于后。(《王祯农书》，农业出版社 1981 年版，第 440 页）

[7] 另有一种说法认为，水车从罗马时代就由中国传入欧洲。

[8] 牛津大学用 30 年时间，邀请全世界 200 多位专业领域的学者，编写了一部 800 万字的《技术史》。这不仅是一部最具权威性的世界技术通史，也是一部技术与文明的百科全书。2021 年，中国工人出版社引进出版了 8 卷本的《技术史》。这套皇皇巨著由 15 位国内技术史专家精心打造，前后历时 4 年。

[9] 风车大量借用了水车的技术原理，其水平轴、传动装置和传送机械等完全来自水车。相比水车，风车的机械系统更为复杂，其技术发展也更为缓慢。

[10] 颈圈挽具对马来说是最有效的。这种挽具有效地克服了马在解剖学上的一个缺陷，使马具备牛的特点。牛有极好的水平脊骨，还有一块或多或少地高于肩的隆肉，因此，牛轭可以很容易地安放在那里，使之能够拉很重的犁或车。马的脖子则有着向上倾斜的坡度，而且没有隆肉。最早的颈圈挽具其实是给马提供了人工“隆肉”，也方便套上轭。为了避免压力弄伤马脖子，颈圈内有弹性的填充料。据考证，颈圈挽具最早出现于中国汉代，比欧洲早一千多年。颈圈挽具出现以后，除了犁地，也方便了用马来拉车，在颈圈挽具基础上发明的肩套挽具即使在今天仍在广泛使用。

[11] 马天生适应于草原或软土平原上的野生生活。人们使用马进行拉运劳作时，尤其是在一些危险地面，如铺石路面、多石山区和极潮湿的泥滩地，马蹄很容易骨折，使其失去劳动能力。因此，为马加上蹄铁很有必要。公元前 1 世纪时，蹄铁的应用在罗马已较普通，然而中国唐代马具中还未发现此物，这也可能与中国地形以草原和平原为主，铺石道路极少有关。中国古代兽医著作中，常强调马匹的护蹄，包括烙蹄、研蹄和凿蹄，但没有提到钉马蹄铁。至南宋，赵适在《诸蕃志》卷上记大食国的马，提到“其马高七尺，用铁为鞋”时，似颇觉新奇，反映出这时中国对装蹄铁的做法还比较陌生。中国普遍采用马蹄铁的时间，大约不早于元代。16 世纪时，来到日本的葡萄牙传教士惊奇地发现，很多日本马都没有钉上蹄铁，而是给马穿着草鞋，这无疑会对马匹的作战能力造成影响。

[12] 重型轮式犁装有锋利的铁头，翻土深度可达 15 到 20 厘米，甚至更深。犁头的后面是犁壁，这样安置可以翻起被耕的草地。重型轮式犁与原始的爬犁完全不同：爬犁通常用于翻耕地中海盆地贫瘠的砂土；而重型轮式犁则使耕种欧洲中北部地区肥沃却又难以翻耕的洼地成为可能。

[13] 独轮车在中国的普遍使用充分挖掘了人力。独轮车和自行车都属于无动力车辆，并且需要在行驶中保持平衡，依靠肌肉力驱动，所以只有人类才能使用。在马戏团中，一些经过训练的狗或者狗熊、猴子也能骑自行车，但却无法驾驭独轮车。要驾驭独轮车正常前行，不仅要有直立行走的能力，更要求双手有抓握能力，所以只有人类才具备这些条件。

第七章

[1] 据统计，1492—1595 年，西班牙从美洲运回的金银价值约 40 亿比塞塔，留在国内的最多只有 2 亿比塞塔，仅占 5%。这些财富辗转流入英、法等国，转化为工业资本。西班牙进行的殖民活动，在很大程度上只是为他人作嫁衣裳。

[2] 现代历史学家研究认为，圈地运动主要是因为“农业革命”。经过私下协议的土地圈占从 17 世纪就已经频繁出现，主要目的是改良家畜选育和耕作条件，农场经营走向资本化、规模化和机械化。在圈地运动中，利益受损的主要是栖身公地的雇农和佃农。圈地运动大大提高了土地和农业的生产效率，从 1660 年到 1760 年，英国农产品保持了一个世纪的贸易顺差，养活了不断增长的人口。英国人口在 18 世纪增长了将近一倍，从 500 多万达到将近 1000 万。到 1851 年，英格兰总耕地面积的三分之一为 300 英亩以上的大农场，当时英国有一半人口生活在城市。美国经济学家纳克斯认为：“如果没有农业革命的前期铺垫，工业革命很可能便不会发生。工业革命首先在英国出现，也正是由于英国具备了工业化的基础设施和一定的人口数量。”

[3] 佛兰德尔是佛兰德斯的异译，又译为法兰德斯，是中世纪西欧的一个封建国家，政治上归属于法国，但经济上与英国联系密切。安特卫普是尼德兰地区城市名，也是棉纺织业最初集中的城市，1585 年被西班牙夺取后，大量工人逃往英国。

[4] 地理大发现后，美洲白银大量流入，使欧洲物价飞涨，故称“价格革命”。这些白银最后流入东方，为欧洲换取了大量奢侈品，如丝棉织品、瓷器和茶叶等，从而引发了“消费革命”。

[5] 1700 年的一份史料记载：在印度能买到最便宜的商品。在英格兰相当于 1 先令（12 便士）的劳动力，在那里只需要 2 便士。英格兰的劳动力价格远远高

于印度，因此从经济效益来说，在英国制造纺织物的成品并不划算。

[6] 有经济史学家对纺100磅纱线所需的小时数进行计算，结果显示，印度手动纺纱机作为传统的旧技术，大约费时50000小时；阿克赖特的滚筒和“骡机”将所需时间降为300小时，而自动“骡机”则降至135小时。

[7] 此约翰·凯伊不是发明飞梭的那个约翰·凯伊，而是另一个人。

[8] 在1880年，工厂最基本的机器设备包括四种纺纱机。以畜力驱动的80锭“骡机”在法国的售价为1万法郎左右。1805年在法国根特有3家纺织厂，建厂成本分别为8万到40万法郎不等。1820年，纺织设备的主流机型已经发展到1000锭，以水力和蒸汽机驱动，每台机器价格高达1000英镑。这一时期，蒸汽机动力已经从早期的6—8马力提高到50马力。

[9] 英国也曾试图发展丝绸工业，但囿于气候条件限制，无法保证蚕丝生产。在美洲等地的殖民地也没有发展出像样的丝绸纺织业。与受资源和奢侈品市场限制的丝绸业相比，棉花纺织工业为英国提供了一个更广阔、更朝阳的契机，使英国后来居上，成为世界纺织工业的领头者。不过应当承认，丝绸纺织技术对英国棉纺织业的兴起和创新有相当大的促进作用。

[10] 根据近代早期英国消费行为和物质文化研究专家洛娜·韦瑟里尔以及英国社会史学者乔纳森·巴里和克里斯托弗·布鲁克斯的研究，到17世纪晚期，英国开始形成一个数量庞大的中等阶层，其年收入为40—100英镑。（李新宽：《18世纪英国文化消费的繁荣及其原因》，《光明日报》2016年2月6日，第11版）由此可见阿克赖特的50万英镑遗产之巨。

[11]《庄子·逍遥游》原文：宋人有善为不龟手之药者，世世以洴澼絖为事。客闻之，请买其方百金。聚族而谋曰：“我世世为洴澼絖，不过数金；今一朝而鬻技百金，请与之。”客得之，以说吴王。越有难，吴王使之将；冬，与越人水战，大败越人，裂地而封之。能不龟手一也，或以封，或不免于洴澼絖，则所用之异也。

[12] 据说，惠特尼在看到农场上一只猫猛扑一只鸡的过程后获得了灵感，发明了轧棉机。那只鸡尖叫一声逃脱了，而猫爪上则留下一簇鸡毛。轧棉机的原理与之相同，用固定在旋转滚筒上的钩子抓住棉花种子上的纤维。惠特尼设计的机器构造简单，但构思精巧。机器主体为一个圆筒，筒壁安装有大量钢齿；在圆筒旋转时，钢齿强行将棉绒从棉籽上撕扯下，并运用离心力把棉籽滤除，而将棉花纤维抛出。

[13]“轧棉机的发明，使南卡罗来纳州的棉花生产从1791年的150万磅增长到1801年的2000万磅。佐治亚州的棉花产量从50万磅增长到1000万磅。各个新成立的州，也可以看到类似的增产。田纳西州1801年出产了100万磅，1834年增长到4500万磅，路易斯安那州1801年时几乎全然不生产棉花，但是到

了 1834 年，生产了 6200 万磅。密西西比和亚拉巴马的产量甚至于还更多一些。1820 年时，南卡罗来纳和佐治亚在棉花的生产方面占了第一位，但是不到 1834 年，亚拉巴马和密西西比就抢了先。棉花显然成了这个地区的主要产物，而且它的重要性可以从这样的一个事实看出来，那就是——在 1830 年以后，它几乎占美国出口贸易总值的一半。”（[美] 福克讷:《美国经济史》，王琨译，商务印书馆 2021 年版）

[14] 专家研究发现，在美国南北战争之前，美国黑奴的总价值仅次于土地价值，远远高出制造业和最火热的铁路投资。可参阅 [美] 罗伯特 · 威廉 · 福格尔、斯坦利 · L. 恩格尔曼:《苦难的时代：美国奴隶制经济学》，颜色译，机械工业出版社 2016 年版。

[15] 许多早期的发明都不需要大规模投资，也没有时间限制，如纽科门蒸汽机、飞梭、珍妮纺纱机、水力纺纱机等，所占空间并不大，需要的原料以木料为主，再加上一些金属元件，一般工匠都可以得到，花费甚少。发明最大的成本或许是时间，纽科门发明蒸汽机用了 10 年，哈格里夫斯发明珍妮纺纱机用了 3 年，哈里森发明海钟几乎穷尽一生。

[16] 瓦特在早期的经历中，也曾不断地陷入抑郁和困境。他曾沮丧地悲叹：“在所有的事情当中，没有比发明创造更愚蠢的事情了。”在申请蒸汽机专利时，瓦特颇受挫折，直到 1768 年 8 月，他仍在各个专利机构间奔走，此时的瓦特已经被搞得精疲力尽，更让他难以忍受的是需要缴纳巨额的专利保护费。瓦特虽然富有创造天赋，却极其厌烦商业经营，“我宁肯去面对一门装了炮弹的大炮，也不愿意去核对账目或者谈一笔生意”。

[17] 1781 年，乔纳森 · 霍恩布鲁厄制造了一种双气缸蒸汽机，瓦特控告他侵犯专利，霍恩布鲁厄无力支付专利税和罚金，竟被投入监狱。

[18] 福特汽车公司与乔治 · 塞尔登的这起诉讼持续了八年，最终以福特公司胜诉告终。亨利 · 福特这样评价塞尔登：“非常肯定的是，乔治 · 塞尔登对汽车工业没有做出一丁点儿贡献，如果他从未出生，汽车工业的进步早就不是今天这样了。”

[19] 发明成本包括发明者的个人成本和社会成本，专利制度旨在降低发明者的个人成本，从而鼓励发明创新。有经济学家指出，技术创新所获得的社会收益，往往会使发明开发成本显得微不足道，从而产生“免费午餐”效应。在一定程度上，现代社会的繁荣就有赖于层出不穷的“免费午餐”，使每个人都从中获益。对发明者来说，专利制度有激励作用，但这并不是一个必要条件，许多发明者能够从社会收益中获得满足感，比如名声、成就感和利他精神。因此，放弃专利并公开技术的发明者不乏其人。

[20] 世界最早的纺缚由鹿角制成，出土于渭河流域的华县，属于新石器时代的遗

物，比古埃及第十二王朝壁画上的纺轮年代更为久远。

[21] 从秦汉到唐宋的1500年间，中国古人可用的织物，主要是丝和麻。棉花出现之后，丝和麻的产量迅速锐减。宋元时期，棉花开始逐步取代丝麻，成为人们缝制衣物和被褥的主要原料。宋时棉花和棉织品尚为珍稀之物；但到了明清，棉布已经普遍，产量不多的丝绸反倒身价倍增。

[22]《考工记》载，木工有七，其一为梓人。唐以后，“梓人”也常常指代木工。

[23]“《明史·食货志》：明太祖立国初，即下令民田五亩至十亩者，栽桑、麻、木棉各半亩，十亩以上倍之。又税粮亦准以棉布折米。”（赵翼《陔余丛考》）

[24] 清政府曾规定“机户不得逾百张”，后经江宁织造曹寅奏免，“至道光间遂有开五六百张机者”。这类纺织手工场雇用大量工人，在一个资本的指挥下进行生产，“苏城机户，类多雇人工织。机户出资经营，机匠计工受值……至于工价，按件而计，视货物之高下、人工之巧拙为增减”（《永禁机匠叫歇碑》）。如当时江宁著名的机户李扁担、陈草包、李东阳、焦洪兴等，“咸各四五百张”织机。

[25] 乾隆五十一年（1786），“南京布”的外销量达372020匹；乾隆六十年（1795），出口增加到1005000匹。在19世纪的前30年间，每年从广州出口的土布就在100万匹以上；1819年甚至达到330多万匹。明清两代，中国每年生产约6亿匹棉布，商品值近1亿两白银，其中超过半数是作为商品生产和销售的，总产量是英国工业革命早期的6倍。

第八章

[1]《管子·地数》载：“葛卢之山发而出水，金从之，蚩尤受而制之，以为剑、铠、矛、戟。”《吕氏春秋》载：“未有蚩尤之时，民固剥林木以战。”《世本·作篇》载：“蚩尤作兵。”《史记·五帝本纪》唐张守节正义引《龙鱼河图》称：“有蚩尤兄弟八十一人，并禽身人语，铜头铁额，食沙石子，造立兵仗刀戟大弩，威振天下。”李筌《太白阴经》中称蚩尤“铄金为兵，割革为甲，树旗帜，建鼓鼙。为戈矛，为戟盾”。

[2] 据马王堆帛书《十六经》，黄帝杀蚩尤，剪其发做旌旗，剥其皮做箭靶，充其胃做足球，腐其骨肉做肉酱，令天下尝之，以儆效尤。所谓最早的足球“蹴鞠”竟被说成是用人胃制成。

[3] 合金通常比纯金属坚硬，原因很简单，外来原子的大小和化学性质都跟原本的金属原子不同，嵌入后会使得金属晶体形状难以改变。红铜（纯铜）的布氏硬度（HB）为35，含锡量为5% ~ 7%的青铜硬度为60 ~ 65；含锡量为

9% ~ 10% 的青铜硬度达 70 ~ 100。

[4] 因鼎上铸有“后母戊”而命名。商代许多汉字的写法左右没有区别，因此也有学者将“后”认作“司”，称之为“司母戊鼎”。

[5]《左传 · 僖公十八年》：“郑伯始朝于楚，楚子赐之金，既而悔之，与之盟曰：无以铸兵。故以铸三钟。”

[6] 1972 年，在河北藁城台西村商代遗址中，出土了铁刃铜钺，其中制作铁刃的材料，经化验确认为是含镍较高的陨铁，这是中国最早的铁器。此后，还在北京平谷的商代墓葬中发现了铁刃铜钺，在河南浚县辛村也发现了铁刃铜钺和铁援铜戈。这也说明，铁器最早都被用于制造兵器。

[7] 十二金人即十二铜人,《史记 · 秦始皇本纪》云：“二十六年，分天下为三十六郡，收天下兵，聚之咸阳，销以为钟鐻，金人十二，重各千石，置廷宫中。”

[8] 杜牧《阿房宫赋》云：“负栋之柱，多于南亩之农夫；架梁之椽，多于机上之工女；钉头磷磷，多于在庾之粟粒。”意思是说阿房宫里承重的柱子比耕地的农夫还多；架梁的椽子比纺织的女子还多；闪闪发光的钉帽比仓库里粮食的颗数还多。“钉头磷磷”应是指铁钉。《营造法式》卷二十八专门论及“用钉”。内有椽钉、角梁钉、飞子钉、大小连檐钉、白版钉、葱台头钉、猴头钉、卷盖钉、圆盖钉、拐盖钉、两入钉、卷叶钉等诸多名目。

[9] 螺杆、螺丝钉，由希腊人约在公元前 7 世纪发明成功，由此便为一系列现代发明创造打开了方便之门。阿基米德将螺杆原理应用到提水装置，北非和西亚地区的农耕土地面积很快大增。中国传统机械联结中有铆钉而无螺丝，和螺丝不同，铆钉是不可调节和不可拆卸的，这或许与中国固有的整体性思维方式有关。西方机械技术传入中国后，人们普遍对螺丝感到神秘和神奇。特别是义和团运动中，很多人都认为，西洋大炮之所以厉害，就是因为有螺丝。直隶总督裕禄请求红灯照黄莲圣母保佑，“圣母”告诉他：“大人不必忧虑，我将洋人大炮上螺丝钉皆盗来矣。”

[10]“轴心时代”是德国哲学家雅斯贝尔斯在《历史的起源与目标》一书中提出的一个著名命题。他把公元前 800 年至公元前 200 年，尤其是公元前 500 年左右的这段时间，称为人类文明的“轴心时代”。认为这一时期是人类历史上最为深刻的转折点。

[11] 大意为：现在铁官的理财方法是这样的：每一妇女必须有一根针和一把剪刀，然后才能够做她的事；每一耕者必须有一个耒、一个耜和一把大锄，然后才能够做他的事；每一个修造各类车辆的，必须有一斧、一锯、一锥、一凿，然后才能够做他的事。不具备上述工具而能做成上述事情的人，天下是没有的。使针的价格每根增加一钱，三十根针的加价收入就等于一个人所纳的人口税。使剪刀每把加价六钱，五六三十，五把剪刀的加价收入就等于一个人所

纳的人口税。使铁铧每个加价七（当为十）钱，三个铁铧的加价收入就等于一个人所纳的人口税。其他铁器的价格高低，均可准此而行。那么，只要人们动手干活，就没有不负担这种税收的。

[12] 许多人都认为亚马孙地区的火田农耕方式是原始生活方式的残留。但实际上，火田是他们遇到欧洲人之后才创造出的“近代的”农耕方式。火田农耕首先需要在树林中点起火，将树木烧成灰才有可能进行，问题是在树林中点火并不是件容易的事情。因为活着的树木很难被点着，因此必须先将树木砍倒并放置一段时间使其干燥。这样，最重要的问题就是如何砍倒大量树木。用石斧砍倒树木是十分费时费力的事情，这可以通过真实的实验证实。曾经有人给亚马孙人一把石斧，让他砍倒一棵直径1.2米的树，结果这用掉了115个小时，也就是说连续两周每天工作8个小时才能砍倒一棵树。这样算来用石斧砍出600平方米的火田需要长达153天的时间。相反，如果使用铁斧，砍倒一棵树只需要3个小时的时间，砍出600平方米的火田也只需要8天的时间便足够了。

[13] 汉代的钢铁冶炼及铸造技艺飞速发展，斩马刀用来专门对付骑兵，《兵仗记》中说：斩马刀，一名砍刀，长七尺，刃长三尺，柄长四尺。斩马刀最早的记载出自《汉书》：“王莽使武以斩马挫董忠。”此刀对士兵的臂力要求较高。在斩马刀的基础上出现了环首刀，仍保留直刃长刀形制，只是刀柄缩短，以环首保持平衡，刀身由钢经过反复折叠锻打和淬火后制作而成，是当时世界上最为先进、杀伤力最强的近身冷兵器。有人说匈奴是被环首刀打败，间接促成了当时的欧亚民族大迁徙。后来的唐代陌刀和日本武士刀都借鉴了这两种汉代兵器。

[14] 铁在游牧民族中有多么受崇拜，从一些名字就可以看出来。比如建立大辽的契丹，其字面意思就是“镔铁”；建立蒙古帝国的成吉思汗名叫“铁木真”，在突厥语中是“铁匠”的意思，类似的还有“帖木儿”等；元代最后一个皇帝元顺帝，名为妥欢贴睦尔，在蒙古语中意为“铁锅”。

[15] 古荥冶铁遗址出土的铁器陶范内模有“河一”铭文，当为西汉中晚期至东汉时期河南郡铁官第一冶铁工场的简称。

[16] 宫崎市定在《中国的铁》一文中说，突厥人很早就在贝加尔湖一代用铁砂炼铁，唐代突厥碑文中，把铁叫作tamir，这个词被后来的契丹人蒙古人继承，类似“帖木儿”的名字非常多，如铁穆耳、帖睦尔等。由此可见热衷征伐的游牧民族对铁的崇拜，其实“契丹”即为镔铁之意，而“中国”在俄语中一直被称为“契丹”。

[17] 传统工艺下用煤炼铁，煤会与铁发生化学反应，铁中含碳量、含硫量和杂质过高，严重影响铁的质量。1784年，英国发明家科特发明了利用煤把生铁

（即铸铁）炼成熟铁的“搅炼”工艺。这项技术需要用铁棒搅动铁水，从而燃烧掉所有杂质。通过“搅炼法”可以将生铁制为可锻的熟铁。通过这项革新，英国终于可用煤来炼铁，不再需要森林提供燃料，从而在地理布局上也不再受森林的限制。炼铁生产的落后局面从此改观。

[18] 在现代的麦当劳和肯德基等西式快餐店中，除了吸管杯盘，基本上不需要什么餐具。

[19] 对航海者来说，木船底部最容易出现两个问题：一是附着生长的水草和藤壶，必须定期清理，否则会严重影响船速；一是蛀船虫。这两个问题都难以解决。无论是清理船底附着物还是杀死蛀船虫，都极其不易。这导致一艘木船的真正使用寿命大打折扣。铁船出现之后，这两个问题迎刃而解。

[20] 早期的火炮多为铸造，因为铸造模具的制约，这种火炮内壁极不规整，因此需要在炮弹外径和火炮内径之间保留很大的“游隙”。用钻床和镗床加工的炮筒大大减少了游隙，火药爆炸的力量得到了最大利用，炮弹的力量和初速都大为提高。从而引发了一场军事革命。

[21] 莫兹利最重要的发明是全金属车床以及刀架（卡座）。车床虽然古老，但主要是加工木器，要切削坚硬的金属，用手持刀具根本不行。因此刀架成为机床的核心，后来相继出现的刨床、钻床、镗床等各种机床，都离不开刀架。莫兹利也被称为“车床之父”。

[22] 贝塞麦转炉炼钢法非常简单，他把空气灌入熔铁，让空气中的氧和铁里的碳发生化学反应，形成二氧化碳，以此把碳带走。这种方法需要有化学知识才能想到，这使得炼钢头一次成为科学事业。同时，氧和碳的化学反应非常剧烈，会释放出大量热能，让炉内温度升高，使钢保持液态。

[23] 从总体上来说，现代教育体系是应工业革命对劳动力文化技能水平的需求而形成的。第一次工业革命后，工厂要求操作机器的劳动者应有基本的书写和计算能力，便出现了小学。第二次工业革命时期出现了初中；随着后来工厂对专业分工的要求日益提高，高中、大学和各种职业学校也应运而生。虽然义务教育最早可以追溯到德国宗教改革时期，但工业革命使义务教育的重点转向以培养能适合机器作业的合格劳动力为中心。从这个意义上来说，义务教育是现代国家提高工业竞争力的一种基本策略。

[24] 1803 年起法国实行金银复本位制，规定 1 法郎含金量为 0.2903225 克。50 亿法郎约合 1451613 千克或 51204124 盎司黄金，以 2021 年国际金价约 1770 美元 / 盎司计算，约 900 亿美元。

第九章

[1] 达·芬奇（1452—1519）除了画家这个职业，还是业余的雕刻家、建筑师、音乐家、数学家、工程师、发明家、解剖学家、地质学家、制图师、植物学家和作家。作为业余机械师，他构思了水下呼吸装置、拉动装置、发条传动装置、滚珠装置、反向螺旋、差动螺旋、风速计和陀螺仪等；他设计了数不清的机器，如机枪、降落伞、自行车、照相机、坦克、挖掘机、潜水艇、直升机等，他甚至还设计了第一个可程序化行动的机器人。著名的达·芬奇手稿最后以3000万美元拍卖价格被比尔·盖茨收藏。

[2] 在1680年对皇家科学院作的一次纪念演讲中，惠更斯描绘了他所发明的第一台由一只气缸和一个活塞所组成的动力发动机。他显然已经意识到这种发明最终会具有技术上的意义，因为他声明，很久以来就需要一种装置，通过它能将黑色火药用作一种能源（除了其军事用途）。这种装置可以利用黑色火药和大气压的力量从深处提升重物。（默顿《十七世纪英格兰的科学、技术与社会》）

[3] 月光社，是1756年由十几位生活在英格兰中部的科学家、工程师、仪器制造商、枪炮制造商在英国伯明翰组成的社团。社团名称源于他们总是定期在月圆之夜举行会议的习惯。

韦奇伍德在1782年定购了他的第一台蒸汽机，被设计用来为碾磨燧石和搪瓷彩料提供动力，还用于驱动匣钵破碎机，以及搅拌混合黏土等。韦奇伍德的第一份订单对于博尔顿和瓦特是很幸运的。在“陶器之都”普遍采用机械动力以后，兰开夏郡和后来的约克郡各磨坊区的发动机市场也得以发展起来。在陶瓷制造业中，也像其他工业一样，蒸汽机的使用改变了整套操作模式，促进了现代型工厂的发展，这些工厂中都装备有原材料处理以及机械化操作所需的动力设备。

[4] 蒲式耳是一个英美计量体积的单位，1英蒲式耳≈36.37升，1美蒲式耳≈35.24升。它与千克的转换在不同国家以及不同农产品之间是有区别的。如在大豆和小麦上，英、美、加拿大和澳大利亚的一蒲式耳等于27.216千克。在玉米方面，虽然四国相同，但一蒲式耳只为25.401千克。在大麦方面，不仅比例不同，重量转换也不相同。

[5] 瓦特规定的是英制马力。我国采用的功率单位马力，是指米制马力。1米制马力是在1秒钟内完成75千克力·米的功。

[6] 早期的蒸汽机要依靠大气压力，因而必然是又大又重，所以被叫作“固定机”。到18世纪末，那样的固定机通常被工厂用来推动机器。因为船体非常大，所以早期的汽船也能够用这种大气蒸汽机来推动。但要将它装在移动的车辆上，就非常困难。高压蒸汽机出现之后，体积缩小了很多，这就为火车的出现铺

平了道路。

[7] 18世纪英国经济学家马尔萨斯的“人口理论”指出：人口增长是按几何级数增长的，而人类的生活资源只会以算术级数增长；人口的增长总是要以某种方式消除，人口不能超过相应的农业发展水平。这个理论被称为“马尔萨斯陷阱”。

[8] 殖民地时代印度现代化进展缓慢，铁路对印度人来说，可享受的经济收益少得可怜。英国政府强令殖民当局保证英国在印度的铁路投资得到固定的收益。如果每条线路的年收益率低于5%，那么不足的部分要殖民当局缴纳补偿金来补足。这一规定使得英国投资者稳赚不赔，甚至愿意在毫无利润可言的偏远地区修建铁路。此外，铁道的建设、车厢的生产、燃料的供给和铁路的运营均由英国公司一手包办。1900年，印度的全部铁路线路中，因收益率低于5%而要缴纳补偿金的线路竟达到70%。

[9] 1848—1856年间担任印度总督的达尔豪西曾说：“要治理帝国的广袤疆域十分困难。”1857年爆发印度士兵叛乱之后仅一年，英国政府就修建了比已有数量更多的铁道。英国向贯穿印度次大陆的十字形铁路项目提供大量支持，及至1865年，整个铁路网络已达3500英里；到19世纪和20世纪之交，这个数字上升至25100英里；在1930年以前，印度已拥有44万英里的轨道，拥有世界第三大铁路系统，仅次于美国和俄国。英国依靠铁路，能够迅速镇压印度人的反抗。但同时，统一的铁路网也帮助不同的印度联邦联系更加紧密，助长了民族认同，导致了后来甘地发起和领导的独立运动。

[10] 美国太平洋铁路建成于1869年，全长3000多公里，穿越了整个北美大陆，是世界上第一条跨洲铁路。从一定意义上说，正是这条铁路成就了现代美国。它被英国广播公司（BBC）评为自工业革命以来世界七大工业奇迹之一。当时，美国西部人迹罕至，土地近乎免费，却招不到工人，大量华工承担了筑路工作。有人亲眼所见，挤满16节火车车厢的中国工人，仅用8分钟就卸下了成吨的铁轨、道钉和螺栓。他们每分钟铺设48米的轨道，12秒就能固定好两节铁轨。讽刺的是，当时华人受到排斥，在1869年5月10日举行的完工仪式上，因为没有华工出席，脑满肠肥的主办者连一枚象征性的黄金道钉都砸不进枕木中。

[11] 从19世纪后半叶开始，美国、阿根廷等美洲国家开始大面积开垦荒地、种植谷物，并大规模发展农业机械化。同时，得益于美国铁路交通运输的进步，美洲的粮食产量增长而运费下降。在供应本土之余，大量廉价的美洲谷物开始进入欧洲冲击国际粮食市场，没有关税保护的英国国内谷物价格因此迅速下跌。须负担成本较高的英国农场主在自由交易的市场中根本没有竞争力，最终破产、倒闭。由此，导致了整个欧洲的农业大衰退。

[12] 英国著名军事史学家富勒将美国内战称为“蒸汽时代以来所爆发的第一次大战”。南北战争时期的美国联邦（北方）陆军，是历史上首支靠铁路长期取得补给的军队，第6和第7两个军的2.5万人、10个炮兵连及其战马和100车行李，曾在11天的时间里，利用铁路从弗吉尼亚州运送到1920公里外的田纳西州的查塔努加。

[13] 1918年11月11日，德国投降，法国元帅、协约国联军总司令福煦与德国政府代表共同签署停战协定，签署地为法国贡比涅森林雷道车站的一节车厢。这节车厢后来被称为“福煦车厢”。福煦曾言：“德国投降书不过是20年的停战协议。”果然20年后二战爆发。1940年6月22日，法国战败，德国又将接受法国投降的签字仪式选择在“福煦车厢”。

[14] 1898—1901年，陕西发生大饥荒，超过200万人饿死，相当于全省800万人口的1/4。陕西巡抚李绍棻问尼科尔斯“永久预防饥荒的最好方法”，尼科尔斯回答：“如果有条铁路，能将西安和帝国任何一处粮食市场连接起来，例如汉口或北京，就能避免一场大饥荒，因为通过这种方法，无论陕西的旱灾多么严重，持续多久，总能从国内富饶多产的地区运来粮食，满足民众需要。”李绍棻表示：“我们能依靠铁路避免饥荒，那倒是真的，但是修建铁路连接不同地区有几个缺点。铁路会带来我所厌恶的洋人，而洋人又让百姓丢掉饭碗。一条通往西安的铁路会剥夺数以百计家庭的谋生手段。我始终反对修建铁路，但自从目睹了灾荒的可怖之后，我已决定必须建造铁路，我也不反对修建一条以西安为终点的铁路。”（[美]弗朗西斯·亨利·尼科尔斯：《穿越神秘的陕西》，史红帅译，三秦出版社2009年版）

[15]“南满洲铁道株式会社”是1906至1945年间，日本在中国东北设立的一家特殊的公司，也是日本对中国进行政治、经济、军事等方面侵略活动的指挥中心。

[16] 铁路具有运量巨大、运速快捷、运费低廉、安全可靠等优点。在运量方面，1937年前的华北平原地区，苦力驮夫的平均载重为180磅，推车为700磅，驴子为250—300磅，大车为1吨，民船平常载重40—100吨，多时可载500吨。一列火车仅需5节车厢（每节车厢载重20吨）就可超过一般民船平常的载重量。在运费方面，铁路仅为货船的41.7%，大车的12.5%，驮运的5%，推车的10%，苦力驮夫的4.8%。（熊亚平：《铁路与华北乡村社会变迁1880—1937》，人民出版社2011年版）

[17] 早期的蒸汽船采用浆轮不仅在推进效率上较低，而且作为战舰容易遭到敌方炮火攻击。因此浆轮蒸汽船在战争中只能作为拖船使用。1836年，弗朗西斯·史密斯和约翰·埃里克森获得了第一个螺旋桨专利，埃里克森为美国海军建造了“普林斯顿号”蒸汽船，这是世界上第一艘螺旋桨战舰。使用螺旋桨既安全又高效。1845年，英国军方还为此做了一场专门的测试，两艘同样

功率的蒸汽护卫舰，一艘是双桨轮驱动，一艘是螺旋桨驱动，结果螺旋桨战舰在“拔河”中轻松取胜。

[18] 早期的蒸汽船速度太慢，只能用于河运。任何蒸汽船所载的煤炭，都不够做一次长途的海上航行，因为船如果造得太大，船身的中央部分和两端都会弯曲拱起，而装有辅助蒸汽引擎的帆船则因为旋转桨轮拖力的关系，速度比全帆船还要慢。辅助蒸汽船“萨凡纳号”在1819年的确横渡了大西洋，不过只有在出港与进港时才用到蒸汽引擎。随着铁价下跌，铁制船身的体积更大，蒸汽船的载煤量也相对增加。与此同时，新发明的船尾螺旋桨取代了两侧桨轮，推进力更大。19世纪50年代推出的高压蒸汽机不仅转速高，而且可重复利用热蒸汽，减少了三分之一的燃料。这些发明与改革让横渡大西洋变得更加容易，就连航程更长的太平洋上也有了轮船。

[19] 特拉法尔加海战是最后一场木质帆船间的海战，也是19世纪规模最大的一次海战。1805年10月21日，英法双方舰队在西班牙特拉法尔加角外海面发生决战。法国和西班牙联合舰队有战列舰33艘，还有7艘巡洋舰，舷炮2626门，官兵21580人；英国有27艘战列舰和4艘巡洋舰，及2艘辅助船，舷炮2148门，官兵16820人。战斗持续5小时，英军战术得当，以少胜多，法西联合舰队主帅维尔纳夫和21艘战舰一起被俘。富勒在《西洋世界军事史》中评价说：“它把拿破仑征服英国的梦想完全击碎了。一百年来的英法海上争霸战从此告一段落。它使英国获得了一个海洋帝国，这个帝国维持达一个世纪以上。”

[20] 在传统风帆时代，一艘跨洋船在航行中只需要补给一些食物和水，这些东西很容易得到。但蒸汽船需要大量燃料，并不是任何一处港口都有煤炭。而且早期蒸汽船耗煤严重，皇家海军的“勇士号”铁甲舰以11节速度航行时，每小时就需要燃烧3.5吨煤炭。所以在蒸汽船出现的初期，一般采用混合动力方式，即顺风时使用风帆，逆风时用蒸汽机。直到1871年，第一艘无桅杆蒸汽战舰——皇家海军“无坚不摧”才正式下水。此后一二十年，还有许多战舰保留着桅杆，以随时利用风力。

[21] 在19世纪，蒸汽机技术不断进步，蒸汽轮船的速度也随之提高，带动运输成本大幅降低：1815—1860年，逆流运输成本下降了90%，顺流运输成本下降了近40%。马克·吐温在《密西西比河上》一书中转引当时报纸上的一段话：“拖轮约瑟夫·威廉士号拖着32只驳船，向新奥尔良开驶，除船上的燃料而外，载着60万布什尔的煤（每布什尔合76磅），这是运到新奥尔良去的最大的拖载量，比全世界任何别的地方的拖载量都大。它的运费照每布什尔3分计算，总数是18000元。要是用火车装运这些煤，每个车皮装333布什尔，总共要1800个车皮。运费以每吨10元或是每车100元计算，那这段路程的

铁路运费总计要18万元；也就是说，火车的运费比水路的运费多出162000元。拖轮从匹兹堡到新奥尔良拖运一次，需要十四五天。要是用火车装运这60万布什尔的煤，每列车装18个车皮，就要装100个列车才行，即令按照货运快车的正常速度行驶，也要一整个夏天才运得完。”

[22] 蒸汽轮船推动了海上运输，人类最大规模的迁徙发生在1815年至1930年间，共有5600万欧洲人移居国外。移民人数最多的国家包括英国（1140万）、意大利（990万）、爱尔兰（730万）、奥匈帝国（500万）、德国（480万）和西班牙（440万）。1845年至1852年，爱尔兰发生土豆大饥荒，近200万爱尔兰人移民海外；1887年到1900年，每年都有50多万意大利人移民海外。英语国家接纳的移民占据了巨大的份额，有3260万人前往美国，500万人前往加拿大，340万人前往澳大利亚。此外还有部分移民前往南美洲，有440万欧洲移民前往巴西，650万人前往阿根廷。据说，“墨西哥人是阿兹特克人的后裔，秘鲁人是印加人的后裔，阿根廷人则是乘船而来的移民”。19世纪时，古巴的人口呈爆炸式增长，从1763年的15万增加到1860年的130万。有25万名中国劳工前往古巴和秘鲁，同时有16.5万名日本劳工到达巴西。

[23] 小栗栖香顶（1831—1905），号莲舶，日本僧人。1873—1876年曾到中国游历，精通汉语。甲午战后，他曾用汉语给被俘清兵讲授佛法。

第十章

[1] 从明代至清中叶，开滦煤矿“无一井能采煤至底者”，“锄愈深，水愈涌，……遂致锄煤戽水均有不堪之苦，势必弃之”。山东峄县“自元代以来，有多年废弃煤窑，水深且大”，至光绪初，仍是“旧井二十余处，因土人无法取水，闭歇多年”。江西萍乡煤矿也是如此。可参阅许涤新、吴承明:《中国资本主义发展史　第一卷　中国资本主义的萌芽》，人民出版社2003年版，第536页。

[2] 世界各地都有煤炭资源，但英国的许多煤田接近地表，也跟通航的水路靠近，能展开廉价的水上运输。铁路出现之后，陆运成本也迅速下降。中国自古有“百里不贩樵”之说。明清时期，煤炭主要依靠人畜驮运，甚至大量使用骆驼。全汉昇在《山西煤矿资源与近代中国工业化的关系》中指出:“在中国占储藏量三分之二的山西煤矿，一方面得不到河流交通的便利，另一方面和海岸的距离又非常之远，并没有便宜的水运来帮助它扩展销路，以从事大规模的生产。”据英国人格那士的记录，山西煤成本为每吨6便士银，一吨煤的运费为每英里5便士银，几乎每增加一公里，煤价便翻一番。

[3] 奥托发明的内燃机以煤气为燃料，煤气通过对煤蒸馏提取。

[4] 直到20世纪初为止，汽油都是煤油炼制过程中无用的副产品，有时候会用作溶剂或者火炉燃料。在1892年，一加仑汽油只卖两美分。在一段时间里，药店就是加油站。

[5] 用石油和内燃机作动力的战舰没有黑烟，不会暴露目标，而烧煤的蒸汽战船拖着长长的黑烟，10公里外都可以看见。烧煤的蒸汽机要达到最大马力，需要好几个小时，而烧油的话只需要几分钟。在给引擎添加燃料方面，烧煤战舰需要多几倍的人手，而在同样功率下，消耗的煤炭是石油的4倍。也就是说，燃油战舰的活动半径是烧煤战舰的4倍，不用中途补充燃料。此外，燃油战舰在速度和灵活性上也大大优于烧煤战舰。

[6] 实际上，行驶在普通道路上的蒸汽机汽车比火车起步更早。早在1759年，法国人居纽就把蒸汽机装在马车的底盘上，造出一辆以蒸汽动力驱动的“汽车”；直到1905年，斯坦利蒸汽车的销量还领先于汽油内燃机车，当时配有充气轮胎的蒸汽机汽车最高时速已达到130公里。这些蒸汽机汽车以煤油（而不是煤炭）为燃料。或许是担心汽车对路面和行人的威胁，英国颁布了《红旗法令》，限定汽车的行驶速度不得超过人的步行速度，即每小时6.5公里，且须由一人在车前举红旗领路。这个法令唯一的好处是催生了现代压路机，但它却是法国人发明的。

[7] 中国的玻璃最早大约出现在西周，不过很久以来，人们一直把玻璃视为玉器的替代品。唐代诗人元稹《咏琉璃》诗曰：“有色同寒冰，无物隔纤尘。象筵看不见，堪将对玉人。”从成分来说，中国玻璃属于铅钡玻璃，不同于西方的钠钙玻璃，铅钡玻璃化学稳定性和透明度都很差，而且清脆易碎，不耐寒暑，因此很少用作生活器物。

[8] 中国传统的镜子是用铜造的，准确地说，是青铜镜。考古发现证明，中国在距今4000年前的齐家文化时期，就开始使用青铜镜，经历了商、周、汉、唐、宋、元、明，直到清代中晚期以后，青铜镜才逐步为西洋玻璃镜所取代。铜镜被人们使用了约3800年的时间，可算是中国古代诸种金属器物之中沿用时间最长、使用范围最广，又对人们日常生活产生过许多影响的古器物。

[9] 根据记载，清人孙云球曾在玻璃光学方面有许多创造，并著有《镜史》一书。除世界上最早的探照灯外，他还发明了中国最早的显微镜，他称之为察微镜。《镜史》记载他发明的90多种镜子，有24种近视镜，此外还有火镜、端容镜、焚香镜、摄光镜、夕阳镜、显微镜、万花镜、鸳鸯镜、半镜、多面镜、幻容镜、察微镜、观象镜、佐炮镜、放光镜等。李约瑟在《中国科学技术史》中考证：孙云球发明的存目镜是放大镜；万花镜是万花筒；鸳鸯镜是单眼镜，也就是没有眼镜腿的单一透镜；半镜是只有下半部分的眼镜，即半平圆形眼镜，

戴眼镜的人还可以从上半部分肉眼看物体；夕阳镜就是墨镜；幻容镜就是哈哈镜；夜明镜是探照灯。此外，黄履庄发明了中国最早的温度计和湿度计。这个湿度计叫作验燥湿器，“内有一针，能左右旋，燥则左转，湿则右转，毫发不爽，并可预证阴晴”。黄履庄发明的“验燥湿器”有一定的灵敏度，可以“预证阴晴”，这和欧洲虎克发明的轮状气压表的原理相似，验燥湿器可以说是现代湿度计的先驱。只是验冷热器的“专书”和实物都已失传，今人难以判断其具体原理和结构，估计是气体温度计之类的装置。

[10] 耶鲁大学的平克斯（Steve Pincus）在《1688：第一场现代革命》（2009）一书中宣称：“1688 至 1689 年的革命是第一场现代革命，不仅因为它导致了英国国家与社会的蜕变，而且因为它和所有现代革命一样，是群众性的、暴力的、造成分裂的。”英国 1688 年光荣革命后并没有一下子就变为民主国家，而且远不是民主国家，只有一小部分人有正式代表。但重要的是，英国的制度是多元主义的。一旦多元主义被看成神圣而不可侵犯，制度会随时间的发展变得更加包容，尽管这是一个坎坷、不确定的过程。

[11] 这句话源于英国首相老威廉·皮特 1763 年在国会的一次演讲，题目是《论英国人个人居家安全的权利》。原文是：“即使最穷的人，在他的小屋里也能够对抗国王的权威。屋子可能很破旧，屋顶可能摇摇欲坠；风可以吹进这所房子，雨可以淋进这所房子，但是国王不能踏进这所房子，他的千军万马也不敢跨过这间破房子的门槛。”

[12] 英国历史学家麦克法兰指出，私有产权和个人主义使得英国出现工业革命，进而成为整个现代社会的发源地。直到 13 世纪，英国也不是欧洲大陆那样的“农民社会”，英格兰农民虽然从事耕种，但却不依附于村社或家庭，他们有独立的私有权和产权意识。也就是说，私有权意识并非在资本主义兴起以后才出现于英格兰，也不是工业经济的产物。相反，是私有权意识的发展，产生了对私有权的强烈的保护要求，对私有权的保护和尊重，又刺激了人们对财富增值的渴望，进而工商业发展和技术进步，这才打开现代之门。可参阅［英］艾伦·麦克法兰：《英国个人主义的起源》，管可秾译，商务印书馆 2008 年版。

[13] 1754 年，“艺术、制造业和商业促进会社”在英国成立，该协会向那些愿意将其发明设计拿来供人们自由处置的人提供奖金。除了给予大量的年度拨款外，英国议会还设置了一些奖金。例如在托马斯·洛姆的纺丝机专利到期时奖励他 14000 英镑；给予发明疫苗接种的詹纳 30000 英镑；给予有着多种发明创造的卡特赖特 10000 英镑，以及给予发明“骡机”的克朗普顿 5000 英镑。

[14] 直到高压蒸汽机出现以后，科学和工程技术的相互渗透依然很缓慢。所以有人说，“直到 1850 年，蒸汽机为科学所做的要比科学为蒸汽机所做的更多”。

在某种意义上，能量的概念和对能量定律的认识形成了新旧工程技术的分水岭。事实上，法国物理学家卡诺在1824年出版的《论火的原动力》一书，首次对蒸汽机的工作原理作出了科学分析，而那时，蒸汽机早已被普遍应用多时。再如，瓦特设计的联杆平行运动十分巧妙，但在当时甚至还无法对其进行科学分析，因为运动学里包括分析平行运动在内的有关分析方法，是在19世纪最后25年才出现的。

[15] 西方技术史学家常常把17世纪的科学称为“实验哲学”。科学革命时期，欧洲许多科学家都擅长自己制作仪器，这种实践行动帮助他们在理论上作出了重大贡献。伽利略制作了望远镜，牛顿完善了航海用的六分仪，胡克率先在手表中使用游丝，并发明了万向连轴节。

[16] 18世纪成为有史以来音乐天才最密集的世纪。在这灿烂群星中，没有一颗来自伦敦。自从17世纪的普赛尔以来，伦敦没有出过一位著名作曲家，但伦敦不乏一些热心的艺术赞助人，也有堪称“全欧洲乃至全世界最优美建筑”的音乐厅。海顿初到伦敦时，看到英国人对音乐如痴如狂，非常吃惊，也深受感动。1791年，海顿一场音乐会就挣了350英镑，1794年的一场音乐会又给他带来800英镑的收入。对一个感到自己不过是受欧洲大陆各国君主宠爱的仆人的作曲家来说，这些收入足够给他带来自由。

[17] 斯密所处的时代英国刚刚爆发工业革命，但是斯密好像并未意识到这一点。“工业革命之父”詹姆斯·瓦特与亚当·斯密还是格拉斯哥大学的同事。从1757年开始，格拉斯哥大学资助了瓦特进行蒸汽动力的研究。斯密在格拉斯哥大学任教期间，还为瓦特安排过研究场地和宿舍。1776年，就在《国富论》发表的同时，瓦特成功地发明了第一台蒸汽机并应用于实际生产，人类从此进入了蒸汽时代，而“亚当·斯密并没有意识到工业革命的到来”。英文版的《国富论》有600页左右，其中只有5页是关于科技的，而科技是前工业时代与工业时代的主要差异之一。

[18]“工业革命”这个词最早出现在法国。法国人将他们19世纪20年代制造业中出现的技术变革与1789年和1830年的政治革命相类比，便有了“工业革命”一说。但这大部分是一种文学修辞上的比喻。1827年，首次有一篇名为《伟大的工业革命》的文章，描述法国工业中的大量技术变革。1837年，法国经济学家杰罗姆·布朗基在其作品中使用了类似工业革命的词语。因此，“工业革命”一词并非起源于工业革命的故乡。可参阅严鹏、陈文佳:《工业革命:历史、理论与诠释》，社会科学文献出版社2019年版，第11页。

[19] 法国大革命时期，大量科学人才因为其政治身份（如贵族、君主派或温和派等），遭到激进派政府的残酷迫害，著名的化学家拉瓦锡死于断头机，杜邦家族和马克·布鲁内尔被迫流亡英美，导致法国的工业化比英国更加落后。

[20] 欧洲大陆国家除了德国，基本上拥有的煤炭资源不多，仅有的一点分布也十分分散，例如法国，几乎没有开启工业化进程所需的煤炭资源，而且后来也极少发现煤矿。

[21] 兰德斯在《解除束缚的普罗米修斯》一书中也重申了这一点，他说：绝大多数纺织机器的开山祖师均出身于中等阶层，这一点足以令人震惊。约翰·凯伊，一个货真价实的自耕农的儿子；路易斯·保罗，出身于医师家庭；约翰·怀亚特的背景不大清楚，但他上过初中，似乎是出自那种重视教育的家庭；克莱普顿的父亲是农民，以纺织为副业，家庭条件很不错；卡特赖特是绅士的儿子，牛津大学毕业生。在18世纪，出身良好的孩子给纺织工或木工做学徒并不是一件丢人的事。

[22] 一般传统观点认为，女人缠足是为了取悦男性。但有专家认为这是一种误解：缠足习俗之所以持续这么长时间，是因为经济分工缘由，缠足能确保年轻女孩坐下来，从事制造纱线、布、垫子、鞋子和渔网等商品，这些是家庭的收入来源。女孩们从小就被告知，这会使她们更加适合结婚。从后来历史看，只有当机器生产的布匹和外国进口纺织品彻底消除了传统手工经济时，缠足的习俗才在中国消亡。

[23]《韩非子·备内》原文："故舆人成舆，则欲人之富贵；匠人成棺，则欲人之夭死也。非舆人仁而匠人贼也，人不贵则舆不售，人不死则棺不买。情非憎人也，利在人之死也。"

[24] 出自《孟子·滕文公下》。大意是说：你不通晓用成效交换之事，以多余的补充不足的；那么农民有余粮，妇女有多余的布帛就不知道如何交换。你如果通晓这些事，那么造礼器的梓人、掌土木的匠人、造车轮的轮人、制车厢的舆人都能从你这里得到饭吃。

第十一章

[1] 密纳发（Minerva）是古希腊神话中司智慧、学术、工艺和战争的女神，也是雅典的守护神。

[2] 普罗米修斯（Prometheus）是古希腊神话中的一个神。他从天上盗走了火，并把使用火的方法告诉了人们。他因此被宙斯用铁链缚在高加索山之巅，每天有一只鹰去啄食他的肝脏。后来海格立斯释放了他。古希腊人把普罗米修斯看作人类文化的奠基者。

[3] 海德拉（Hydra）是希腊神话中的一条非常凶猛的九头巨蛇。它的八个头可以被杀伤，第九个头是不能被杀伤的，斩去一个头立刻就生出两个头。后为海

格立斯所杀。

[4] 卢德派是工业革命时期英国工人捣毁机器运动的参加者。

[5] 19世纪初，英国乡村的农民处境极其艰难，很多人甚至因为歉收而饿死。在英国南部和东部地区，一些比较富裕的地主使用了刚刚出现的打谷机，导致很多帮工失去了工作。这种机器很容易移动，可以安置在谷仓和田野，由一两匹马带动，操作者只需要将谷物放入通过机器的滚筒，即可打谷。失去生计的农场工人开始砸毁打谷机，这种激烈的抗议也得到一些买不起打谷机的小地主的支持。

[6] 大意是说：我的话很容易理解，很容易实行。而天下却没有人能理解，没有人实行。言论有主旨，做事有中心，人们不懂这个道理，所以不了解我。了解我的很少，效法我的人更难能可贵。有道之人好比外面穿着粗布衣服，怀里却揣着美玉。

[7]《人民宪章》共有六项要求：确定男子普选权；设立平等的选举区；以投票方式进行表决；议会每年选举一次；规定议员薪俸；废除议员候选人的财产资格。除议会每年选举一次外，其他要求后来都得到实现。

[8] 1945年，英国政府通过《家庭补助法》，1946年又通过新的《国民保险法》，1948年通过《国家医疗服务法》及《国民救助法》。这些法案将全体英国人“从生到死”都置于国家的监护之下，政策着眼点已经不是《济贫法》所关心的“救穷”，而是把生老病死、医疗卫生、失业贫穷、教育住房等作为一个整体全部交给社会，由国家承担所有的社会责任。到这时，国家就不仅是一个政权机关，也是社会服务机关了。

[9] 大意是说：给大人物说话，要藐视他，不要看他那副高高在上的样子。殿堂几丈高，屋檐几尺宽，我要得志了，就不这么干；面前摆满美味佳肴，侍妾有数百人，我要得志了，就不这么干；饮酒作乐，驰骋打猎，让成千辆车子跟随着，我要得志了，就不这么干。他们的所作所为，都是我所不愿干的；我所愿干的，都是符合古代制度的。我为什么要怕他们呢？

第十二章

[1] 马克思认为自己的《资本论》是“工人阶级的圣经”，他把自己看作“社会科学界的达尔文”，并寄了一本《资本论》给达尔文。恩格斯在马克思葬礼上致悼词时也说：“就像达尔文发现了生物世界的演化律一样，马克思也发现了人类历史的演化律。”

[2] 1867年9月14日，马克思的《资本论》首次在德国汉堡出版，书中说：“在真

正的历史上，征服、奴役、劫掠、杀戮，总之，暴力起着巨大的作用。但是在温和的政治经济学中，从来就是田园诗占统治地位。正义和‘劳动’自古以来就是唯一的致富手段，自然，‘当前这一年’总是例外。事实上，原始积累的方法决不是田园诗式的东西。”（[德]马克思：《资本论》第1卷，人民出版社1975年版，第782～783页）

[3] 韦奇伍德是科学家达尔文的外公，达尔文的妻子也来自韦奇伍德家族。达尔文后来进行的远航考察和探索研究，并经过几十年努力后发表《进化论》，在一定程度上，就得益于他母亲韦奇伍德家族由陶瓷产业所获得的大笔财产。

[4] 从长远角度来看，工业化导致西方人重新审视妇女和儿童。和男人相比，妇女和儿童被认为最适合从事某些工业劳动，与此同时却又被当成效率有限的劳动力，这有些自相矛盾。渐渐地，机械化开始将他们淘汰出劳动力市场。社会却反过来为此辩护，将这视为一种解放，甚至视为妇女和儿童地位的提升。妇女被置于受尊敬的地位。儿童被视为社会中的一个特殊类别——几乎成为人类的亚种，而以前他们通常被视为小成人，或被视为需要加以管束的“敌人”，或因为高死亡率而被视为微不足道甚至是可有可无的。（[美]菲利普·费尔南德兹－阿迈斯托：《世界：一部历史》，钱乘旦译，北京大学出版社2010年版）

[5] 在美国工业化和城市化过程中，之所以没有出现早期英国工业革命时期的贫民窟，是因为当时出现了一些重要的技术手段：大批量生产的框架式预制房屋带来廉价住房；地铁和有轨电车带来廉价公共交通；大规模的水、电、煤气管道工程有效改善日常起居，等等。基于这些条件，美国城市走向分散居住的郊区化。很明显，英国早期城市根本不具备这些技术条件，城市缺乏基础设施，工人只能临时性集中居住，才显得混乱不堪。

[6] 韦奇伍德的瓷器生产线受到中国景德镇瓷器生产分工的启发，他曾经抄录过法国传教士殷弘绪1712年考察景德镇制瓷的《饶州书简》（收入《中华帝国全志》，1738年由法文译为英文出版）。“早在现代机器及生产线来到之前，景德镇就已经使用大量的生产工序。”殷弘绪记载，每件瓷器必须经过20名工匠之手，方能进行第一次煅烧。至少有70名工匠负责为始烧出窑的白器抛光、彩绘、上釉，然后才回炉进行第二次复烧。“看到这些器皿如此快速地经过如此多人之手，真是令人惊奇。”比方花瓶上的菊花纹饰，首先由一位画匠描出花瓣的轮廓，然后由另一人负责画花梗，再换手由他人添加其他部位和装饰。殷弘绪解释说：“甲只负责器缘的头道彩色线条，乙只负责描花，丙再负责上色填彩，丁可能只画山水，戊则专门画鸟或其他动物。”（[美]罗伯特·芬雷：《青花瓷的故事：中国瓷的时代》，郑明萱译，海南出版社2022年版）

[7]《乌托邦》（*Utopia*）意为“不存在的地方”，原书名为《关于最完美的国家制

度和乌托邦新岛的既有益又有趣的全书》。莫尔在晚年放弃了这部作品，不允许将其从拉丁文译成英文，以免“毒害那些没有受过教育的人”。但结果是，这部书被翻译为世界上各种语言，包括英文和中文。

[8]《礼记 · 礼运》:“大道之行也，天下为公，选贤与能，讲信修睦。故人不独亲其亲，不独子其子，使老有所终，壮有所用，幼有所长，矜、寡、孤、独、废疾者皆有所养，男有分，女有归。货恶其弃于地也，不必藏于己；力恶其不出于身也，不必为己。是故谋闭而不兴，盗窃乱贼而不作，故外户而不闭。是谓大同。”

[9] 1965 年，资本主义国家为了学习社会主义国家的长处，克服自身发展的困难，曾聚集美国费城召开过一次震撼全球的“世界资本主义大会”，并发表《资本家宣言》，提出:“借鉴社会主义人民当家作主的经验，实现股份制的人民资本主义；借鉴社会主义福利制度的经验，实行从生到死包下来的福利资本主义；借鉴社会主义计划经济的经验，实行国家干预的计划资本主义。”（卞洪登:《资本运营方略》，改革出版社 1997 年版，第 227 页）

第十三章

[1] 东印度公司每年从与中国的茶叶贸易中获得的利润就高达 350 万英镑。中国的茶叶彻底改变了英国人的生活方式，甚至英国国会要求东印度公司必须保持一年的存货量。

[2] 历史学家肯尼迪在《大国的兴衰》中指出，作为战争应急措施成立的英格兰银行和稍后对国债的调整，以及债券交易的兴旺和“乡村银行”的发展，这些都为政府和商人获得资金开辟了财源。在一个硬币匮乏的时代，形形色色的纸币的发行，在没有引发通货膨胀和导致信誉下降的情况下，也给英国带来了极大好处。“南海泡沫”之后，英国比任何其他欧洲国家都更加守信誉，更加有效率。此外，北美、西印度群岛、拉丁美洲、印度和东方的海外市场上，不仅欧洲的贸易市场增长迅速，而且同这些地区的长途贸易给航运、商品交易、海事保险、票据结算和银行活动带来了丰厚的利润，并刺激了这些行业的发展。伦敦也因此提高了自己的地位，成为最早的世界金融中心。

[3] 黄仁宇所说的“数目字管理”，英文是 mathematical management，有时也被说成数字化管理，其真正的含义是“精确化管理”，其首要条件是产权清晰，社会资源可以公平地加加减减，即自由流动和交换，这才是真正的有市场规则的现代商业社会。

[4] 1819 年，在英国国会就金本位问题的辩论中，著名经济学家李嘉图最初支持银

本位，但听了技术人员的话之后，他认识到“机械特别适合于银矿使用，因此非常容易导致这种金属量的增加，从而使其价值发生变动”，最终他选择支持更稳定的黄金。1821年，英国正式采用金本位，随着英国成为世界最强大的商业帝国，以黄金为基准的英镑也成为最强势的世界货币。

[5] 经济史学家全汉昇先生在《明清间美洲白银的输入中国》一文中认为，美洲在1571年至1821年生产的白银，有半数以上被运到中国。布罗代尔在《十五至十八世纪的物质文明、经济和资本主义》一书中引用了这一观点。

[6] 鸦片在中国近代史中扮演了特殊的角色：一方面，可以说清朝因鸦片而亡；另一方面，也可以说清朝又因鸦片而苟延残喘。在19世纪后半期，巨额的鸦片税成为帝国财政的主要支柱。直至清朝灭亡，每年的鸦片厘金都在300万两以上，1888年更是超过656万两。具有讽刺意味的是，晚清开展的许多自强项目或多或少都与鸦片税厘有关，甚至就是靠鸦片税厘来建设的。

[7] 美国实现三权分立，国会拥有立法权和总统任免权。国会实行两院制，由参议院和众议院组成。参议院由各州平等选派两名参议员组成，众议院的成员数量则根据各州人口数量的不同略有差异。

[8] 租金创造，是政府人为地在一些行业制造垄断，使一部分企业享受这种垄断，引导资金进入政府所希望发展的行业。

[9] 曾在1902—1945年间担任美国哥伦比亚大学校长的尼古拉斯·默里·巴特勒这样描述股份制公司的历史重要性：“我说过，仅就个人判断而言，有限责任公司可以称得上当代最伟大的单项发明。做这个判断的时候，我仔细权衡过自己的观点。在我们真正理解并懂得如何运用这种新的机制之后，无论从社会道德、工业生产还是政治方面的影响力来说，有限责任公司都可以担得起这个称谓。即便蒸汽机和电力，都不如有限责任公司那么重要，而且如果没有后者，前者也将失去相应的影响力。”